Albert L. Lehninger

Bioenergetik

Molekulare Grundlagen der biologischen Energieumwandlungen

Deutsche Übersetzung von
Thomas Hartmann

3., unveränderte Auflage
92 meist zweifarbige Abbildungen
12 Tabellen

G T V

1982
Georg Thieme Verlag Stuttgart · New York

Titel der Originalausgabe:

ALBERT L. LEHNINGER, Bioenergetics, The Molecular Basis of Biological Energy Transformations. Second Edition
© W. A. Benjamin, Inc.: Menlo Park, California 1971

Autor:

A. L. LEHNINGER, Ph. D., Prof. and Director of the Department of Physiological Chemistry at the Johns Hopkins University, Baltimore, Md.

Übersetzer:

Prof. Dr. T. HARTMANN, Botanisches Institut der Universität Bonn

CIP-Kurztitelaufnahme der Deutschen Bibliothek

Lehninger, Albert L.:
Bioenergetik : molekulare Grundlagen d. biolog.
Energieumwandlungen / Albert L. Lehninger. Dt.
Übers. von Thomas Hartmann. – 3., unveränd. Aufl. –
Stuttgart ; New York : Thieme, 1982.
Einheitssacht.: Bioenergetics ⟨dt.⟩

Wichtiger Hinweis: Medizin als Wissenschaft ist ständig im Fluß. Forschung und klinische Erfahrung erweitern unsere Kenntnisse, insbesondere was Behandlung und medikamentöse Therapie anbelangt. Soweit in diesem Werk eine Dosierung oder eine Applikation erwähnt wird, darf der Leser zwar darauf vertrauen, daß Autoren, Herausgeber und Verlag größte Mühe darauf verwandt haben, daß diese Angabe genau dem Wissensstand bei Fertigstellung des Werkes entspricht. Dennoch ist jeder Benutzer aufgefordert, die Beipackzettel der verwendeten Präparate zu prüfen, um in eigener Verantwortung festzustellen, ob die dort gegebene Empfehlung für Dosierungen oder die Beachtung von Kontraindikationen gegenüber der Angabe in diesem Buch abweicht. Eine solche Prüfung ist besonders wichtig bei selten verwendeten Präparaten oder solchen, die neu auf den Markt gebracht worden sind.

1. Auflage 1970
2. Auflage 1974

Satz und Druck: Druckhaus Dörr, Inhaber Adam Götz, 7140 Ludwigsburg

ISBN 3 13 446703 8 5 4 3 2

Vorwort des Übersetzers zur 2. deutschen Auflage

Die moderne Biologie bemüht sich in zunehmendem Maße, die Lebensvorgänge auf molekularer Ebene zu analysieren. Sie muß sich hierbei zwangsläufig der Methoden und Denkweisen der Physik und Chemie bedienen. Die den vielfältigen molekularen Umwandlungen in der Zelle zugrundeliegenden energetischen Prinzipien sind dem Biologie- und Medizinstudenten zumeist nur schwer zugänglich. Ein deutschsprachiges Lehrbuch, das bereits dem Studienanfänger die Bedeutung der thermodynamischen Grundsätze für biologische Prozesse vor Augen führt, fehlte bisher. Mit der 1970 herausgebrachten deutschen Ausgabe des „LEHNINGER" wollten wir diese Lücke schließen helfen. Dem erfreulichen Zuspruch, den die „Bioenergetik" in den vergangenen vier Jahren gefunden hat, glauben wir entnehmen zu können, daß uns dies gelungen ist. Naturgemäß waren inzwischen einige Kapitel nicht mehr auf dem neuesten Wissensstand (die erste amerikanische Auflage erschien ja bereits 1965). Wir freuen uns deshalb besonders, mit der längst fälligen zweiten deutschen Auflage eine umfassende Neubearbeitung des Autors vorlegen zu können. Wir hoffen, daß der „LEHNINGER" auch künftig, vor allem dem Studienanfänger, hilft, seinen Weg in die moderne Biologie zu finden.

Bonn, im August 1974 T. HARTMANN

Vorwort

In diesem Buch habe ich versucht in straffer Darstellung die Mechanismen zu skizzieren, mit denen die lebende Zelle Energie umsetzt, um ihre mannigfaltigen Funktionen zu erfüllen, zu wachsen und sich zu vermehren. Da jeder biologischen Leistung Energietransformationen zugrunde liegen, werden in dem Buch fast alle wesentlichen Bereiche der dynamischen Biochemie berührt; es ist damit zu einer Art Einführung in die Biochemie geworden.

Ich habe das Buch für Studenten geschrieben, die mit dem Studium der Zellbiologie oder Molekularbiologie beginnen. Es ist als Ergänzung zu den Lehrbüchern der allgemeinen Biologie gedacht. Allerdings habe ich versucht in der vorliegenden, neubearbeiteten Auflage die elementaren Kapitel so zu straffen, daß das Buch auch dem fortgeschrittenen Biologiestudenten, ebenso wie dem Medizinstudenten der vorklinischen und klinischen Semester, zumindest als Übersicht nützlich sein kann. Das Buch setzt einen Grundkurs in allgemeiner Chemie und eine Einführung in die Biologie voraus.

Das Buch umreißt zunächst die Prinzipien der Energieumsetzungen einfacher, enzymkatalysierter Reaktionen. Diese Prinzipien werden dann auf das ATP-ADP-System, das zentrale System zur Energieübertragung in der Zelle, ausgedehnt. Anschließend werden die enzymatischen Prozesse behandelt, durch die Phosphatbindungsenergie erzeugt wird, wie Photosynthese, Gärung und Atmung, sowie die wichtigsten energieverbrauchenden Prozesse der Zelle wie Biosynthese, aktiver Transport und mechanische Kontraktion. Bei der Besprechung die Biosynthesen von DNA, RNA und Proteinen und ihrer Rolle bei der Weitergabe und Realisation der genetischen Information gehen wir auf die Beziehung zwischen Energie und Information ein.

Die vorliegende zweite Auflage der Bioenergetik wurde in einer umfassenden Neubearbeitung auf den modernsten Stand gebracht. Dies betrifft vor allem die Kapitel über Thermodynamik, Photosynthese, aktiven Transport und Biosynthese der Nucleinsäuren und Proteine.

Mein herzlicher Dank gilt allen Studenten und Lehrern, die mir seit dem Erscheinen der ersten Auflage hilfreiche Briefe geschrieben haben. Wie schon bisher, werde ich auch weiterhin jede Stellungnahme und Kritik gerne aufnehmen.

Sparks, Maryland
Juni 1971

Albert L. Lehninger

Dank

Der Autor dankt Herrn Dr. AHARON KATCHALSKY für die Erlaubnis, einen Abschnitt aus seinem Aufsatz „Non-equilibrium thermodynamics", International Review of Science and Technology, März 1964, als Zitat auf S. 205 verwenden zu dürfen.

Besonders dankt der Autor seiner Frau, die das Manuskript gelesen und druckfertig gemacht hat.

Inhaltsverzeichnis

Energiefluß in der Welt der Biologie

Energie wird am einfachsten als die Fähigkeit Arbeit zu leisten definiert. Energie begegnet uns in verschiedenen Arten oder Zuständen, etwa als potentielle, kinetische, elektrische, Wärme- oder Strahlungsenergie. Ebenso gibt es verschiedene Arten von Arbeit wie mechanische, elektrische oder osmotische Arbeit. Die Energieumwandlung von einem in den anderen Zustand und der Wirkungsgrad, mit dem sich Energie in Arbeit umsetzen läßt, sind in der Physik und Chemie von zentraler Bedeutung. Wenn ein Physiker eine physikalische oder chemische Umsetzung untersucht, fragt er zunächst: Welche Kräfte lösen die Umsetzung aus? Wann kommt die Umsetzung zum Stillstand? Lassen sich Ablauf und Art der Umsetzung voraussagen? Dies sind sehr grundlegende Fragen, weil jeder physikalische oder chemische Prozeß auf die Wirkung einer unausgeglichenen Kraft zurückgeht und eine Kraft wiederum das Produkt oder Ergebnis einer Energiebewegung darstellt. Das Gebiet der Physik, das sich mit dem Austausch von Energie in Ansammlungen von Materie beschäftigt, wird als *Thermodynamik* bezeichnet.

Alle Naturwissenschaftler sind sich heute darin einig, daß die Gesetze der Physik und Chemie einschließlich der Prinzipien der Thermodynamik auch im Bereich der Biologie gelten. Es gibt keine vitalistischen oder magischen Kräfte, durch die lebende Organismen ihren Fortbestand sichern. Ebenso wie die Thermodynamik den ersten und grundlegenden Weg darstellt, um Prozesse im Bereich der unbelebten Materie zu analysieren, liefert sie die Grundlagen, wenn es darum geht, das Verhalten lebender Organismen zu analysieren. Wenn wir uns mit den Energieumwandlungen in lebenden Organismen beschäftigen, gebrauchen wir den Begriff *Bioenergetik*. Als eine Einführung in die Bioenergetik wollen wir im ersten Kapitel in einer Übersicht die wichtigsten Prozesse behandeln, durch die Energie in lebenden Organismen transformiert werden kann. Zunächst wollen wir die aufeinanderfolgenden Stufen im Fluß der Energie durch den biologischen Makrokosmos skizzieren und die Größenordnung des biologischen Energieumsatzes auf der Erdoberfläche dem Energieumsatz durch die von Menschenhand erbauten Maschinen gegenüberstellen. Danach werden wir uns mit dem Energieumsatz im biologischen Mikrokosmos, der einzelnen Zelle, auseinandersetzen. In den anschließenden Kapiteln wollen wir dann die einzelnen Aspekte der biologischen Energieumwandlungen im Detail genauer untersuchen.

Nahrungssysteme und Energiefluß

Wenn wir die eigentliche Quelle zu ermitteln hätten, aus der ein bestimmter Organismus in seiner natürlichen Umgebung, sagen wir ein Fuchs in einem gegebenen Waldgebiet, seine Energie schöpft, so würden wir eine ganze Hierarchie von Organismen finden, wir nennen sie eine *Nahrungskette,* die den Fuchs mit der Energie und den Substanzen versorgt, die er zur Lebenserhaltung braucht. Diese Nahrungskette kann mit den photosynthetisch aktiven Zellen der grünen Pflanzen beginnnen, die Kohlendioxid in neues Zellmaterial umwandeln. Von der Pflanze können sich Insektenlarven ernähren, welche ihrerseits von Kröten oder Vögeln gefressen werden, die wiederum dem Fuchs als Nahrung dienen können. In jeder gegebenen ökologischen Gemeinschaft lebender Organismen sind zahlreiche individuelle Nahrungsketten zu komplexen *Nahrungssystemen* verknüpft.[1]

Ein solches Nahrungssystem besteht aus mehreren Schichten von Organismen. Zunächst haben wir die *Produzenten,* Organismen, welche die einfachsten Kohlenstoffverbindungen wie Kohlendioxid aus ihrer Umgebung verwerten können. Ihnen folgt eine Schicht primärer *Konsumenten,* die sich von den Produzenten ernähren und denen sich weitere Schichten von Konsumenten anschließen. Vervollständigt wird der Kreislauf schließlich durch die *Zersetzer,* die Bakterien und Pilze, welche die toten Konsumenten abbauen und zersetzen und damit einfache Kohlenstoffverbindungen an den Boden und die Atmosphäre zurückliefern.

Lebende Organismen lassen sich nach ihrer Position im Nahrungssystem in zwei Gruppen unterteilen: die *autotrophen* und die *heterotrophen* Organismen. Zu den autotrophen Organismen (der Name bedeutet „selbsternährend") gehören alle diejenigen, die einfache Kohlenstoffverbindungen wie Kohlendioxid zum Aufbau ihrer Zellkomponenten verwerten können. Die Produzenten am Grunde des Nahrungssystems sind autotroph. Zu ihnen gehören viele Bakterien und Algen, sowie höhere Pflanzen. Die heterotrophen Organismen („sich von anderen ernährend") dagegen können einfache Kohlenstoffverbindungen nicht verwerten, sie benötigen komplexere organische Moleküle wie etwa Glucose. Die Konsumenten und Zersetzer im Nahrungssystem sind heterotroph. Sie sind letztlich von den Autotrophen abhängig, da diese die komplexen Nährstoffe aufbauen, die sie benötigen.

---

[1] Wir verwenden hier den Ausdruck „Nahrungssystem" an Stelle des im amerikanischen Original gebrauchten, schwer zu übersetzenden Begriffs „food webb" etwa „Nahrungsgeflecht".

Untersuchen wir nun dieses Nahrungssystem und ermitteln wir die Energiequellen für die einzelnen Organismenschichten. Wir werden sehen, daß die überwiegende Zahl der Produzenten oder autotrophen Organismen ihre Energie aus dem Sonnenlicht beziehen, das sie in dem Prozeß der *Photosynthese* zur Bildung komplexer Zellkomponenten aus Kohlendioxid nutzen. Die meisten Produzenten sind also *photosynthetisch autotroph (phototroph)*. Wenn wir dagegen die sich anschließenden Schichten der Konsumenten betrachten, werden wir unter ihnen keinen Organismus finden, der die Fähigkeit zur Nutzung von Lichtenergie besitzt. Die meisten von ihnen gewinnen die notwendige Energie aus dem Abbau komplexer organischer Moleküle (z. B. Glucose) der Produzenten, von denen sie sich ernähren. Bei diesem Prozeß, der Luftsauerstoff erfordert und *Atmung* genannt wird, entsteht als Endprodukt das einfache Molekül Kohlendioxid. Heterotrophe Organismen gewinnen also ihre Energie, indem sie komplexe Nährstoffe zu einfachen Molekülen abbauen.

Auf jeder Ebene des Nahrungssystems wird Energie zur Leistung der verschiedenen Arten biologischer Arbeit aufgewendet, so zur Synthese von neuen Zellkomponenten aus einfachen Bausteinen, zur Bewegung von Substanzen gegen einen Gradienten und zur Arbeit der Kontraktion und Bewegung. Auf jeder Ebene im Nahrungssystem werden wir jedoch Energieverluste durch „Reibung" finden, so daß bei jedem gerade ablaufenden chemischen oder physikalischen Prozeß die Energieübertragung unvollständig ist. Daraus folgt, daß ein Teil der Energie, die jeder Organismenschicht zugänglich ist, an die Umwelt verloren geht und damit auch nicht mehr zur Leistung von Arbeit dienen kann. Nur ein geringer Teil der Sonnenenergie, die von den Produzenten in der Grundschicht des Nahrungssystems absor-

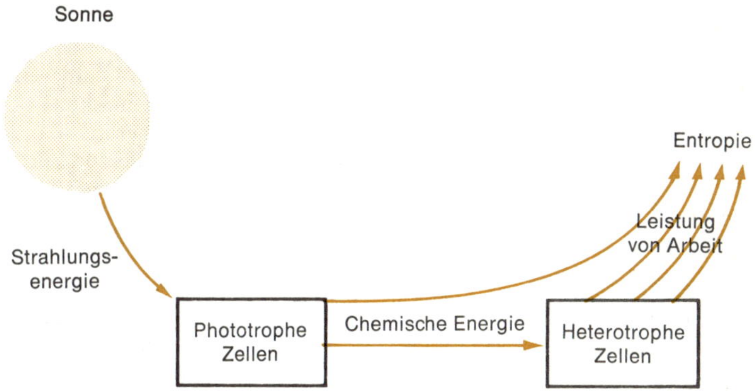

Abb. 1 Der Energiefluß in der Biosphäre.

biert wird, erreicht die oberste Schicht der Verbraucher. Wenn die letzten Verbraucher sterben und ihre Gewebe von den Zersetzern zu einfachen organischen Verbindungen abgebaut werden, geht wiederum Energie an die Umwelt verloren. Letzten Endes wird sich damit der Energiefluß, der von der Sonne ausgeht und der durch das biologische Nahrungssystem verläuft, in der Umwelt verlieren (Abb. 1).

Wir wollen nun die drei Hauptschritte im Fluß der biologischen Energie betrachten: 1. Photosynthese, 2. Atmung, 3. Leistung von biologischer Arbeit.

Sonnenenergie und Photosynthese

Das sichtbare Sonnenlicht, die Quelle aller biologischen Energie, ist eine Art der elektromagnetischen Energie oder Strahlungsenergie, die letztlich aus Kernenergie entsteht. Bei der ungeheuer hohen Sonnentemperatur, von der man annimmt, daß sie mehrere Millionen Grad Celsius beträgt, wird ein Teil der im Kern des Wasserstoffatoms steckenden, enormen Energie freigesetzt. Dabei werden die Wasserstoffatome durch Kernfusion in Heliumatome (He) und Positronen ($_1e^0$) umgewandelt.

$$4\,{}^1H \rightarrow {}^4He + 2\,{}_1e^0 + h\nu$$

Bei diesem Prozeß wird ein Energiequantum als γ-Strahlung frei. Dieser Vorgang ist durch den Ausdruck $h\nu$ symbolisiert. Dabei bedeutet h das PLANCKSCHE Wirkungsquantum und ν die Frequenz der γ-Strahlung. Nach einer komplexen Reaktionsfolge, bei der die γ-Strahlen von den Positronen absorbiert werden, wird ein großer Teil der Energie der γ-Strahlen in Form von *Photonen* oder *Lichtquanten* ausgestrahlt. Damit sind letzten Endes Kernfusionen in der Sonne die Quelle aller biologischen Energie auf der Erde.

Bei dem Begriff Photosynthese denken wir zuerst an die höheren Pflanzen: Gräser, Ackerpflanzen und Bäume. Tatsächlich machen jedoch die makroskopischen, photosynthetisch aktiven höheren Pflanzen nur einen Bruchteil der bekannten Organismen aus, die zur Photosynthese befähigt sind. Man hat geschätzt, daß etwa 90 Prozent der gesamten Photosynthese auf unserer Erde im Meer durch verschiedenartigste Mikroorganismen geleistet wird. Diese Organismen umfassen Bakterien, Diatomeen, Dinoflagellaten und andere Algen.

Es gibt noch eine andere verbreitete falsche Vorstellung über die Photosynthese in höheren Pflanzen. Nicht alle Zellen einer höheren Pflanze sind photosynthetisch aktiv. Die Zellen der Wurzeln, Stämme und Früchte können zumeist keine Photosynthese leisten, sie sind heterotroph und ähneln damit tierischen Zellen. Nur Zellen, die den grünen Farbstoff Chlorophyll enthalten, sind photosynthetisch aktiv. Überdies verhalten sich auch diese Zellen im Dunkeln, also bei Abwesenheit von Sonnenenergie, wie heterotrophe Zellen; sie müssen unter Sauerstoffverbrauch einen Teil ihrer Glucose oxydieren, um auch im Dunkeln Energie gewinnen zu können.

Das Wesen der Photosynthese besteht darin, daß die Strahlungsenergie vom Chlorophyll und anderen Pigmenten absorbiert und in chemische Energie umgewandelt wird. Diese chemische Energie dient dann zur Reduktion von atmosphärischem Kohlendioxid zu Glucose. Bei den meisten photosynthetisch aktiven Organismen, inbesondere den höheren Pflanzen, entsteht dabei als weiteres Endprodukt molekularer Sauerstoff. Einige andere Organismen jedoch, wie die photosynthetisch aktiven Bakterien, bilden keinen Sauerstoff. Die photosynthetische Bildung von Glucose und Sauerstoff aus Kohlendioxid und Wasser durch höhere Pflanzen läßt sich am einfachsten in der folgenden Gleichung ausdrücken:

$$6\ CO_2 + 6\ H_2O \rightarrow C_6H_{12}O_6 + 6\ O_2$$
$$\Delta G^{0\prime} = +\ 686\ \text{kcal}$$

Dabei bezeichnet das Symbol $\Delta G^{0\prime}$ den Mindestbetrag an Energie, der durch das absorbierte Sonnenlicht geliefert werden muß, damit ein Mol Glucose aus je einem Mol CO_2 und H_2O unter Standardbedingungen, die wir später definieren wollen, synthetisiert werden kann. In der chemischen Thermodynamik ist die Grundeinheit der Energie die *kleine Kalorie* oder *Grammkalorie*. Das ist die Energiemenge, die in Form von Wärme erforderlich ist, um die Temperatur von 1 g Wasser von 15° C um genau 1,00° C zu erhöhen. Die *große Kalorie* oder *Kilokalorie* entspricht 1000 kleinen Kalorien.

Den hohen Energiebetrag, der notwendig ist, um die Photosynthese in Gang zu halten, liefert die vom Chlorophyll der Blätter eingefangene Lichtenergie. Wir können deshalb die Photosynthesegleichung, unter Berücksichtigung der Lichtquanten als Energiequelle, wie folgt formulieren:

$$6\ CO_2 + 6\ H_2O + n\,h\nu \rightarrow C_6H_{12}O_6 + 6\ O_2$$

Diese Gleichung gibt uns lediglich die Bilanz der Photosynthese an; sie sagt nichts über den Mechanismus oder Reaktionsweg der Photosynthese aus. In Wirklichkeit ist die Photosynthese ein weit komplizierterer Prozeß, als die einfache Gleichung vermuten läßt. Obgleich ihr molekularer Mechanismus noch nicht in allen Einzelheiten bekannt ist, wissen wir, daß mehr als hundert aufeinanderfolgende chemische Einzelschritte, die jeweils durch spezifische Enzyme katalysiert werden, nötig sind, um Glucose aus Kohlendioxid und Wasser zu synthetisieren.

Glucose ist nicht das einzige Photosyntheseprodukt. Andere Kohlenstoffverbindungen wie Cellulose, Proteine und Lipide werden ebenfalls bei der Photosynthese gebildet. Alle diese Substanzen, die reich an chemischer Energie sind, dienen letzten Endes den heterotrophen Organismen, also den Konsumenten, die sich von den grünen Pflanzen ernähren, als Energiequellen.

Atmung in heterotrophen Zellen

Die nächste Etappe im biologischen Energiefluß ist die Verwertung der Energie von photosynthetisch produzierten Kohlenhydraten, Fetten und Proteinen, durch heterotrophe Organismen, die diese Substanzen mit Hilfe von Luftsauerstoff oxydieren. Die heterotrophen Organismen benötigen die komplexen Photosyntheseprodukte aus zwei Gründen. Erstens brauchen sie die chemische Energie, die sie durch den Abbau der komplexen, energiereichen Substanzen wie Glucose erhalten. Darüber hinaus brauchen sie diese Kohlenstoffverbindungen jedoch auch als Bausteine für die Synthese ihrer eigenen Zellkomponenten, die sie nicht wie die Autotrophen allein aus Kohlendioxid synthetisieren können.

Zu den Heterotrophen gehören alle Organismen des Tierreichs, zahlreiche Bakterien und Pilze sowie viele pflanzliche Zellen. Wir müssen auch an dieser Stelle eine verbreitete irrige Vorstellung bereinigen. Es mag uns fast selbstverständlich erscheinen, die vertrauten großen Tiere auch für die wichtigsten Heterotrophen unserer Welt zu halten. Dennoch könnten wir uns mit keiner anderen Vorstellung mehr verschätzen. Man hat berechnet, daß über 90 Prozent des durch heterotrophe Organismen verbrauchten Luftsauerstoffs, auf Kosten unsichtbarer Mikroorganismen geht, die im Boden und im Meer vorkommen.

Die meisten heterotrophen Zellen verwenden Luftsauerstoff, um Glucose und andere Nährstoffe zu den stabilen Endprodukten Kohlendioxid und Wasser zu oxydieren. Einige Heterotrophe allerdings können Luftsauerstoff nicht verwerten, sie bauen Glucose durch den Prozeß der *Gärung* zu einfachen Verbindungen wie Milchsäure ab. Gärungsprodukte wie Milchsäure können jedoch durch wiederum andere heterotrophe Organismen in Gegenwart von Sauerstoff zu CO_2 und H_2O oxydiert werden. Im Endeffekt sorgt die Welt der Heterotrophen für die vollständige Oxydation der von den Autotrophen produzierten Nährstoffe zu Kohlendioxid. Den Gesamtprozeß, durch den Nährstoffmoleküle von heterotrophen Zellen unter Verbrauch von Sauerstoff oxydiert werden, bezeichnet man als *Atmung*.

Die chemische Gleichung für die Oxydation von Glucose durch die Atmung ist:

$$\text{Glucose} + 6\,O_2 \rightarrow 6\,CO_2 + 6\,H_2O$$
$$\Delta G^{0'} = -686\ \text{kcal}$$

Wir erkennen sofort, daß diese Gleichung einfach die Umkehrung der Photosynthesegleichung ist. Weiterhin können wir feststellen, daß die vollständige Verbrennung von 1 Mol Glucose einen Maximalbetrag von 686 kcal chemischer Energie erbringt. Das muß nicht unbedingt der tatsächlichen Arbeit entsprechen, die von einer heterotrophen Zelle geleistet wird, es ist lediglich der theoretische Maximalwert, den man erhalten würde, wenn man eine Maschine zur Verfügung hätte, die 1 Mol Glucose mit maximalem Nutzeffekt ohne Reibungsverluste verbrennen würde.

Die chemische Gleichung der Atmung sieht zwar einfach aus, sie sagt uns jedoch nichts über den Mechanismus und Reaktionsweg der Atmung in der heterotrophen Zelle. Tatsächlich sind in der Zelle zur Oxydation von Glucose mehr als siebzig aufeinanderfolgende chemische Reaktionen notwendig.

Biologische Arbeit

Wir kommen nun zu der letzten großen Etappe im Fluß der biologischen Energie, der Nutzung von chemischer Energie zur Leistung von Arbeit in der Zelle. Alle Lebewesen müssen in der einen oder anderen Weise Arbeit leisten, um in einer ihnen feindlich gesinnten Umwelt überleben zu können. Einige Organismen, wie die höheren Wirbeltiere, „bearbeiten" ihre Umwelt, um sie weniger feindlich zu gestalten, andere, wie die Bakterien, versuchen den Einfluß einer feindlichen Umwelt zu überwinden, indem sie sich möglichst rasch vermehren. Man kann drei wesentliche Arten von Arbeit unterscheiden, die von lebenden Organismen verrichtet werden: *chemische Arbeit, Transportarbeit* und *mechanische Arbeit*.

Chemische Arbeit wird von allen Zellen geleistet, nicht nur während der Periode des aktiven Wachstums, sondern auch zur Selbsterhaltung. Aus kleinen Bausteinmolekülen werden mit Hilfe der Enzyme kontinuierlich wichtige makromolekulare Komponenten der Zelle, wie Proteine, Nucleinsäuren, Lipide und Polysaccharide synthetisiert. Man nennt diesen Vorgang *Biosynthese*. Biosynthesen finden nicht nur in wachsenden Organismen statt, die ihr Zellmaterial durch Neusynthese vermehren, sondern auch in ausgewachsenen Organismen. Im letzteren Fall werden Kohlenhydrate, Proteine und Lipide kontinuierlich synthetisiert und abgebaut. Die Geschwindigkeiten von Synthese und Abbau stehen dabei in einem genau ausgewogenen Gleichgewicht, so daß jedes neuentstehende Molekül durch den Abbau eines alten ausgeglichen wird. Die meisten molekularen Komponenten der lebenden Zelle existieren in einem solchen dynamischen Fließgleichgewicht.

Immer, wenn wir eine große und geordnete Struktureinheit aus einfachen, ungeordneten Einheiten zusammensetzen, wird Energie benötigt, gleichgültig, ob es sich um den Bau einer Backsteinmauer oder die Biosynthese eines Makromoleküls handelt. Um ein Proteinmolekül aufzubauen, müssen durch die Tätigkeit spezifischer Enzyme hunderte einzelner Aminosäuremoleküle in korrekter Folge aneinandergereiht und durch Peptidbindung verknüpft werden. Bei der Synthese eines Polysaccharids, wie Cellulose oder Stärke, werden mehrere hundert Glucosemoleküle glykosidisch miteinander verbunden. Die allgemeine Bilanzgleichung für die Biosynthese von Makromolekülen läßt sich wie folgt schreiben:

$$n(\text{Bausteine}) \rightarrow \text{Makromolekül} + n\, H_2O$$

Alle Biosynthesereaktionen, die bei der Verknüpfung der Bausteinmoleküle unter Austritt von Wasser ablaufen, sind im wäßrigen Medium der Zelle stark endergonisch, d. h. sie verlaufen energetisch betrachtet „bergauf". Aus Tab. 1 ist der jeweilige Bedarf an nutzbarer oder freier Energie zu entnehmen, der zur Bildung der wichtigsten Arten von Bindungen benötigt wird, durch welche die Bausteinmoleküle in den verschiedenartigen biologischen Makromolekülen miteinander verknüpft sind.

Die zweite Art von Arbeit in der Zelle wird geleistet, um Substanzen zu transportieren und zu konzentrieren, man bezeichnet sie häufig aber wenig genau auch als osmotische Arbeit. Im Vergleich zu der mechanischen Arbeit bei Bewegungsvorgängen und der Biosynthesearbeit ist sie weit weniger augenfällig, jedoch für die Funktion der Zelle von ebenso großer Bedeutung. Jede Zelle kann bestimmte lebensnotwendige Substanzen, z. B. Mineralien wie Kalium oder Nährstoffe wie Glucose aus der Umgebung aufnehmen und anreichern, so daß die Konzentrationen dieser Substanzen innerhalb der Zelle beträchtlich höher sind als im Außenmedium. Umgekehrt können überflüssige oder schädliche Stoffe aktiv aus der Zelle herausgepumpt oder *sekretiert* werden, selbst dann, wenn die Konzentrationen der Stoffe außerhalb der Zelle weitaus größer sind als in der Zelle. Solche Molekülbewegungen gegen einen Konzentrationsgradienten können nicht spontan ablaufen, denn normalerweise zeigen Moleküle in einer Lö-

Tabelle 1 Die chemische Arbeit der Biosynthese.

Makromolekül	Baustein	Art der Bindung	$+\Delta G^{0'}$ pro Bindung (kcal/mol)
Protein	Aminosäure 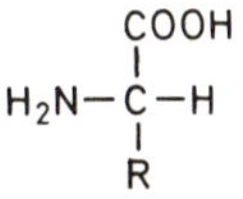	Peptidbindung 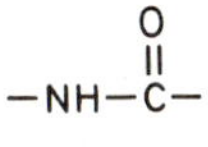	~ 5,0
Nucleinsäure	Mononucleotid 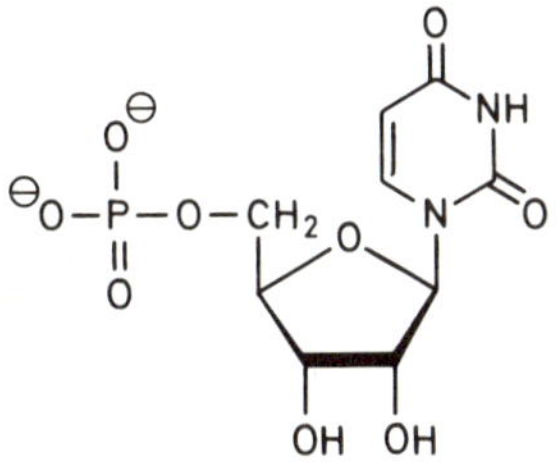	Phosphodiesterbindung 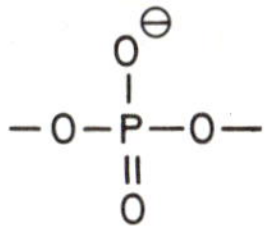	~ 5,0
Polysaccharid	Monosaccharid 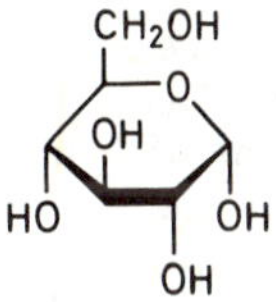	Glykosidische Bindung 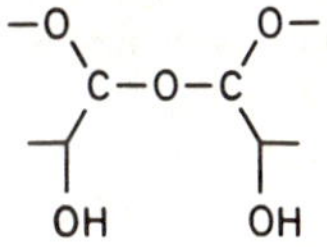	~ 3,0

sung das Bestreben, sich über den gesamten ihnen zugänglichen Raum völlig gleichmäßig und zufällig zu verteilen. Den energieabhängigen Transport gelöster Substanzen, der dem Bestreben, sich völlig ungeordnet im Raum zu verteilen, entgegenwirkt, bezeichnet man als *aktiven Transport*. Die Zelle kann durch die Wirkungsweise aktiver „Transportpumpen" in ihrer Zellmembran die Zusammensetzung ihres intrazellulären Milieus auch dann konstant und optimal halten, wenn die Umgebung eine völlig andere chemische Zusammensetzung aufweist. Darüber hinaus kann die Zelle mit Hilfe solcher Pumpen notwendige Nährstoffe aus ihrer Umgebung aufnehmen, in der diese Nährstoffe vielleicht in nur sehr geringen Konzentrationen vorhanden sind. Auch die elektrischen Aktivitäten vieler Zellen basieren auf osmotischer Arbeit, so z. B. die Impulserregung und -leitung in den Nerven- und Muskelzellen.

Wir alle wissen, daß die meisten Organismen mechanische Arbeit leisten können. Besonders auffällig, leicht zu untersuchen und zu messen ist die mechanische Arbeit der Muskelkontraktion bei den höheren Tieren. In diesem eindrucksvollen Kontraktionsprozeß kommt jedoch lediglich eine grundlegende Eigenschaft fast aller Zellen besonders deutlich zum Ausdruck. So sind z. B. bei der Teilung höher entwickelter Zellen kontraktile Fasern dafür verantwortlich, daß die Chromosomen im Zellkern auseinandergezogen werden und das cytoplasmatische Material geteilt wird. Bewegliche Strukturen, wie *Cilien* und *Geißeln* dienen dem Antrieb und der Fortbewegung; sie leisten damit ebenfalls mechanische Arbeit. Bemerkenswert an der von lebenden Organismen geleisteten Arbeit ist, daß sie direkt durch chemische Energie betrieben wird, während die uns vertrauten Maschinen zur Leistung von mechanischer Arbeit Wärmeenergie oder Elektrizität benötigen.

Alle drei Arten von Arbeit, die durch den lebenden Organismus geleistet werden, führen letzten Endes dazu, daß die Energie in kleinen Portionen vielfach zerstreut an die Umwelt verlorengeht. Da jeder der zahlreichen aufeinanderfolgenden Schritte der biologischen Energieübertragungen mit Reibung verbunden ist, geht ein beträchtlicher Teil der ursprünglich von der grünen Pflanze eingefangenen Sonnenenergie als Wärme an die Umgebung verloren. Jede, auch die geringste Leistung von Arbeit durch Organismen endet mit dem Verlust von Energie. So leistet der Mensch in seiner Umgebung mechanische Arbeit, indem er z. B. Steine hebt, um eine Mauer zu bauen. Im Laufe der Zeit wird die Mauer jedoch wieder in ihre Bestandteile zerfallen, die regellos in der Umgebung verstreut werden. Die Energie, die zur Arbeit bei Biosynthesen oder zur Aufrechterhaltung des intrazellulären Elektrolytgleichgewichts aufgewendet wird, geht ebenfalls verloren, wenn die Zellen absterben und zerfallen. Wir haben damit im Fluß der biologischen Energie einen unvermeidlichen und irreversiblen Verlust an Energie. Die hochgradig nutzbare Energie des Sonnenlichts wird zur „mittelgradig" nutzbaren chemischen Energie in den organischen Molekülen und diese geht schließlich fein verteilt an die Umwelt verloren. Der Fluß von Energie in der Welt der Biologie verläuft in *einer* Richtung und ist irreversibel, weil einmal verlorengegangene Energie niemals erneut zur Leistung von biologischer Arbeit genutzt werden kann.

Biologischer Kreislauf der Materie

Der biologische Energiefluß wird von einem Kreislauf der Materie begleitet (Abb. 2). Bei der Atmung nimmt die tierische Zelle Sauerstoff und organische Nährstoffe aus ihrer Umgebung auf und scheidet Kohlendioxid und Wasser aus. Im Gegensatz hierzu entnehmen die grünen Pflanzen ihrer Umgebung Kohlendioxid und Wasser, die sie zur Synthese von neuem Zellmaterial verwenden und führen dabei Sauerstoff an die Atmosphäre zurück. Darüber hinaus existiert ein Kreislauf des biologisch nutzbaren Stickstoffs. Die Pflanzen beziehen ihren Stickstoff aus dem Boden als Nitrat, welches sie in Ammoniak überführen und zum Aufbau von Aminosäuren verwenden. Die von den Pflanzen aufgebauten Aminosäuren werden von tierischen Organismen verwertet, dabei wird wieder Ammoniak frei, welches an den Boden zurückfließt und hier durch nitrifizierende Bakterien in Nitrat zurückverwandelt wird. Kohlendioxid, Sauerstoff, Stickstoff und Wasser kreisen also kontinuierlich zwischen Tierreich und Pflanzenreich. Die Menge des auf unserer Erde verfügbaren Wassers ist sehr groß, das gleiche gilt für den Sauerstoffgehalt der Atmosphäre. Dagegen ist die Gesamtmenge des nutzbaren Kohlendioxids relativ klein; die Atmosphäre enthält nur etwa 0,03 % Kohlendioxid. Man kann abschätzen, daß bei einem plötzlichen Aufhören aller Verbrennungsprozesse auf der Erde die pflanzlichen Lebewesen in ein oder zwei Jahren das gesamte verfügbare atmosphärische Kohlendioxid verbraucht hätten. Es besteht also in der Biosphäre zwischen der Produktion und dem Verbrauch von Kohlendioxid ein genau ausgewogenes

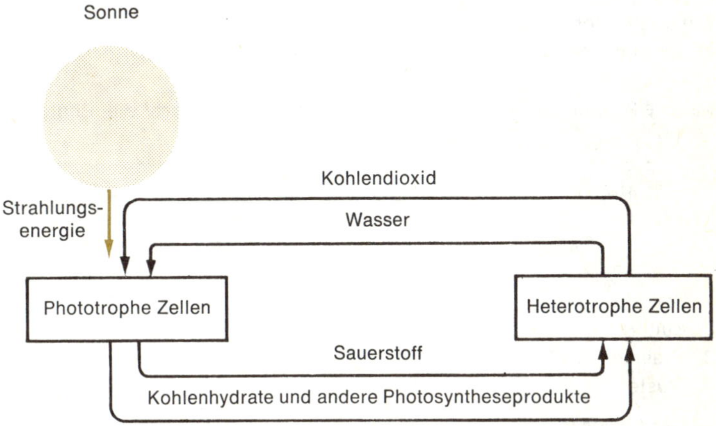

Abb. 2 Kohlenstoff- und Sauerstoffkreislauf zwischen Pflanzenwelt und Tierwelt.

Gleichgewicht. Die zur Photosynthese befähigten Organismen leben mit den heterotrophen in einer Symbiose, in der sowohl Energie als auch Materie wichtige Faktoren sind.

Gewaltige Ausmaße des biologischen Energiekreislaufes

Aus der Menge des Kohlendioxids, das durch Photosynthese gebunden wird, und aus dem Energiebetrag, der erforderlich ist, um Kohlendioxid in Glucose zu überführen, kann man die Größenordnung des biologischen Energieflusses abschätzen. Man schätzt, daß die Gesamtmenge an Kohlendioxid, das durch sämtliche phototrophe Organismen auf der Erdoberfläche jährlich gebunden wird, zwischen 130 und 160×10^9 Tonnen liegt; die Hauptmenge geht dabei auf Kosten der marinen Organismen (Tab. 2). Einige Fachleute meinen sogar, daß dieser Betrag noch wesentlich höher liegen müßte, weil die photosynthetische Aktivität der marinen Pflanzen viel zu niedrig bewertet sei. Bleiben wir jedoch bei unseren Zahlen und nehmen wir einmal an, daß der gesamte gebundene Kohlenstoff als Glucose vorliegt und die Synthese von einem Mol Glucose (180 g) die Zufuhr von 686 kcal Sonnenenergie benötigt. Wir würden damit einen jährlichen biologischen Energiefluß von etwa 10^{15} kcal erhalten. Es werden jedoch im Schnitt nur 2 % des auf die Pflanzen fallenden Lichtes in die chemische Energie von Glucose umgewandelt. Der Gesamtbetrag an Sonnenenergie, der jährlich von der Pflanzenwelt absorbiert wird, liegt deshalb bei etwa 5×10^{16} kcal. Dieser Betrag ist wiederum nur ein geringer Bruchteil (1/2000) der gesamten Sonnenenergie, die jährlich auf die Erdoberfläche trifft und für die ein Betrag von 10^{21} kcal angenommen wird.

Tabelle 2 Die jährliche Bindung von Kohlenstoff durch die Photosynthese.

Region	Fläche km²	Kohlenstoff gebunden Tonnen/km²/Jahr	Gesamter gebundener Kohlenstoff Tonnen/Jahr
1. Wald	44×10^6	250	$11{,}0 \times 10^9$
2. Kulturland	27×10^6	160	$4{,}3 \times 10^9$
3. Grasland	31×10^6	36	$1{,}0 \times 10^9$
4. Wüste	47×10^6	7	$0{,}3 \times 10^9$
Land insgesamt	149×10^6		$16{,}6 \times 10^9$
Ozean insgesamt	361×10^6	340	$122{,}6 \times 10^9$

Vergleichen wir nun den Zahlenwert, der die Größenordnung des biologischen Energieumsatzes angibt, mit der Energiemenge, die schätzungsweise pro Jahr durch alle der von Menschenhand erbauten Maschinen auf der Erde umgesetzt wird. Es ist zwar nicht ganz einfach hier einen genauen Wert anzugeben, da dieser zweifellos im Laufe der Zeit ansteigt; im Augenblick dürfte er jedoch nicht mehr als 3 % des jährlichen biologischen Energieflusses betragen. Ein Vergleich der Zahlenwerte verdeutlicht, daß der biologische Energiefluß, der seinen Ursprung auf der Sonne hat, den jährlichen Energieumsatz aller der von Menschenhand erbauten Maschinen um ein Vielfaches übertrifft. Außerdem verbrennen die meisten Maschinen Brennstoffe biologischen Ursprungs, wie Kohle, Öl und Erdgas, die aus fossilem Pflanzenmaterial in prähistorischen Zeiten entstanden sind. Für die Energieversorgung aller Maschinen spielen selbst heute die nichtbiologischen Energiequellen wie Wasserkraft und Kernenergie nur eine untergeordnete Rolle.

Prinzip der Energieübertragung in der Zelle

Nach dem biologischen Makrokosmos wollen wir uns nun dem biologischen Mikrokosmos zuwenden und sehen, wie die Energie in der kleinsten lebenden Einheit, der einzelnen Zelle, fließt. Jede Zelle, gleichgültig ob tierischer, pflanzlicher oder mikrobischer Herkunft, setzt Energie nach den gleichen grundlegenden Prinzipien und Mechanismen um. Wir können deshalb die uns besonders vertraute heterotrophe oder „tierische" Zelle als Grundlage für die folgende Betrachtung wählen.

Der Vorgang der Energieumwandlung in der Zelle läßt sich am einfachsten veranschaulichen, wenn man verfolgt, in welcher Weise die chemische Energie energiereicher Nährstoffmoleküle an die energieverbrauchenden, also endergonischen Prozesse, die zur Funktion und Erhaltung lebender Zellen notwendig sind, weitergegeben wird.

Der primäre Vorgang, durch den in allen heterotrophen Zellen brauchbare chemische Energie gewonnen wird, ist der oxydative Abbau von Nährstoffmolekülen, wie Glucose. An dieser Stelle müssen wir einige Begriffe definieren. *Oxydation* wird chemisch als Elektronenverlust an einem Atom oder Molekül definiert. *Reduktion* bedeutet Elektronengewinn. Bei jeder Oxydation muß eine andere Verbindung reduziert werden. Elektronendonatoren bezeichnet man auch als Reduktionsmittel und Elektronenakzeptoren als Oxydationsmittel. Die wichtigsten Elektronendonatoren der heterotrophen Zellen sind ihre organischen Brennstoffe, wie Glucose. Einige Heterotrophe verwenden Luftsauerstoff als ihren Elektronenakzeptor oder ihr Oxydationsmittel; man bezeichnet sie als *aerobe* Zellen oder *Aerobier*. Es gibt jedoch auch andere heterotrophe Zellen, zu ihnen gehören viele Bakterien, die unter keinen Umständen Sauerstoff verwenden können, für die Sauerstoff sogar giftig sein kann. Wir nennen solche Zellen *anaerobe* Organismen oder einfacher *Anaerobier*. Was dient nun den Anaerobiern als Oxydationsmittel für Glucose? Die Anaerobier wenden einen bemerkenswerten Trick an, um ohne Sauerstoff auszukommen. Die meisten von ihnen können das Glucosemolekül mit seinen sechs Kohlenstoffatomen in zwei oder mehr Bruchstücke zerlegen. Eines dieser Bruchstücke, das wir als Elektronendonator oder Reduktionsmittel bezeichnen können, wird nun durch ein anderes Bruchstück, das als Elektronenakzeptor oder Oxydationsmittel dient, oxydiert. Man nennt diese Oxydoreduktion eines Nährstoffmoleküls in Abwesenheit von Luftsauerstoff *Gärung*. In jeder Zelle sind also Oxydationen oder Elektronenübertragungen die Hauptquelle zur Gewinnung nutzbarer chemischer Energie. In der aeroben Zelle ist Sauerstoff das Oxydationsmittel, während in der anaeroben Zelle ein organisches Molekül, das selbst aus einem Nährstoffmolekül stammt, die Rolle des Elektronenakzeptors übernimmt.

Sowohl in der aeroben wie auch in der anaeroben Zelle wird die Energie eines Nährstoffmoleküls während der Oxydation nicht als Wärme freigesetzt, sondern als chemische Energie gespeichert. Wir können noch genauer werden und sagen, daß die Energie, die in der Zelle durch Oxydationsreaktionen frei wird, in der Substanz *Adenosintriphosphat* gespeichert wird. Diese Substanz ist allen Biologen seit mehr als einer Generation unter der Abkürzung *ATP* bekannt. ATP

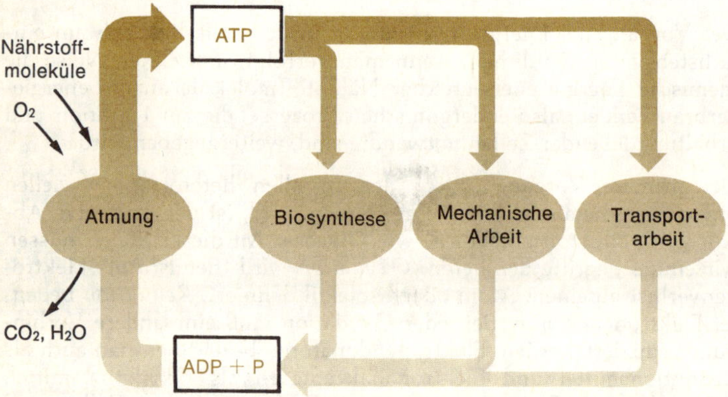

Abb. 3 Die Übertragung von Energie in heterotrophen Zellen durch das ATP-ADP-System.

überträgt die durch aerobe oder anaerobe Oxydation von Nährstoffen freigesetzte Energie auf alle Reaktionen, die nicht spontan, sondern nur unter Zufuhr von chemischer Energie ablaufen können (s. Abb. 3). Bei der energieliefernden Oxydation der Nährstoffe wird ATP in einer gekoppelten Reaktion aus Adenosindiphosphat (ADP) gebildet. Ein Teil der Nährstoffenergie bleibt dabei erhalten und wird in dem neugebildeten ATP-Molekül gespeichert. Die chemische Energie von ATP kann dann zur Leistung von chemischer, mechanischer und osmotischer Arbeit genutzt werden; dabei geht die endständige Phosphatgruppe des ATP verloren und es entsteht ADP. Kurz gesagt, ATP ist die „geladene" und ADP die „entladene" Form eines Systems, das Energie transportiert. Die vielen chemischen Einzelschritte, die sich bei der Be- und Entladung des ATP-Systems abspielen, werden durch Enzyme katalysiert. Damit haben wir das Grundprinzip des Energiekreislaufes in der Zelle, in dessen Mittelpunkt die Substanz ATP steht, kennengelernt.

Spezialisierte Energieumwandlungen

Neben dem beschriebenen Hauptstrom des biologischen Energieflusses haben lebende Organismen andere interessante Mechanismen zur Energietransformation entwickelt. Der elektrische Aal z. B. kann einen Stromstoß von mehreren hundert Volt elektrischen Potentials abgeben, das aus chemischer Energie stammt. Die Lichtblitze der Glühwürmchen, werden durch Umwandlung von chemischer Energie in Lichtenergie erzeugt. Der Bombardierkäfer kann seine Schreckkanone abfeuern, indem er die chemische Energie des Wasserstoffperoxids in die Druck-Volumenenergie des sich ausdehnenden Sauerstoffgases umwandelt.

Die meisten Lebewesen besitzen Vorrichtungen, durch die sie Energie mit außergewöhnlicher Empfindlichkeit wahrnehmen können. Das menschliche Ohr kann die äußerst feinen Unterschiede in der Klangfarbe und den Obertönen musikalischer Noten wahrnehmen, obgleich nur geringste Mengen an Schallenergie das Ohr durch die Luft erreichen. Das menschliche Auge reagiert noch auf äußerst geringfügige Schwankungen von Lichtenergie. Selbst in unserem Zeitalter der Elektronik sind die biologischen Sinnesorgane in ihrer Empfindlichkeit und Leistungsfähigkeit den von Menschen erbauten Instrumenten meist weit überlegen.

Es gibt aber noch andere, weniger auffällige und sehr subtile Wege der Energienutzung und -umwandlung durch lebende Organismen. So ist z. B. Energie erforderlich, um die hohe Komplexität der Gestalt eines Lebewesens und die morphologische Vielfalt der verschiedenen

Lebensformen zu schaffen. Lebende Organismen sind reich an Information, und Information kann man als einen Energiezustand ansehen. Wie wir später noch sehen werden, besagt ein grundlegendes Gesetz der Thermodynamik, daß alle Atome und Moleküle in unserem Universum unerbittlich danach streben, den Zustand höchster Unordnung und Zufälligkeit zu erreichen, der zugleich der Zustand mit dem geringsten Energiegehalt und dem höchsten Gehalt an Entropie ist. So sind die Aufrechterhaltung der Komplexität und ihre Weiterentwicklung zu noch höherer Komplexität für den Biologen von grundlegender und weitreichender theoretischer Bedeutung

Zellstruktur und Arbeitsteilung in der Zelle

Die Zelle wird oft mit einer Fabrik verglichen. Wir werden gleich sehen, wie zutreffend dieser Vergleich ist. Eine große Fabrik setzt sich aus mehreren Abteilungen zusammen. Jede dieser Abteilungen verfügt über eine gewisse Anzahl bestimmter Maschinen. Nach einem sorgfältig durchdachten Gesamtplan ist die Arbeit aller Abteilungen und Maschinen so aufeinander abgestimmt, daß in einer Folge von Einzelprozessen alle Abteilungen gemeinsam ein ganz bestimmtes Endprodukt fabrizieren. In ähnlicher Weise enthalten lebende Zellen spezifische intrazelluläre Strukturen, von denen jede im Rahmen der Gesamtorganisation der Zelle eine bestimmte Aufgabe zu erfüllen hat.

Aufgrund ihrer strukturellen Organisation kann man die lebenden Zellen in zwei große Klassen unterteilen: *prokaryotische* und *eukaryotische* Zellen, die in Abb. 4 bzw. Abb. 5 bildlich dargestellt sind. Die Begriffe leiten sich von dem Wort *Karyon*, das heißt Kern, ab. Prokaryotische Zellen (*pro* heißt vor oder voraus) besitzen keinen Zellkern, sondern eine Struktur, die man als eine Vorstufe des Zellkerns ansehen kann. Eukaryotische Zellen (*eu* heißt gut) dagegen besitzen einen gut ausgebildeten Zellkern.

Die Prokaryoten umfassen die Bakterien und Blaualgen. Sie haben eine einfachere strukturelle Organisation als die Eukaryoten. Den Prokaryoten fehlen neben dem Zellkern auch viele andere Strukturen, die man in der eukaryotischen Zelle findet, wie die Mitochondrien und das endoplasmatische Retikulum. Weiterhin sind sie relativ gesehen sehr klein. Eine typische Bakterienzelle ist nur etwa 1–2 μ lang und hat ein Volumen, das nur etwa 1/5000 so groß ist wie das einer typischen eukaryotischen Zelle, etwa einer Leberzelle eines Wirbeltiers. Trotz ihrer auffälligen strukturellen Unterschiede sind Prokaryoten und Eukaryoten aus den gleichen Bausteinmolekülen aufgebaut – z. B. Zuckern, Fettsäuren und Aminosäuren – und führen ähnliche Enzym- und Stoffwechselreaktionen aus. Prokaryoten besit-

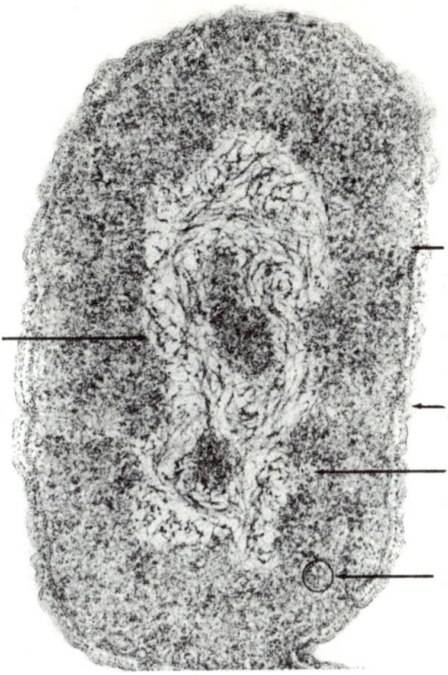

Abb. 4 Strukturelle Organisation der prokaryotischen Zelle. Elektronenmikroskopische Aufnahme des Bakteriums *Escherichia coli*. (Freundlicherweise von G. Decker, John Hopkins University, zur Verfügung gestellt.)

zen nur ein Chromosom, ein einzelnes Molekül Desoxyribonucleinsäure (DNA).

Da die prokaryotischen Zellen sehr einfache, primitive Zellen sind, könnten wir meinen, daß sie evolutionäre Kuriositäten seien, die unsere Aufmerksamkeit nicht verdienen. Wir müssen uns jedoch in Erinnerung rufen, daß die Prokaryoten wegen ihrer weiten Verbreitung auf der Erdoberfläche einen beträchtlichen Anteil an dem biologischen Energiefluß der Biosphäre haben.

Die große Klasse der Eukaryoten umfaßt viele einzellige Organismen, die nicht zu den Bakterien gerechnet werden, wie Hefen, Schimmelpilze, Protozoen und höhere einzellige Algen, sowie fast alle mehrzelligen Organismen. Alle Eukaryoten haben die gleichen grundlegenden Zellstrukturen – Zellkern, Mitochondrien und endoplasmatisches Reticulum. Im Vergleich zu den Prokaryoten sind die Eukaryoten weit stärker differenziert und spezialisiert.

Abb. 5 zeigt die elektronenmikroskopische Aufnahme einer eukaryotischen Zelle. Um die Zelle herum sind die wichtigsten Organellen

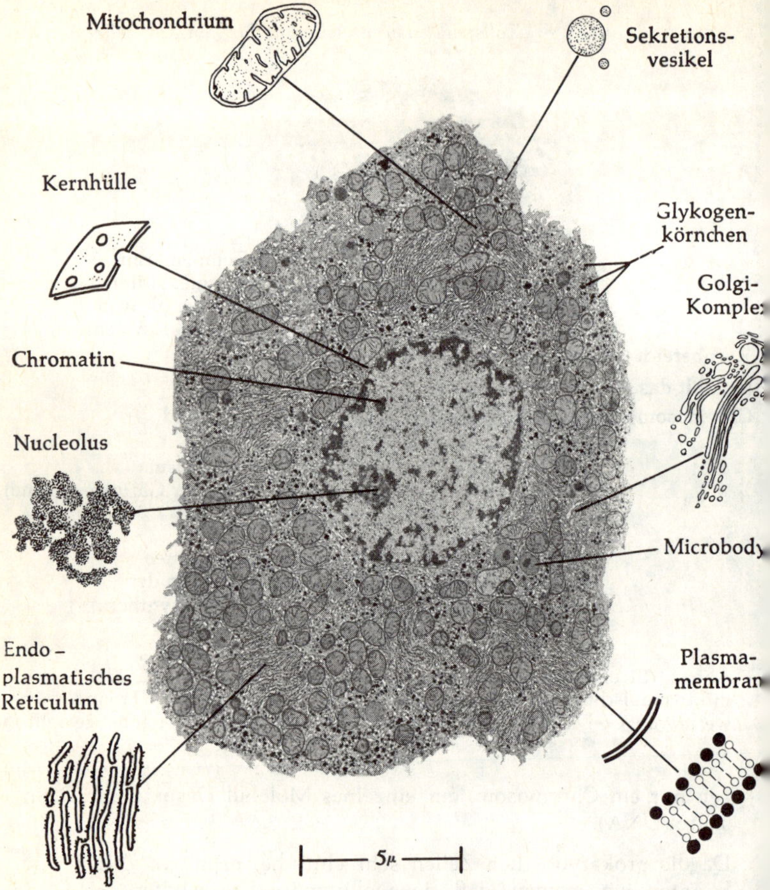

Abb. 5 Strukturelle Organisation einer typischen eukaryotischen Zelle. Elektronenmikroskopische Aufnahme einer Parenchymzelle der Rattenleber. (Freundlicherweise von G. Decker, John Hopkins University, zur Verfügung gestellt; Nachzeichnungen übernommen aus: Bloom, W. und D. W. Fawcett: A Textbook of Histology. Saunders, Philadelphia 1962.)

oder subzellulären morphologischen Einheiten aufgezeichnet, so wie sie bei der elektronenmikroskopischen Vergrößerung sichtbar werden. Ebenfalls markiert sind die vermutlichen Zentren, in denen die verschiedenen Energietransformationen stattfinden. Es ist zu beachten, daß jeder wichtige Prozeß der Energieübertragung innerhalb der Zelle an eine bestimmte Organelle gebunden ist. Wir sehen, daß z. B. die Mitochondrien kleine von Membranen umgebene Strukturen im Cytoplasma sind. In den Mitochondrien sind die Enzymsysteme lokalisiert, die an der sauerstoffabhängigen Oxydation von Nährstoffen und der Konservierung der Oxydationsenergie in Form von ATP beteiligt sind. Man bezeichnet die Mitochondrien deshalb oft als die Kraftstationen der eukaryotischen Zelle. In der prokaryotischen Zelle sind die für die Nährstoffoxydation verantwortlichen Enzyme an der Zellmembran lokalisiert.

Die Energie des ATP wird an anderen Orten der eukaryotischen Zelle zur Leistung von Arbeit verbraucht. So findet z. B. die gesamte osmotische Arbeit der Zelle in der Zellmembran statt. Die Zellmembran enthält die Enzyme, die die Arbeit des gerichteten aktiven Transports katalysieren. Die Ribosomen, sehr kleine granuläre Körperchen, die sowohl in der prokaryotischen, wie auch der eukaryotischen Zelle vorkommen, sind die Zentren der Proteinsynthese; sie sind die Eiweißfabriken. Das endoplasmatische Retikulum der eukaryotischen Zelle beherbergt wichtige Enzyme zur Biosynthese von Lipiden. Der Zellkern enthält auf verschiedene Chromosomen verteilt das genetische Material in Form von DNA. Der Zellkern ist das Zentrum, in dem die DNA repliziert und auf Ribonucleinsäuren (RNA) umgeschrieben wird. Auch diese Prozesse sind von der Energie des ATP abhängig. Schließlich finden wir in der eukaryotischen Zelle kontraktile Filamente, die zum Teil hoch spezialisiert und differenziert sind, wie etwa in den Myofibrillen des Skelettmuskels.

Jede dieser intrazellulären Strukturen oder Organellen hat ihren eigenen komplizierten Feinbau. Wir werden später sehen, daß die verschiedenen Enzyme, die in diesen Organellen zusammenwirken, um Energietransformationen zu katalysieren, zu charakteristischen supramolekularen Verbänden vereinigt sind. Die Erforschung der molekularen Organisation von Zellorganellen wie Mitochondrien, Chloroplasten und Ribosomen ist im Augenblick eines der faszinierendsten Arbeitsgebiete der Biochemie und Molekularbiologie.

Wir haben gesehen, daß alle lebenden Organismen mit höchst wirksamen Vorrichtungen zur Energietransformation ausgestattet sind. Eine einzelne Zelle von mikroskopischen Ausmaßen, kann zahleiche verschiedenartige Systeme zur Energieumwandlung beherbergen und hierbei jedes System in vielfacher Ausfertigung besitzen. Die Grundelemente der Organisation und Funktion dieser Systeme sind einzelne Moleküle hoch spezialisierter Proteine. Viele dieser Systeme erregen den Neid des Industrieingenieurs. Wir wissen alle, daß chemische Energie durch Verbrennung in Wärmeenergie umgewandelt werden kann und daß Wärme in der Dampfmaschine in mechanische Energie umgesetzt wird. Aus praktischer Erfahrung wissen wir auch, daß mechanische Energie in einem Generator in elektrische Energie, und daß elektrische Energie entweder in Wärme, wie im elektrischen Toaster, oder in chemische Energie, z. B. beim Aufladen einer Batterie, umgewandelt werden kann. Diese Beispiele schließen keineswegs alle theoretisch möglichen Energietransformationen ein, sie lassen sich nur zufällig vom Ingenieur am einfachsten verwirklichen. Heute sucht die moderne Technik für spezielle Zwecke neue Verfahren zur Energieumwandlung, wie etwa Sonnenbatterien, thermoelektrische Umwandler und Brennstoffelemente, die chemische Energie direkt in elektrische Energie umsetzen.

Die lebenden Organismen liefern dem Ingenieur heute Modelle und Ideen für neue Verfahren zur Umwandlung von Energie und lassen ihn hoffen, daß es möglich sein wird, leistungsfähige Gegenstücke zu den bekannten biologischen „Maschinen" zu entwickeln. Wir erwähnten bereits die Umwandlung von Sonnenenergie in chemische Energie durch die grüne Pflanze, für die es kein Gegenstück unter den vom Menschen entwickelten Verfahren gibt. Bis heute ist es noch nicht gelungen, ein ausgereiftes, billiges und leistungsfähiges Verfahren zur Entsalzung von Meerwasser zu entwickeln. Jede lebende Zelle hingegen ist in ihren Zellmembranen mit molekularen Vorrichtungen ausgestattet, die Salze und Wasser außergewöhnlich wirksam pumpen können. Ebenso erstaunlich ist es, daß einer der auffälligsten Prozesse der Energieumwandlung im lebenden Organismus, nämlich die direkte Umsetzung von chemischer Energie in mechanische Energie, wie bei der Muskelkontraktion, kaum in unserer modernen Technik angewendet wird. Wenn mechanochemische Maschinen so wirksam arbeiten würden, wie die Skelettmuskeln, könnten sie eines Tages in der Technik eine sehr nützliche Rolle spielen.

Schließlich sei noch darauf hingewiesen, daß die biologische Evolution nicht nur besonders wirksame Vorrichtungen zur Absorption, Umwandlung und Wahrnehmung von Energie hervorgebracht hat, sondern daß diese Vorrichtungen auch im molekularen Bereich entwickelt wurden. Wir sehen damit, daß heute, wo es ein Hauptziel unserer Technik ist, kleinstmögliche elektronische Geräte und Rechenanlagen zu bauen, das äußerste an Kleinheit bereits mit den molekularen Maschinen der lebenden Zelle erreicht ist.

Grundsätze der Thermodynamik

Dem Studienanfänger erscheint das Gebiet der Thermodynamik oft ziemlich abstrakt und verwirrend. Ihre Grundsätze werden an idealisierten Modellsystemen und in schwer vorstellbaren Manipulationen mit Veränderlichen entwickelt. Darüber hinaus scheinen ihre Ableitungen trockene Rechenübungen zu sein. Trotzdem sind die Arbeitshypothesen und Methoden der Thermodynamik einfach und logisch und setzen keine speziellen chemischen oder molekulartheoretischen Kenntnisse voraus. Außerdem brauchen wir uns, um die Natur der biologischen Energieumwandlungen in ihren Grundzügen untersuchen zu können, nur mit einem kleinen Teil der thermodynamischen Gleichungen vertraut zu machen.

Anwendungsmöglichkeiten und Methoden der Thermodynamik

Die Thermodynamik umfaßt das vielleicht grundlegendste und exakteste Gebiet der Physik. Sie stellt eine der gebräuchlichsten Methoden zur Analyse physikalischer und chemischer Phänomene dar. Die Thermodynamik ist eine statistische Wissenschaft; die Genauigkeit ihrer Voraussagen wächst mit der Menge der untersuchten Materie. Weiterhin befaßt sie sich nur mit den verhältnismäßig groben und makroskopischen Eigenschaften der Materie, wie Druck, Volumen, Temperatur und chemischer Zusammensetzung, Eigenschaften, die sich leicht mit einfachen Methoden bestimmen lassen. Die thermodynamische Analyse chemischer Prozesse verlangt keine genauen Kenntnisse in Atomtheorie oder Reaktionsmechanismen; im Gegenteil, sie ist unabhängig von jeder Vorstellung, die wir uns von der Struktur der Materie machen, durchzuführen.

Wie analysiert man nun in der Thermodynamik einen Prozeß, bei dem Energie ausgetauscht wird? Zunächst müssen wir die Auswahl der Materie spezifizieren, an der wir Energieänderungen während eines chemischen oder physikalischen Prozesses analysieren wollen. Diese Auswahl an Materie nennt man ein *System;* die gesamte Materie des Universums außerhalb dieses Systems wird als *Umgebung* bezeichnet. Als nächstes müssen wir den Gesamtenergiegehalt des Systems bestimmen, und zwar vor Beginn einer gegebenen Umsetzung, also im Anfangszustand und erneut nach Ablauf der Umsetzung, das heißt im Endzustand des Systems. Wenn das System aus dem Anfangszustand in seinen Gleichgewichtszustand übergeht, kann es Energie aus der Umgebung aufnehmen oder an sie abgeben. Die Differenz im Energiegehalt zwischen dem Anfangs- und dem Endzustand des Systems muß durch eine entsprechende, entgegengesetzte Änderung im Energiegehalt der Umgebung ausgeglichen sein.

Der Gleichgewichtszustand ist erreicht, wenn keine weitere Änderung im System oder zwischen System und Umgebung mehr stattfindet. Im Gleichgewichtszustand sind Temperatur und Druck im ganzen System homogen, und es wirken keine unausgeglichenen Kräfte mehr.

Wir sagten gerade, daß wir den Gesamtenergiegehalt des untersuchten Systems im Anfangs- und im Endzustand bestimmen müssen. In der Praxis ist es jedoch gewöhnlich äußerst schwierig und oft unmöglich den Gesamtenergiegehalt eines gegebenen Systems exakt zu ermitteln. Dafür können wir häufig sehr einfach die *Differenz* im Energiegehalt zwischen dem Anfangs- und dem Gleichgewichtszustand des Systems bestimmen, d. h., wir bestimmen die Energiemenge, die während des Prozesses zwischen dem System und seiner Umgebung ausgetauscht wird. Wenn wir Menge und Art der Energie kennen, die ein System mit seiner Umgebung austauscht, wenn es vom Anfangszustand in den Gleichgewichtszustand übergeht, haben wir genügend Information für eine thermodynamische Analyse des Prozesses.

In den Gesetzen der Thermodynamik spielt die Zeit keine Rolle, die erforderlich ist, um ein System vom Anfangs- in den Endzustand zu überführen. Es ist also gleichgültig, ob eine gegebene chemische Reaktion zur Gleichgewichtseinstellung Sekunden oder Jahrhunderte braucht. Weiterhin befaßt sich die Thermodynamik nicht mit dem Weg oder Mechanismus einer physikalischen oder chemischen Umsetzung. Interessant ist lediglich die Energiedifferenz zwischen dem Anfangs- und dem Endzustand des Systems, unabhängig davon wie diese Änderung zustande kommt. Ein Analogiebeispiel mag dies verdeutlichen: Wenn eine Person von New York nach San Francisco reist, hängt ihre Ortsänderung lediglich von den geographischen Längen und Breiten ihres Ausgangspunktes (New York) und denen ihres Endpunktes (San Francisco) ab. Hierbei ist es gleichgültig, welche von tausend möglichen Reiserouten eingeschlagen werden, und ob die Reise über fünftausend, zehntausend oder eine Million Kilometer geht. Genauso ist es in der Thermodynamik. Nur Anfangs- und Endzustand sind von Bedeutung; der Weg, den die Umsetzung nimmt, ist unwichtig. Hieraus folgt, daß die Energieänderungen aufeinanderfolgender Einzelschritte in einem chemischen oder physikalischen Prozeß rein additiv sind. Ihre algebraische Summe entspricht genau der Energieänderung des Gesamtprozesses, unabhängig von Art und Anzahl der Einzelschritte im Reaktionsweg.

Wenn der Thermodynamiker die Energieänderung eines Prozesses analysiert, versucht er die Zahl der Veränderlichen, die das System beeinflussen, wie Druck, Volumen oder Temperatur, möglichst klein zu halten. Wenn z. B. die Temperatur eines Systems konstant ist, wird die exakte Bestimmung der Energieänderung beim Übergang des Systems vom Anfangs- in den Endzustand einfacher. Bei den einfachen biochemischen Reaktionen, mit denen wir uns näher beschäftigen wollen, können wir stark vereinfachen, denn biologische Reaktionen finden gewöhnlich in verdünnten, wäßrigen Lösungen statt, die mit der Atmosphäre im Gleichgewicht stehen. Wir haben damit Bedingungen, unter denen nicht nur eine, sondern drei der wichtigsten Veränderlichen konstant sind, nämlich Temperatur, Druck und Volumen. Aus diesem Grund brauchen wir uns mit einem großen Teil der thermodynamischen Gesetze, die Gase, Druck-Volumenänderungen und Übergänge zwischen verschiedenen Materiezuständen betreffen, nicht zu beschäftigen.

Der erste Hauptsatz der Thermodynamik

Alle Vorgänge in der Physik lassen sich durch zwei grundlegende Prinzipien der Thermodynamik in Einklang bringen oder bestimmen, die als *„Erster Hauptsatz"* und als *„Zweiter Hauptsatz"* der Thermodynamik bekannt sind.

Der erste Hauptsatz, der 1841 von Robert Mayer formuliert wurde, ist das Prinzip der Energieerhaltung: *Energie kann weder geschaffen, noch zerstört werden.* Bei jedem chemischen oder physikalischen Prozeß bleibt also die Gesamtenergie des Systems und seiner Umgebung und damit auch die Gesamtenergie des Universums konstant.

Wir wissen bereits, daß sich verschiedene Energiearten ineinander umwandeln lassen. So kann die thermische Energie des Dampfes in einer Dampfmaschine in mechanische Energie umgesetzt werden. Mechanische Energie kann in einem Generator in elektrische Energie und diese beim Laden einer Batterie in chemische Energie umgewandelt werden. Der erste Hauptsatz der Thermodynamik betont nur eine Einschränkung solcher Energieumwandlungen, nämlich daß die Gesamtenergie des Systems und seiner Umgebung konstant bleiben muß.

Der erste Hauptsatz bringt auch zum Ausdruck, daß es eine quantitative Übereinstimmung zwischen verschiedenen Energiearten geben muß. Aufgrund vieler physikalischer Messungen sind derartige quantitative Energieäquivalenzen gesichert. Erinnern wir uns, daß es z. B. eine Äquivalenz zwischen mechanischer Energie und Wärme gibt. Mechanische Energie wird gewöhnlich in *erg* gemessen. Ein *erg* entspricht der Energie, die umgesetzt wird, wenn die Kraft von 1,0 *dyn* über die Strecke von 1,0 cm wirkt. Auf der anderen Seite wird Wärmeenergie in *Grammkalorien*, die wir bereits definiert haben (S. 5), oder *Joule* (1 *cal* = 4,1855 *Joule*) ausgedrückt. Aus vielen exakten physikalischen Messungen läßt sich ableiten, daß 1,0 *Grammkalorien*

Wärmeenergie einer mechanischen Energie von 4,185 $\times$ 10^7 *erg* äquivalent sind. Umgekehrt entspricht eine mechanische Energie von 1,0 *erg* 2,389 $\times$ 10^{-8} *Grammkalorien* oder 1 $\times$ 10^{-7} *Joule*. In ähnlicher Weise wurde gefunden, daß 1,0 *Grammkalorien* Wärmeenergie theoretisch einer elektrischen Energie von 4,185 *Watt* äquivalent ist. Die Existenz solcher Äquivalenzen zwischen verschiedenen Energiearten läßt erwarten, daß verschiedene Energiearten leicht und vollständig ineinander umgewandelt werden können, dies ist jedoch nicht immer der Fall. Mechanische Energie kann z. B. in einem geeigneten Apparat quantitativ in Wärmeenergie umgesetzt werden, der umgekehrte Prozeß, die Umwandlung von Wärme in mechanische Energie, ist jedoch unter normalen Bedingungen niemals vollständig.

Da Wärme die bekannteste und am leichtesten zu messende Form der Energie ist, wurden die meisten älteren Untersuchungen zur Energieäquivalenz und zum Energieumsatz bei physikalischen und chemischen Prozessen auf der Grundlage der Wärmeänderungen durchgeführt. Aus diesem historischen Grund wird die Wissenschaft, die sich mit Energieumwandlungen beschäftigt, *Thermo*dynamik genannt. In Wirklichkeit läßt sich diese Wissenschaft jedoch auf *alle* Energieumwandlungen anwenden, man bezeichnet sie deshalb zutreffender als *Energetik*.

Wärmeänderungen bei chemischen Reaktionen

Im Grunde genommen wird bei jedem physikalischen oder chemischen Prozeß Wärme aus der Umgebung aufgenommen oder an sie abgegeben. Geht bei einem Prozeß Wärme an die Umgebung verloren, so nennt man ihn *exotherm*, wird Wärme aus der Umgebung aufgenommen, so heißt er *endotherm*. Wärme ist ein einfaches und universelles Mittel, durch das Energie übertragen werden kann.

Wärmeänderungen bei einem chemischen Prozeß lassen sich einfach in einem Kalorimeter messen und können uns wertvolle Informationen über den Umfang der Arbeit geben, die ein chemischer Prozeß unter bestimmten Bedingungen leistet. Um die Berechnung des Wärme- und Energieaustausches bei einer chemischen Reaktion einfach und einheitlich zu gestalten, berechnet man den Energieumsatz immer in Kilokalorien, bezogen auf das Molekulargewicht der umgesetzten Verbindung in Gramm. Außerdem setzt man voraus, daß beim Energieumsatz einer chemischen Reaktion, alle Reaktionsteilnehmer in ihrem *Standardzustand* vorliegen. Der Standardzustand einer Substanz wird definiert als ihr stabilster Zustand bei einem Druck von 1,0 Atmosphären und einer Temperatur von 25° C (298° K). Für biologische, in wäßriger Lösung ablaufende Reaktionen, wird der Standardzustand der Reaktionsteilnehmer als ihre Konzentration in Mol pro Liter Wasser definiert. Die Wasserstoffionenkonzentration im Standardzustand ist festgelegt auf $1{,}0 \times 10^{-7}$ M oder pH 7,0.

Aus Tab. 3 können wir entnehmen, daß jede organische Verbindung eine charakteristische *Verbrennungswärme* hat. Sie wird in Kilokalorien gemessen und entspricht der Wärmemenge, die an die Umgebung abgegeben wird, wenn 1 Mol einer Substanz unter Verbrauch von molekularem Sauerstoff vollständig verbrennt. Ein Beispiel ist die Gleichung für die Verbrennung von Glucose

$$C_6H_{12}O_6 + 6O_2 \rightarrow 6CO_2 + 6H_2O$$

Tabelle 3 Verbrennungswärme der Hauptnährstoffe.

Nährstoff	Molekulargewicht	Verbrennungswärme kcal/mol	Verbrennungswärme kcal/g
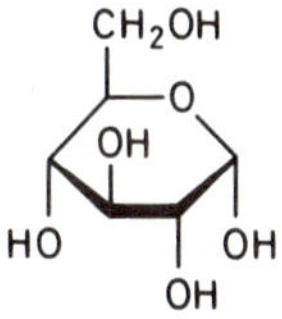 D-Glucose, ein Kohlenhydrat	180	673	3,74
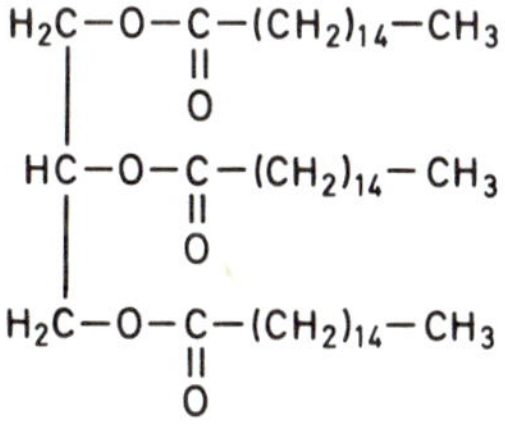 Tripalmitin, ein Fett	809	7510	9,3
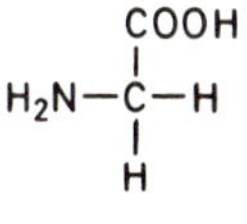 Glycin, eine Aminosäure	75	234	3,12

Die bei der Oxydation von 1 Mol Glucose (180 g) unter den oben definierten Standardbedingungen freigesetzte Wärmemenge beträgt 673 kcal. Glucose liefert bei der Verbrennung Wärme, weil ihre komplexe Struktur viel potentielle Energie besitzt, die beim Abbau von Glucose zu den einfachen Produkten CO_2 und H_2O freigesetzt wird. In Tab. 3 sind auch die Verbrennungswärmen für andere wichtige organische Brennstoffe der Zelle, wie Fette und Aminosäuren, aufgeführt. Die Verbrennung von Fetten liefert allgemein sehr viel mehr Energie pro Gramm Substanz als die Verbrennung von Kohlenhydraten oder Aminosäuren. Fett ist ein stärker konzentrierter Brennstoff als Glucose, da es stärker reduziert oder hydriert ist und deshalb mehr Sauerstoff benötigt wird, um es zu CO_2 zu verbrennen.

In Tab. 4 sind die Wärmeänderungen für einige andere chemische Reaktionen aufgeführt. Wir sehen, daß hydrolytische Reaktionen ebenfalls exotherm sind, jedoch unter wesentlich geringerer Wärmeentwicklung ablaufen als Verbrennungen. Die Neutralisierung von H^+- und OH^--Ionen ist ebenfalls ein exothermer Vorgang. Bei anderen Reaktionen wie etwa bestimmten Ionisationsreaktionen, kann Wärme aus der Umgebung aufgenommen werden, sie sind damit endotherm. Reaktionswärme läßt sich nicht nur kalorimetrisch bestimmen, sondern auch aufgrund des Wärmeaustausches ähnlicher oder verwandter Reaktionen vorausberechnen.

Tabelle 4 Wärmeänderungen einiger repräsentativer chemischer Reaktionen bei konstantem Druck und konstanter Temperatur.

Art	Wärmeänderung kcal/mol
Oxydation	
Glucose + $6O_2 \rightarrow 6CO_2 + 6H_2O$	−673
Hydrolyse	
Saccharose + $H_2O \rightarrow$ Glucose + Fructose	−4,8
Glucose-6-phosphat + $H_2O \rightarrow$ Glucose + H_3PO_4	−3,0
Neutralisation	
$NaOH + HCl \rightarrow NaCl + H_2O$	−13,8

Isotherme Natur zellulärer Prozesse

Wir kommen nun zu einem bemerkenswerten Unterschied zwischen lebenden Zellen und von Menschenhand konstruierten Maschinen. Obgleich Wärme das einfachste und bekannteste Mittel zur Energieübertragung in der Maschine ist, ist sie zur Leistung von biologischer Arbeit nicht zu gebrauchen. Woran liegt dies?

Wärme kann nur Arbeit leisten, wenn eine Temperaturdifferenz existiert, durch welche sie wirken kann. Wärme muß entweder von einem Körper auf einen anderen mit niedrigerer Temperatur übertragen werden oder die Temperatur in einem gegebenen Körper, der die Wärmeenergie enthält, muß erniedrigt werden. Wir wissen jedoch alle aus praktischer Erfahrung, daß es zwischen verschiedenen Teilen eines lebenden Organismus keine bedeutenden Temperaturdifferenzen gibt.

Könnte es nicht vielleicht doch sehr geringe Temperaturdifferenzen in der Zelle geben, die als Basis für die Leistung von Arbeit in der Zelle dienten? Wir können auf diese Frage eine quantitative Antwort geben. Die maximale Arbeit *A*, die von einer Wärmemaschine geleistet werden kann, läßt sich in folgender Gleichung ausdrücken:

$$A = Q\left(\frac{T_2 - T_1}{T_2}\right)$$

Dabei ist Q die aufgenommene Wärme und T_2und T_1 sind die absoluten Temperaturen (°K) der Körper, zwischen denen Wärme fließt. T_2 könnte z. B. die Temperatur des Dampfes sein, der in den Kolben einer Dampfmaschine einströmt, und T_1 die Temperatur des Dampfes, der nach dem Kolbenstoß ausgestoßen wird. Aus der Gleichung läßt sich leicht ablesen, daß die Wärme nur dann maximale Arbeit leisten kann, wenn die Temperatur des ausgestoßenen Dampfes beim absoluten Nullpunkt liegt. Wir erkennen damit die Einschränkung, die man bei der Umsetzung von Wärme in Arbeit machen muß. Wenn in einem System bei normaler Temperatur, sagen wir 25° C (298° K) nur eine sehr geringe Temperaturdifferenz (0,1° C) herrscht, dann ist der Anteil einer gegebenen Wärmemenge, die in diesem System in Arbeit umgesetzt werden kann, extrem klein. In der Praxis sind damit lebende Organismen isotherm und können nicht als Wärmemaschinen arbeiten.

Um verstehen zu können, wie die Zelle unter isothermen Bedingungen Arbeit leisten kann, müssen wir eine ander Art von Energie, die sogenannte *freie Energie*, definieren. Zuvor müssen wir allerdings noch den zweiten Hauptsatz der Thermodynamik untersuchen, aus dem sich der Begriff der freien Energie ableiten läßt.

Entropie und der zweite Hauptsatz

Der erste Hauptsatz handelt von der Energieerhaltung. Jeder physikalische oder chemische Prozeß muß diesem Grundsatz gehorchen. Es gibt jedoch bei Energieübertragungen noch eine andere grundlegende

Erscheinung, die vom ersten Hauptsatz nicht erklärt wird. Erläutern wir uns das Problem an einem einfachen Beispiel (Abb. 6).

Stellen wir zwei Kupferblöcke, einen heißen und einen kalten, dicht aneinander in einen gut isolierten Behälter und lassen sie zu einem Temperaturausgleich kommen. Die Temperatur des heißen Blockes wird abnehmen und die des kalten Blockes zunehmen, bis beide Blökke eine völlig einheitliche mittlere Temperatur erreicht haben. Der Wärmefluß und damit der Energiefluß vom heißen zum kalten Block erfolgt spontan. Wenn man nun in den gut isolierten Behälter zwei Blöcke von gleicher Temperatur stellt, so wird sich bekanntlich nichts ändern. Niemand würde erwarten, daß die Temperatur des einen Blockes spontan ansteigen und die des anderen fallen würde. Wenn

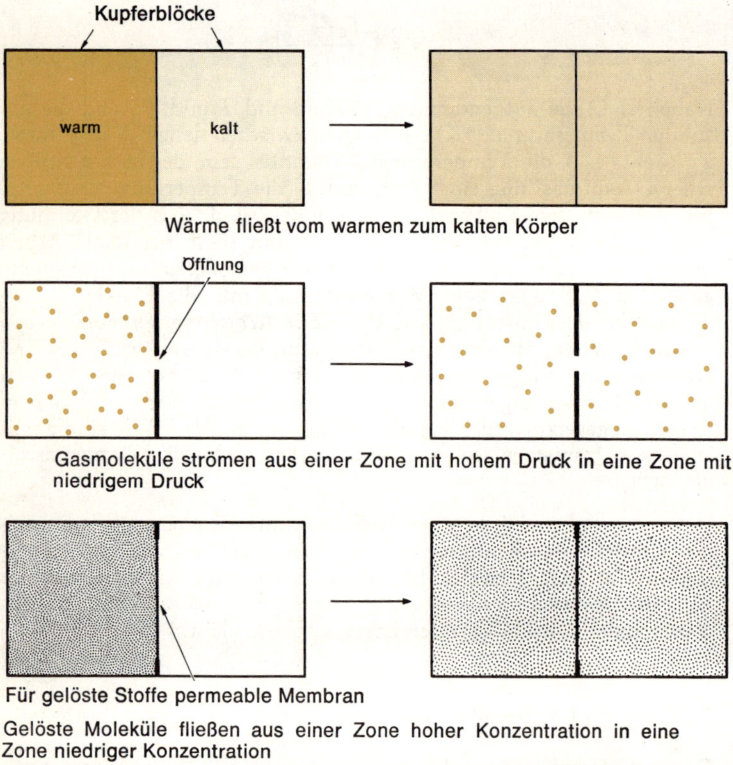

Abb. 6 Die Zunahme an Entropie in einigen physikalischen Systemen. Diese Prozesse werden sich niemals spontan umkehren.

dies tatsächlich geschähe, verstieße es jedoch keineswegs gegen den ersten Hauptsatz, da der Energieverlust des einen Blockes durch einen entsprechenden Energiegewinn des anderen ausgeglichen würde. An der Gesamtenergie der beiden Blöcke würde sich nichts ändern.

Aus diesem Beispiel (und den anderen in Abb. 6) ersieht man, daß spontane physikalische und chemische Prozesse eine *Richtung* besitzen, die der erste Hauptsatz nicht erklären kann. Wir haben bereits gesehen, daß alle Prozesse bis zur Einstellung eines Gleichgewichtszustandes ablaufen, in dem Temperatur, Druck und alle anderen meßbaren Zustandsgrößen im System und seiner Umgebung konstant sind. Hat ein Prozeß diesen Gleichgewichtszustand erst einmal erreicht, so wird er sich spontan niemals in den Anfangszustand zurückverändern. Wenn die heißen und kalten Kupferblöcke aus unserem Beispiel den Temperaturausgleich erreicht haben, ist die in beiden Blöcken ursprünglich ungleichmäßig verteilte Wärmeenergie völlig einheitlich über beide Blöcke verteilt. Die Energie hat ihr Maximum an zufälliger Verteilung erreicht und wird niemals von sich aus in einen geordneteren Zustand zurückkehren.

Der zweite Hauptsatz der Thermodynamik liefert uns ein Kriterium, mit dem wir die Richtung eines gegebenen Prozesses voraussagen können. Zunächst führt er einen Zustand der Materie und Energie ein, der als *Entropie* bezeichnet wird. Entropie können wir einfach als Zustand der Unordnung oder statistisch gesehen als Zustand der zufallsbedingten Verteilung definieren. Weiterhin besagt der zweite Hauptsatz, daß jeder physikalische oder chemische Prozeß gerichtet so verläuft, daß die Entropie des Universums – also des Systems und seiner Umgebung – den höchstmöglichen Wert erreicht. Wenn dieser Wert erreicht ist, herrscht Gleichgewicht. Der zweite Hauptsatz besagt, daß es keinen Prozeß geben kann, durch den die Entropie des Universums verringert wird. Prozesse, die unter Zunahme von Entropie ablaufen, sind damit irreversibel, also nicht umkehrbar. Theoretisch kann bei einem Prozeß die Entropie des Universums konstant bleiben, man spricht dann von einem reversiblen Prozeß. Obgleich wir also zwischen reversiblen und irreversiblen Prozessen unterscheiden können, muß sofort richtiggestellt werden, daß völlig reversible Prozesse, bei denen die Entropie exakt konstant bleibt, hypothetisch sind; man hat sie in unserer realen Welt der Physik nie beobachtet. Woran liegt dies? Reale Prozesse sind irreversibel, weil sich Energie nicht quantitativ von einer Art in eine andere umwandeln läßt, ohne daß dabei ein Teil der Energie in Form von Entropie verlorengeht. Wenn man z. B. einen Generator mit mechanischer Energie betreibt, so wird diese nicht vollständig in elektrische Energie umgesetzt, weil ein Teil der Energie durch Reibung als Wärme an die Umgebung verstreut wird und in dieser Form nicht mehr zur Leistung von Arbeit dienen kann. Jede Materie und Energie im Universum strebt einem Zustand zufallsbedingter Verteilung zu. Es ist das unvermeidliche Schicksal des Universums, schließlich einen Zustand völliger Zufälligkeit und Unordnung zu erreichen, den wir *Wärmetod* nennen.

Wenn Entropie den Zustand von Zufälligkeit und Unordnung kennzeichnet, ist ihr Gegenteil Ordnung. Wir wollen nun eine Beziehung definieren, die gelegentlich der dritte Hauptsatz der Thermodynamik genannt wird: die Entropie in einem Idealkristall eines Elements oder einer Verbindung ist bei der Temperatur des absoluten Nullpunktes gleich Null. Da es am absoluten Nullpunkt keine Wärmebewegung gibt, befinden sich die Atome in einem Idealkristall in einem Zustand vollkommener Ordnung. Jeder Zustand, der weniger geordnet ist als der eines Idealkristalls, besitzt eine bestimmte Menge an Entropie.

Entropie wird in *Entropieeinheiten* ausgedrückt, die in Kalorien pro Mol und Grad gemessen werden. Bei einer gegebenen Temperatur haben feste Körper eine relativ geringe, Flüssigkeiten eine mittlere und Gase die höchste Entropie; der Gaszustand ist der am stärksten ungeordnete und chaotische Zustand der Materie. Weiterhin hat ein Gas bei einer hohen Temperatur, wegen der stärkeren thermischen Bewegung seiner Moleküle, mehr Entropie als bei einer niedrigeren Temperatur. Aus diesem Grund muß die Temperatur berücksichtigt werden, wenn man Entropieänderungen genau messen will.

Freie Energie

Wir haben eben gesehen, daß die treibende Kraft aller physikalischen und chemischen Prozesse das Bestreben ist, den Zustand zu erreichen, in dem die Entropie des Universums ihren höchstmöglichen Wert hat. Entropie und Entropieänderungen lassen sich nicht immer leicht messen und berechnen. Unter bestimmten Voraussetzungen läßt sich jedoch die Entropieänderung eines Prozesses mit der Änderung der Gesamtenergie des Systems durch eine dritte Funktion, die sogenannte *freie Energie*, in Beziehung setzen. Diese Beziehung ist in der biochemischen Energetik wichtig, da sich Änderungen der freien Energie leicht messen lassen und Voraussagen über die Richtung und das Gleichgewicht einer chemischen Reaktion möglich werden.

Entropie und freie Energie stehen in einer Gleichung miteinander in Beziehung, die den ersten und zweiten Hauptsatz kombiniert. Diese Gleichung setzt voraus, daß Temperatur, Druck und Volumen konstant sind, sie gilt nur unter dieser Voraussetzung. Die Gleichung lautet:

$$\Delta G = \Delta E - T\Delta S$$

dabei ist ΔG die Änderung der freien Energie im System, ΔE die Änderung der Gesamtenergie des Systems, T die absolute Temperatur und ΔS die Änderung der Entropie im System und seiner Umgebung (Universum). Wir gebrauchen das Symbol G für freie Energie in Erinnerung an WILLARD GIBBS, einen amerikanischen Theoretiker, der diese Beziehung zuerst entwickelte. Die Gleichung ist in der biochemischen Energetik grundlegend wichtig, da sie auf biochemische Reaktionen die in der Zelle bei konstanter Temperatur und konstantem Druck und Volumen ablaufen, anwendbar ist. Wenn wir die Gleichung nun umformen und schreiben:

$$\Delta E = \Delta G + T\Delta S$$

erkennen wir, daß die Änderung der gesamten Energie (ΔE) in einem System der algebraischen Summe von $T\Delta S$, die in jedem realen Prozeß positiv ist und ΔG, die in jedem realen Prozeß negativ ist, entspricht. Wir können nun die Änderung der freien Energie (ΔG) als den Teil der Gesamtenergie eines Systems definieren, der Arbeit leisten kann, wenn das System bei konstanter Temperatur und konstantem Druck und Volumen in einen Gleichgewichtszustand übergeht. Weiterhin können wir sagen, wenn die Entropie im System und seiner Umgebung bei der Gleichgewichtseinstellung des Prozesses ihren höchstmöglichen Wert erreicht hat, hat die freie Energie im System ihren niedrigsten Wert erreicht.

Mit Hilfe der Abb. 7 können wir nun die Beziehung zwischen dem ersten und zweiten Hauptsatz, angewandt auf ein System, in dem Druck und Temperatur konstant sind, zusammenfassen. Erstens erkennen wir, daß die Gesamtenergie im System und seiner Umgebung zu jeder Zeit konstant bleibt. Dabei ist jedoch zu beachten, daß die Gesamtenergie im System allein zunehmen, abnehmen oder konstant bleiben kann. Zweitens: Die Entropie im System und seiner Umgebung strebt während eines Prozesses ihrem Maximalwert zu. Drittens: Die freie Energie im System allein strebt ihrem Minimalwert zu. Da die meisten biologisch interessanten Reaktionen bei konstanter Temperatur und konstantem Druck ablaufen und sich Änderungen der freien Energie leicht messen lassen, können Richtung und Gleichgewicht einer biochemischen Reaktion aus der Änderung der freien Energie vorausgesagt werden.

Als sehr wichtigen Sonderfall müssen wir festhalten, daß die Entropie im System allein bei einem Prozeß nicht unbedingt zunehmen muß; sie kann zunehmen, abnehmen oder konstant bleiben. Der zweite Hauptsatz besagt nur, daß die Entropie des *Universums* zunehmen muß. Wenn also die Entropie bei einem gegebenen Prozeß im System allein abnehmen sollte, muß die Entropiezunahme in der Umgebung so hoch sein, daß die *Summe* der Entropieänderungen im

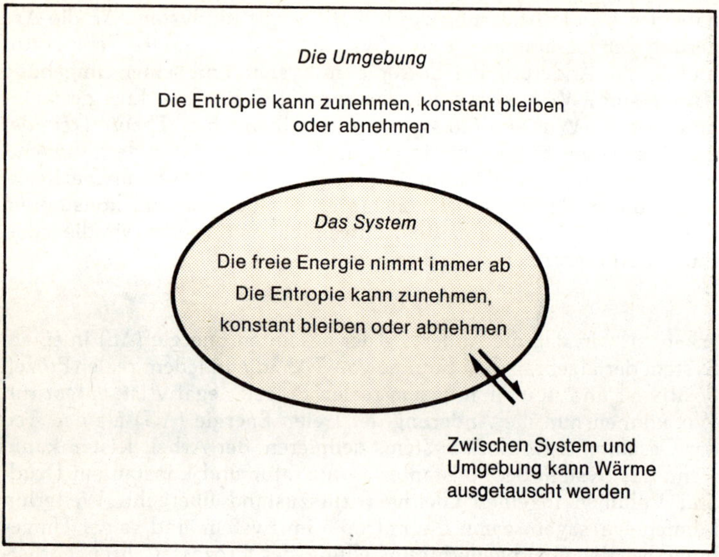

Das Universum = System + Umgebung
Erster Hauptsatz: Die Gesamtenergie des Universums bleibt konstant
Zweiter Hauptsatz: Die Entropie des Universums nimmt stetig ab

Abb. 7 Die Wechselbeziehungen zwischen der Änderung von Entropie und freier Energie in einem System und seiner Umgebung bei einem Prozeß, der unter konstanten Druck- und Temperaturbedingungen abläuft.

System *und* seiner Umgebung eine Zunahme der Gesamtentropie ergeben. Dies ist ein in Bezug auf biologische Systeme ganz besonders wichtiger Punkt. Wenn lebende Organismen wachsen, verringern sie wegen der hoch differenzierten Struktur biologischer Materie ganz offensichtlich ihre Entropie. Diese Entropieabnahme ist jedoch nur auf Kosten einer Entropiezunahme in der Umgebung möglich. Anders ausgedrückt, lebende Organismen schaffen sich ihre eigene interne Ordnung auf Kosten der Ordnung in ihrer Umgebung.

Sehen wir uns nun an, wie man Änderungen der freien Energie messen kann.

Freie Energie und Gleichgewichtskonstante

Bei einem chemischen Prozeß, wie der Reaktion

$$A \rightarrow B$$

wird ein Gleichgewichtszustand erreicht, bei dem sich keine chemische Änderung mehr beobachten läßt. In diesem Gleichgewichtszustand wird die Geschwindigkeit der Umwandlung von A in B durch die Geschwindigkeit der Umwandlung von B in A ausgeglichen:

$$A \rightleftharpoons B$$

Das chemische Gleichgewicht, das bei dieser Reaktion erreicht wird, läßt sich durch eine Konstante, die *Gleichgewichtskonstante*, ausdrücken:

$$K = \frac{[B]}{[A]}$$

Die eckigen Klammern geben die Konzentrationen der Reaktionsteilnehmer im Gleichgewichtszustand an. K ist bei konstantem Druck und konstanter Temperatur eine unveränderliche Konstante, die von den zu Versuchsbeginn herrschenden Konzentrationen unabhängig ist. Das erreichte Gleichgewicht ist der Punkt, an dem die freie Energie des Systems ihren niedrigsten Wert hat.

Wenn an einer Reaktion mehrere Reaktionspartner beteiligt sind, berechnet sich die Gleichgewichtskonstante nach Erreichen des Gleichgewichts aus dem Produkt der Konzentrationen der Reaktionsprodukte dividiert durch das Produkt der Konzentrationen der reagierenden Substanzen. Hierzu ein Beispiel:

$$aA + bB \rightleftharpoons cC + dD$$

Dabei bedeuten a, b, c, und d die Zahl der Moleküle von A, B, C, und D. Die Gleichgewichtskonstante ist:

$$K = \frac{[C]^c \cdot [D]^d}{[A]^a \cdot [B]^b}$$

Aus dem bisher Gesagten geht hervor, daß bei einer chemischen Reaktion die Änderung der freien Energie eine mathematische Funktion der Gleichgewichtskonstanten sein muß. Tatsächlich läßt sich diese Beziehung in einer sehr einfachen Gleichung ausdrücken:

$$\Delta G^{\circ\prime} = -R \cdot T \cdot \ln K'$$

Dabei ist R die Gaskonstante (1,987 cal/Mol · Grad); T die absolute Temperatur und $\ln K'$ der natürliche Logarithmus der Gleichgewichtskonstanten bei 25 °C und pH 7,0. Die Größe $\Delta G^{\circ\prime}$ kennzeichnet die *Änderung der freien Energie unter Standardbedingungen*, d. h. den Gewinn oder Verlust an freier Energie in Kalorien, wenn 1 Mol reagierende Substanz bei 25° C und pH 7,0 in 1 Mol Reaktionsprodukt überführt wird und die Reaktionsteilnehmer in 1 molaren Konzentrationen vorliegen. Die Änderung der freien Energie unter Standardbedingungen gibt den maximalen Betrag an Arbeit an, den die Reaktion bei konstanter Temperatur und konstantem Druck leisten kann. Allerdings kann dieser Betrag nur erreicht werden, wenn eine ohne Reibungsverluste arbeitende Maschine vorhanden ist, durch die die Energie genutzt wird.

Tab. 5 veranschaulicht die Beziehung zwischen der Gleichgewichtskonstanten einer chemischen Reaktion und der berechneten Änderung der freien Energie unter Standardbedingungen. Wenn die Gleichgewichtskonstante größer als 1,0 ist (was bedeutet, daß das Gleichgewicht der Reaktion stark zugunsten des Reaktionsproduktes verschoben ist), ist die Änderung der freien Energie negativ; bei der Reaktion nimmt die freie Energie also ab. Ist die Gleichgewichtskonstante kleiner als 1,0, was besagt, daß ein Reaktionsgleichgewicht zugunsten der reagierenden Substanz besteht, ist die Änderung der freien Energie positiv. Wir müssen hier Energie in den Prozeß hineinstecken, um unter Standardbedingungen ein Mol der reagierenden Substanz in ein Mol Reaktionsprodukt überführen zu können.

Tabelle 5 Die zahlenmäßige Beziehung zwischen der Gleichgewichtskonstanten und $\Delta G^{\circ\prime}$ bei 25 °C und pH 7,0.

K'	$\Delta G^{\circ\prime}$ kcal/mol
0,001	+4,09
0,01	+2,73
0,1	+1,36
1,0	0
10,0	—1,36
100,0	—2,73
1000,0	—4,09

Wir wollen nun an einem einfachen Beispiel die Gleichgewichtskonstante und die Änderung der freien Energie berechnen. Wir verwenden einige Daten der Reaktion

$$\text{Glucose-1-phospat} \rightleftharpoons \text{Glucose-6-phosphat}$$

die durch das Enzym *Phosphoglucomutase* katalysiert wird. Die Reaktion findet beim Abbau von Glykogen zu Milchsäure im Muskel statt. Wir können die Reaktion im Reagenzglas durchführen, wenn wir einer 0,02 molaren Glucose-1-phosphat-Lösung bei 25° C und pH 7,0 das Enzym zusetzen. Nach einiger Zeit hat die Reaktion einen Gleichgewichtszustand erreicht. Durch chemische Analyse läßt sich nun feststellen, daß die Konzentration von Glucose-1-phosphat auf 0,001 M abgefallen ist, während die Konzentration von Glucose-6-phosphat von 0 auf 0,019 M angestiegen ist. Die Gleichgewichtskonstante ist also:

$$K' = \frac{[\text{Glucose-6-phosphat}]}{[\text{Glucose-1-phosphat}]} = \frac{0{,}019}{0{,}001} = 19$$

Aus dem Wert K' = 19 können wir nun die Änderung der freien Energie für die Phosphoglucomutase-Reaktion unter Standardbedingungen berechnen

$$\begin{aligned} \Delta G^{o\prime} &= -R \cdot T \cdot \ln K' \\ &= -1{,}987 \cdot 298 \cdot \ln 19 \\ &= -1{,}987 \cdot 298 \cdot 2{,}303 \cdot \log 19 \\ &= -1363 \cdot 1{,}28 \\ \Delta G^{o\prime} &= -1745 \text{ cal/mol} \end{aligned}$$

Die freie Energie nimmt also um 1745 cal ab, wenn 1,0 Mol Glucose-1-phosphat bei 25° C in 1,0 Mol Glucose-6-phosphat überführt wird, bei Bedingungen, unter denen die beiden Reaktionsteilnehmer in 1-molarer Konzentration vorliegen. Normalerweise wird die Änderung der freien Energie in Kilokalorien (kcal) ausgedrückt. Für unsere Reaktion hat $\Delta G^{o\prime}$ damit einen Wert von – 1,745 kcal.

Wir kommen nun zu einem weiteren wichtigen Punkt. Die Gegenwart des Enzyms (oder irgendeines anderen Katalysators) in der eben beschriebenen Reaktion beeinflußt die Berechnung nicht. Das Enzym beschleunigt lediglich die Einstellung des Gleichgewichtszustandes, beeinflußt jedoch den Gleichgewichtspunkt in keiner Weise. Bei unserer Berechnung spielen Zeit und Geschwindigkeit der Reaktion keine Rolle, lediglich der Endpunkt ist wichtig. Die Änderung der freien Energie, die wir gerade berechnet haben, bleibt dieselbe, unabhängig davon ob die Reaktion durch ein Enzym katalysiert wird oder ob sie, wenn auch nur sehr langsam, von selbst abläuft. Ebenfalls bedeutungslos ist der Reaktionsmechanismus und der Reaktionsweg. Wenn bei einem Prozeß die freie Energie abnimmt, sprechen wir von einer *spontanen* Reaktion. Das heißt jedoch nicht, daß die Reaktion notwendigerweise auch schnell oder von selbst ablaufen muß. Die Verbrennung von Glucose ist z. B. ein spontaner Prozeß, allerdings wird eine Lösung von reiner, steriler Glucose, die bei 20° C in Gegenwart von Luftsauerstoff aufbewahrt wird, auch nach vielen Jahren noch nicht oxydiert sein. Wenn die Reaktion jedoch abläuft, erfolgt sie unter Abnahme von freier Energie.

In der gleichen Weise wie bei dem oben angeführten Beispiel, hat man für viele chemische Reaktionen, die in der lebenden Zelle eine Rolle spielen, die Werte für die Änderung der freien Energie berechnet. In Tab. 6 sind einige repräsentative Werte aufgeführt. Wir sehen, daß bei Verbrennungsreaktionen die Abnahme an freier Energie wesentlich größer ist als bei Hydrolysereaktionen.

Tabelle 6 Die Änderung der freien Energie bei pH 7,0 und 25 °C für einige chemische Reaktionen.

	$\Delta G^{\circ\prime}$
Oxydation	
Glucose + 6 O_2 → 6 CO_2 + 6 H_2O	—686
Milchsäure + 3 O_2 → 3 CO_2 + 3 H_2O	—320
Palmitinsäure + 23 O_2 → 16 CO_2 + 16 H_2O	—2338
Hydrolyse	
Saccharose + H_2O → Glucose + Fructose	—7,0
Glucose-6-phosphat + H_2O → Glucose + H_3PO_4	—3,3
Glycylglycin + H_2O → 2 Glycin	—2,2
Umlagerung	
Glucose-1-phosphat → Glucose-6-phosphat	—1,7
Fructose-6-phosphat → Glucose-6-phosphat	—0,4
Eliminierung	
Äpfelsäure → Fumarsäure + H_2O	+0,75

Reaktionen, bei denen die Standardänderung der freien Energie einen negativen Wert hat, werden als *exergonische* Reaktionen bezeichnet. Reaktionen, bei denen die Änderung der freien Energie positiv ist, heißen *endergonisch*. Es ist leicht zu merken, wenn man sich vorstellt, daß exergonische Reaktionen „bergab" und endergonische „bergauf" verlaufen.

Änderung der freien Energie bei chemischen Reaktionen unter Nichtstandardbedingungen

Die Standardänderung der freien Energie einer chemischen Reaktion, wie etwa bei den in Tab. 6 aufgeführten Reaktionen, setzt voraus, daß alle Reaktionsteilnehmer in den Standardkonzentrationen von 1,0 M vorliegen. Die Intermediärprodukte des Stoffwechsels werden in der Zelle kaum einmal in so hohen Konzentrationen zu finden sein, außerdem ist es unwahrscheinlich, daß sie in äquimolaren Konzentrationen vorliegen. Ist es nun möglich, bei einer chemischen Reaktion die Änderung der freien Energie unter Gegebenheiten zu bestimmen, die nicht den Standardbedingungen entsprechen?

Die Antwort ist ja. Allerdings müssen wir dabei nicht nur die Ausgangskonzentrationen der Substrate und Reaktionsprodukte kennen, sondern auch die Standardänderung der freien Energie der Reaktion. Bei einer angenommenen Reaktion

$$aA + bB \rightleftharpoons cC + dD$$

ist die tatsächliche Änderung der freien Energie ΔG durch folgende Gleichung gegeben

$$\Delta G = \Delta G^{o\prime} + RT \ln \frac{[C]^c \cdot [D]^d}{[A]^a \cdot [B]^b}$$

Dabei ist $\Delta G^{o\prime}$ die Standardänderung der freien Energie, [*A*], [*B*], [*C*] und [*D*] sind die Ausgangskonzentrationen der Substrate und Produkte. *R* und *T* kennen wir bereits. Nehmen wir noch an, daß die Reaktionstemperatur 25 °C (298 °K) beträgt und der pH-Wert bei 7,0 liegt.

Mit dieser Gleichung können wir nun die tatsächliche Änderung der freien Energie einer Reaktion berechnen, deren Reaktionsteilnehmer nicht in 1-molarer Konzentration vorliegen. Aus Tab. 6 wissen wir, daß die Hydrolyse von Glucose-6-phosphat zu Glucose und Phosphat eine exergonische Reaktion ist, mit einer Standardänderung der freien Energie von –3,3 kcal. Diese Reaktion wird in der Leber der Wirbeltiere durch das Enzym *Glucose-6-phosphatase* katalysiert; es ist die Primärreaktion, durch die im Blut freie Glucose gebildet wird. Bestimmen wir nun die tatsächliche Änderung der freien Energie für diese Reaktion unter annähernd physiologischen Bedingungen. Die Glucose-6-phosphatkonzentration in der Leberzelle liegt bei etwa 0,001 M und die Glucosekonzentration im Blut bei etwa 0,005 M. Wenn wir die bekannten Werte in die oben aufgeführte Gleichung einsetzen, erhalten wir:

$$\begin{aligned} \Delta G &= -3300 + 1{,}98 \cdot 298 \cdot 2{,}303 \log \frac{[0{,}005]}{[0{,}001]} \\ &= -3300 + 960 \\ &= -2340 \text{ cal} \\ &= -2{,}34 \text{ kcal} \end{aligned}$$

Das Ergebnis zeigt, daß die Änderung der freien Energie bei der Hydrolyse von Glucose-6-phosphat unter den gewählten Bedingungen merklich von der Standardänderung der freien Energie abweicht. Derartige Berechnungen verdeutlichen, daß die tatsächliche Änderung der freien Energie bei Stoffwechselreaktionen unter Bedingungen, wie sie in der Zelle herrschen, beträchtlich von der Standardänderung der freien Energie abweichen kann. Trotzdem müssen wir mit der willkürlich definierten Standardänderung der freien Energie arbeiten, wenn wir die Energetik chemischer Reaktionen quantitativ vergleichen wollen.

Katalyse und Aktivierungsenergie

Da fast alle biochemischen Reaktionen durch Enzyme katalysiert werden, soll uns nun die Frage beschäftigen, in welcher Weise Katalysatoren chemische Reaktionen beschleunigen können, ohne dabei die Gleichgewichtseinstellung der Reaktion zu verändern. Anhand von Abb. 8 können wir uns diese Frage veranschaulichen. Wenn einer wäßrigen Lösung bei pH 7,0 Glucose-1-phosphat zugesetzt wird, werden wir in Abwesenheit des Enzyms Phosphoglucomutase eine nur sehr geringe Umsetzung zu Glucose-6-phosphat beobachten. Obgleich der Prozeß „bergab" verläuft und bei der Reaktion 1,745 kcal freigesetzt werden, ersehen wir aus dem Diagramm in Abb. 8, daß zunächst eine Barriere überwunden werden muß, die *Aktivierungsenergie*. Wie die Abbildung zeigt, läßt sich der Energiegehalt der einzelnen Sub-

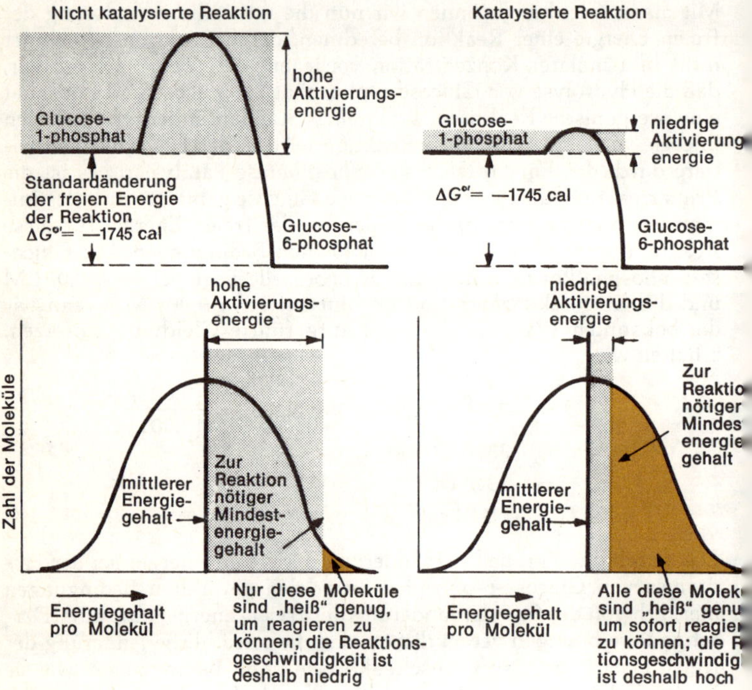

Abb. 8 Die Kurven veranschaulichen die Erniedrigung der Aktivierungsenergie durch einen Enzymkatalysator. In Gegenwart des Enzyms erhöht sich die Anzahl der Moleküle, die eine genügend hohe innere Energie haben, um reagieren zu können.

stratmoleküle in einer Verteilungskurve darstellen. Nur die Moleküle mit hohem Energiegehalt können reagieren und damit in das Reaktionsprodukt überführt werden. Um die Gesamtreaktion zu beschleunigen, müssen wir den Energiegehalt aller Moleküle erhöhen. Eine Möglichkeit, den Energiegehalt der Moleküle zu erhöhen, besteht darin, die Lösung zu erwärmen. Die Wärme wird von den Molekülen absorbiert und erhöht ihren Gehalt an innerer Energie und damit die Wahrscheinlichkeit, daß sie kollidieren und reagieren. Es gibt jedoch noch eine weitere Möglichkeit die Energiebarriere zu überwinden, nämlich den Zusatz eines Katalysators zum Reaktionsmedium. Dieser Katalysator setzt die Aktivierungsenergie der Reaktion herab, weil er einem großen Teil der Substratmoleküle die Reaktion ermöglicht. Dies beruht darauf, daß der Katalysator instabile Komplexe oder Verbindungen mit den Substratmolekülen bilden kann, die rasch unter Freisetzung des Reaktionsproduktes wieder zerfallen. Damit wird gewissermaßen ein „Kanal" oder „Paß" durch die Barriere der Aktivierungsenergie geschaffen. Ist dieser Kanal erst einmal gefunden, so läuft die Reaktion rasch bis zum Reaktionsgleichgewicht. Da die relativen Energiegehalte von Glucose-1-phosphat und Glucose-6-phosphat gleich sind, unabhängig davon, ob die Reaktion ohne oder mit Katalysator verläuft, ist der Punkt der Gleichgewichtseinstellung bei beiden Reaktionen der gleiche.

Offene und geschlossene Systeme

Die bisher besprochenen thermodynamischen Grundsätze lassen sich nur auf *geschlossene Systeme* anwenden, d. h. Systeme, die mit ihrer Umgebung keine Materie austauschen und einen echten thermodynamischen Gleichgewichtszustand erreichen. Die lebende Zelle muß man jedoch als *offenes System* bezeichnen, denn sie tauscht mit ihrer Umgebung Materie aus. Obgleich es oft den Anschein hat, als würden die chemischen Komponenten in der Zelle in immer gleichbleibenden Konzentrationen vorliegen, befinden sie sich doch zumeist nicht in einem echten thermodynamischen Gleichgewicht, sondern in einer Art *Fließgleichgewicht* (steady state). Fließgleichgewicht bedeutet, daß die Geschwindigkeit, mit der eine bestimmte Substanz gebildet wird, genau der Geschwindigkeit entspricht, mit der diese Substanz abgebaut oder ausgeschieden wird. Wie wir noch sehen werden, zeichnen sich die lebenden Organismen noch durch eine weitere wichtige Eigenschaft aus: sie erhöhen die Entropie des Universums und sind damit irreversibel. Wir können die lebende Zelle als offenes, irreversibles System bezeichnen, das in einem dynamischen Fließgleichgewicht existiert.

Die Grundsätze der klassischen Thermodynamik, von denen wir in diesem Kapitel einige kennengelernt haben, berücksichtigen weder Zeit noch Geschwindigkeit, sie beschäftigen sich nur mit Energieänderungen, die auftreten, wenn ein System von seinem Ausgangszustand in seinen Endzustand übergeht. Ferner arbeitet die klassische Thermodynamik mit *idealen* Systemen, bei denen sich jede Zustandsänderung unbeeinflußt von Reibungskräften vollzieht. Fast alle realen Prozesse, denen wir in unserer Welt täglich begegnen, sind jedoch in beträchtlichem Umfang mit Reibung verbunden. Nun besitzt die Reibung eine sehr wichtige Eigenschaft, die die Anwendung der Gleichgewichtsthermodynamik auf viele reale Prozesse erschwert: Reibung ist eine von der Zeit und Geschwindigkeit abhängige Funktion, während Zeit in der klassischen Thermodynamik keine Rolle spielt. So erhöht sich z. B. der Energiebetrag, der als Reibung in den Lagern eines Elektromotors verlorengeht, mit der Geschwindigkeit der Motorumdrehungen.

Man könnte nun meinen, es hätte wenig Sinn, biologische oder andere reale Prozesse mit den Methoden der Gleichgewichtsthermodynamik zu untersuchen. Wir müssen jedoch in der Biologie ebenso wie in der Physik und Chemie dazu in der Lage sein, die einfachsten Bestandteile eines komplexen Systems zu analysieren und ihren Bau und ihre Funktion unter einfachsten Versuchsbedingungen genau zu beschreiben. Erst dann können wir verstehen, in welcher Weise mehrere Einzelteile eines komplexen Systems dynamisch und kontinuierlich ineinandergreifen. Überdies bildet die Gleichgewichtsthermodynamik die Grundlage für eine neue Fachrichtung der Thermodynamik, die sich auch auf offene Systeme anwenden läßt. Man nennt diese Richtung die *Thermodynamik irreversibler Prozesse*, die eine große Erweiterung der thermodynamischen Grundidee bedeutet. Es würde hier zu weit führen und wohl auch mathematisch zu schwierig werden, wenn wir uns genauer mit dieser Richtung beschäftigen würden, obgleich ihre Anwendung auf biologische Systeme bedeutsame Erkenntnisse liefert.

Das Adenosintriphosphatsystem und die Übertragung von chemischer Energie

Adenosintriphosphat (ATP) wurde von Fiske und Subbarow im Jahre 1929 erstmalig aus sauren Muskelextrakten isoliert. Erst zu Beginn der Vierzigerjahre erkannte man jedoch seine zentrale Funktion bei Energieübertragungen. Drei Etappen führten zu dieser Erkenntnis. Zunächst fand man, daß ATP in Extrakten tierischer Gewebe beim energieliefernden Glucoseabbau durch Phosphorylierung aus ADP gebildet wird. Etwas später entdeckte ENGELHARDT in der Sowjetunion, daß ATP durch Myosin, eines der Hauptproteine des kontraktilen Systems der Muskeln, zu ADP hydrolysiert wird. Auf einem wiederum anderen Gebiet fanden CORI und CORI, daß ATP im Reagenzglas die enzymatische Synthese von Glykogen aus Glucose fördert. Dies war nur eine von vielen Beobachtungen, die auf die Bedeutung von ATP für Biosynthesen von Zellbausteinen hinwiesen.

1940 vereinigte LIPMANN diese und andere Erkenntnisse zu einer allgemeinen Hypothese über den Mechanismus der Energieübertragung in der Zelle. Er ging davon aus, daß ATP das Agens sei, durch das in der Zelle energieliefernde und energieverbrauchende Prozesse verbunden werden. Die beim Nährstoffabbau freiwerdende Energie wird durch gekoppelte Phosphorylierung von ADP zu ATP konserviert. Das in dieser Weise gebildete energiereiche ATP übermittelt seine Energie durch Übertragung seiner endständigen „energiereichen" Phosphatgruppe auf energieverbrauchende Prozesse der Zelle, wie Biosynthesen, Muskelkontraktion und aktiven Transport.

Wir wollen uns in diesem Kapitel mit der molekularen Struktur von Adenosintriphosphat, seiner biologischen Verbreitung und seinen spezifischen Eigenschaften beschäftigen, die es dazu befähigen, als Bindeglied zwischen energieerzeugenden und energieverbrauchenden Reaktionen zu fungieren, dem Wesen seiner Funktion in der lebenden Zelle.

Struktur und Eigenschaften von ATP

ATP kommt in allen tierischen, pflanzlichen und mikrobischen Zellen vor. Es findet sich in Konzentrationen, die zwischen 0,001 und 0,01 Mol pro Liter Zellsaft liegen. ATP läßt sich mit chromatographischen Methoden leicht aus sauren Gewebeextrakten isolieren. Seine chemische Struktur wurde bereits 1929 von FISKE und SUBBAROW beschrieben. Die Richtigkeit dieser Strukturformel (Abb. 9) wurde jedoch erst fast zwanzig Jahre später durch die chemische Synthese von ATP im Laboratorium bewiesen. ATP gehört zur Gruppe der *Nucleotide*. Nucleotide enthalten eine Stickstoffbase, die entweder ein Purin- oder ein Pyrimidinderivat sein kann, einen Zucker mit fünf Kohlenstoffatomen und eine oder mehrere Phosphatgruppen. ATP enthält *Adenin*, ein 6-Aminoderivat des Purins, den C_5-Zucker *D-Ribose*, der durch glykosidische Bindung mit Adenin verknüpft ist, und eine Phosphatgruppe in Esterbindung am C_5-Atom der Ribose. Wenn diese Verbindung, das *Adenosinmonophosphat*, abgekürzt AMP, an der 5'-Phosphatgruppe anhydridartig mit einem weiteren Phosphatrest ver-

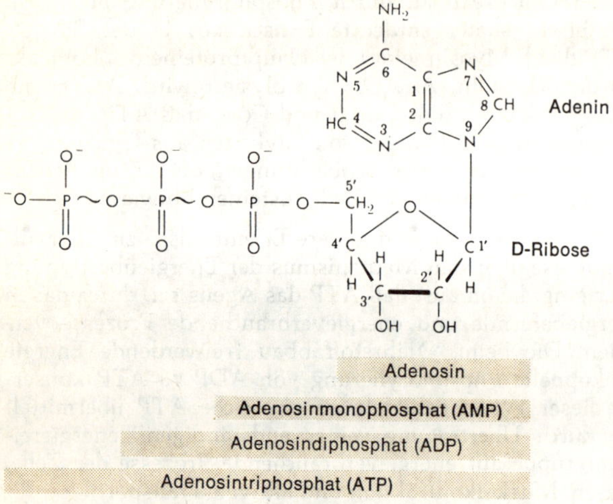

Abb. 9 Die in der ionisierten Form bei pH 7,0 wiedergegebene Struktur von ATP. Das Symbol ~ kennzeichnet die „energiereichen" Bindungen.

knüpft ist, erhalten wir das *Adenosindiphosphat* (ADP). Durch Anknüpfen einer dritten Phosphatgruppe kommen wir schließlich zum *Adenosintriphosphat* oder ATP. ATP, ADP und AMP kommen in jeder Zelle vor.

In der lebenden Zelle liegt das ATP-Molekül in stark geladener Form vor, denn bei pH 7,0 sind die drei Phosphatgruppen fast vollständig ionisiert. Das ATP-Molekül trägt somit annähernd vier negative Ladungen, die die lineare Kette der Phosphatgruppen umgeben. Wir werden später sehen, daß diese Eigenschaft im Zusammenhang mit dem hohen Energiegehalt des ATP-Moleküls sehr wichtig ist. Mit verschiedenen, in der Zelle vorkommenden zweiwertigen Kationen, wie Mg^{++}, bildet ATP stabile Komplexe (Abb. 10). In der Zelle liegt ATP zum größten Teil als Mg^{++}-Komplex vor. Diese Eigenschaft des ATP-Moleküls ist ebenfalls für seine Funktion als Energieüberträger wichtig.

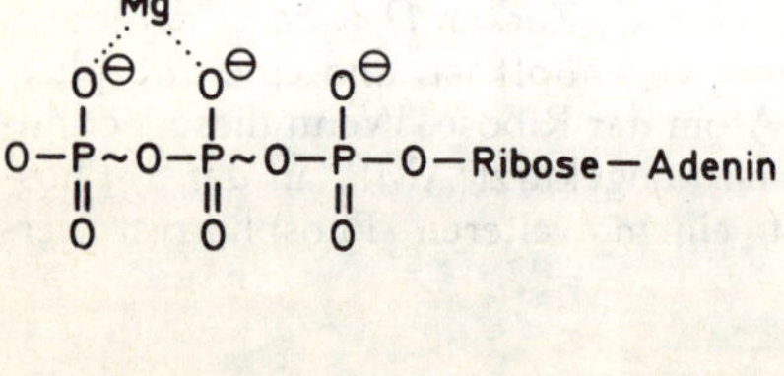

Abb. 10 Der Mg^{++}-Komplex von ATP.

Freie Energie der Hydrolyse von ATP unter Standardbedingungen

Als ATP erstmalig aus Muskelgewebe isoliert wurde, vermutete man, daß es in irgendeiner Weise etwas mit der Energie der Muskelkontraktion zu tun hätte. Tatsächlich wurde später festgestellt, daß ATP, wenn es mit Muskelfasern inkubiert wird, enzymatisch zu ADP und Phosphat hydrolysiert wird

$$\text{ATP} + H_2O \rightarrow \text{ADP} + \text{Phosphat} \qquad \textbf{(Gl. 1)}$$

Weiterhin fand man sehr bald, daß diese Hydrolyse mit starker Wärmeentwicklung verbunden ist, wenn man sie in einem Kalorimeter ablaufen läßt. Wir sind jedoch mehr an der Standardänderung der freien Energie der Hydrolyse interessiert, denn sie gibt uns die Arbeit an, die diese Reaktion bei konstantem Druck und konstanter Temperatur theoretisch leisten kann.

Wir wissen bereits, daß die Standardänderung der freien Energie einer chemischen Reaktion aus ihrer Gleichgewichtskonstanten berechnet werden kann (S. 34 ff.). Wenn man die Gleichgewichtskonstante einer enzymatischen Reaktion bestimmt, durch die eine endständige Phosphatgruppe des ATP übertragen wird, kann man den ungefähren Wert für die freie Energie der ATP-Hydrolyse berechnen. Für die Reaktion in Gl. 1, in der nur eine Phosphatgruppe des ATP unter Bildung von ADP abgespalten wird, ergibt sich die freie Energie der Hydrolyse unter Standardbedingungen bei pH 7,0 und 25° C mit

$$\Delta G^{0'}_{ATP} = -7{,}3 \text{ kcal}$$

Es ist sehr unwahrscheinlich, daß diese –7,3 kcal dem Wert der ATP-Hydrolyse in der intakten Zelle entsprechen. Ein Grund ist, daß die Konzentrationen von ATP, ADP und Phosphat in der Zelle weit unter der in der Thermodynamik gebräuchlichen Standardkonzentration von 1,0 M liegen. Außerdem kommen die drei Substanzen in der Zelle nicht in äquimolaren Konzentrationen vor. Eine zusätzliche Schwierigkeit ergibt sich dadurch, daß nicht nur ATP, sondern auch ADP und Phosphat mit den in der Zelle vorhandenen Mg^{++}-Ionen Komplexe bilden, die sich in ihrer Affinität gegenüber Mg^{++} unterscheiden. Damit kann sich in Gegenwart von Mg^{++}-Ionen das Reaktionsgleichgewicht der ATP-Hydrolyse verschieben. Berücksichtigt man die genannten Faktoren und korrigiert entsprechend, so kann die freie Energie der Hydrolyse von ATP zu ADP und Phosphat in der intakten Zelle einen Wert von –12 kcal/mol erreichen. Die freie Energie der Hydrolyse von ATP muß jedoch in der Zelle nicht unbedingt konstant sein, sie kann von Zelle zu Zelle oder sogar mit der Zeit variieren, abhängig von dem intrazellulären pH-Wert, der Mg^{++}-Konzentration und den vorhandenen Konzentrationen an ATP, ADP und Phosphat. Um folgerichtig rechnen zu können, dürfen wir natürlich nur den Wert für die freie Energie der Hydrolyse unter *Standardbedingungen* verwenden. Den eben beschriebenen Überlegungen zufolge, muß man jedoch die Angaben über die freie Energie unter Standardbedingungen oft erheblich korrigieren, um den in der lebenden Zelle herrschenden Verhältnissen gerecht zu werden.

ATP hat eine wesentlich stärker negative freie Energie der Hydrolyse als einfache Ester, Glykoside, Amide und viele andere phosphorylierte Verbindungen. Aus diesem Grund bezeichnet man ATP als *energiereiche Phosphatverbindung.* Wir werden jedoch gleich sehen, daß diese Eigenschaft keineswegs nur das ATP auszeichnet.

Warum ist ATP eine „energiereiche" Verbindung?

Wir können diese Frage auch anders stellen: Warum ist das Reaktionsgleichgewicht der ATP-Hydrolyse stärker zugunsten der Reaktionsprodukte verschoben, als das bei der Hydrolyse einfacher Ester, Amine oder anderer Phosphatverbindungen, wie Glycerin-3-phosphat, der Fall ist? Die Beziehung zwischen beiden Fragen wird deutlich, wenn wir uns an die auf S. 33 besprochene Gleichung

$$\Delta G^{\circ\prime} = -RT \ln K'$$

erinnern, denn diese Gleichung bringt zum Ausdruck, daß bei einer Gleichgewichtskonstanten mit hohem Zahlenwert die Änderung der freien Energie stärker negativ ist, als bei einer Konstanten mit niedrigem Zahlenwert (s. auch Tab. 5).

Das ATP-Molekül verdankt seinen relativ stark negativen Wert für die freie Energie der Hydrolyse zwei wesentlichen Eigenschaften, die beide auf die stark elektronegativ geladenen Phosphatreste zurückzuführen sind. Bei pH 7,0 hat der lineare Polyphosphatrest im ATP-Molekül vier negative Ladungen, die direkt benachbart sind und sich gegenseitig stark abstoßen (s. hierzu Abb. 9). Wenn die endständige Phosphatgruppe hydrolytisch abgespalten wird, lockert sich diese elektrostatische Spannung, denn die gleichartigen Ladungen sind nun getrennt und auf das ADP^{3-}-Ion und das $Phosphat^{2-}$-Ion verteilt.

$$ATP^{4-} + H_2O \rightarrow ADP^{3-} + HPO_4^{2-}$$

Wenn die negativ geladenen Reaktionsprodukte ADP und Phosphat erst einmal getrennt sind, werden sie kaum dazu neigen, wieder miteinander in Berührung zu kommen, da sich ihre gleichen Ladungen gegenseitig abstoßen. Im Gegensatz dazu stoßen sich die Hydrolyseprodukte von Alkoholphosphorsäureestern elektrostatisch nicht ab, da Alkohole nicht elektrisch geladen sind.

$$R\text{-}O\text{-}PO_3^{2-} + H_2O \rightarrow R\text{-}OH + HO\text{-}PO_3^{2-} \quad \textbf{(Gl. 2)}$$

Der zweite wesentliche Grund für den stark negativen Wert der freien Energie der Hydrolyse von ATP ist, daß sich die beiden Reaktions-Produkte ADP und Phosphat gleich nach ihrer Entstehung als *Resonanzhybride* stabilisieren. Die Elektronen, die die Phosphor- und Sauerstoffatome von ATP und dessen Hydrolyseprodukte ADP und Phosphat umgeben, versuchen sich in dem Zustand mit dem geringsten Energiegehalt zu arrangieren. ADP und Phosphat haben nach ihrer Freisetzung einen viel geringeren Energiegehalt als im ATP-Molekül, weil die Spaltung der terminalen Phosphatbindung des ATP eine neue Anordnung der Elektronen in einem wesentlich energieärmeren Zustand ermöglicht. Diese Resonanzstabilisierung der Hydrolyseprodukte ist einer der Hauptgründe für die stark negative freie Energie der Hydrolyse von ATP. Bei der Hydrolyse eines einfachen, energiearmen Alkoholphosphorsäureesters (Gl. 2) dagegen stabilisiert sich der als Reaktionsprodukt entstehende Alkohol nach der Hydrolyse nicht wesentlich. Denken wir immer daran, daß die freie Energie der Hydrolyse von ATP und jeder anderen Verbindung ganz einfach die *Differenz* zwischen dem Energiegehalt der reagierenden Substanz und dem Energiegehalt der Reaktionsprodukte ist.

Die energiereiche Phosphatbindung

Phosphorylierte Verbindungen mit einer hohen freien Energie der Hydrolyse, wie ATP, werden oft als Verbindungen mit *energiereichen Phosphatbindungen* bezeichnet. Die energiereiche Phosphatbindung wird durch das Symbol ~P gekennzeichnet. Diese Bezeichnungen haben sich für den Biochemiker als sehr nützlich erwiesen, den Studienanfänger können sie jedoch leicht irreführen. Man könnte bei dem Ausdruck „energiereiche Phosphatbindung" meinen, daß die Energie, von der gesprochen wird, in der chemischen Bindung stecke und daß sie bei der Spaltung dieser Bindung freigesetzt würde. Dies ist jedoch falsch. Im üblichen physikochemischen Sprachgebrauch versteht man unter Bindungsenergie die Energie, die notwendig ist, um eine bestimmte Bindung zwischen zwei Atomen zu *spalten*. In der Regel sind sehr hohe Energiebeträge erforderlich, um eine chemische Bindung, die ja nur existieren kann, weil sie stabil ist, zu lösen. Der Begriff „energiereiche Phosphatbindung" bezieht sich nicht auf die wahre Bindungsenergie der covalenten Verknüpfung eines Phosphoratoms mit einem Sauerstoff- oder Stickstoffatom, sondern deutet nur an, daß zwischen dem Energiegehalt der reagierenden Substanz und dem Energiegehalt der Reaktionsprodukte eine relativ hohe *Energie-*

differenz besteht. Die Phosphatbindungsenergie steckt also nicht in der Bindung selbst, sondern bringt lediglich die relativen Energiegehalte der Substrate und Produkte zum Ausdruck.

Die freie Energie der Hydrolyse unter Standardbedingungen für andere Phosphatverbindungen

Früher haben die Biochemiker die in der Zelle vorkommenden Phosphatester in zwei Gruppen eingeteilt, die *energiereichen* und die *energiearmen Phosphate*. Diese Einteilung hat jedoch viel an Wert verloren, seitdem vollständigere Angaben über die freie Energie der Hydrolyse der Phosphatester zugänglich wurden, denn es zeigte sich, daß eine scharfe Trennung zwischen beiden Gruppen nicht möglich ist. Außerdem verschleiert die Einteilung eine wichtige Beziehung, die zwischen den verschiedenen Phosphatestern in der Zelle besteht und die von grundlegender Bedeutung für die Energieübertragungen überhaupt ist.

Sehen wir uns zunächst Tabelle 7 an, in der verschiedene Phosphatverbindungen mit den genauen Zahlenwerten ihrer freien Energie der Hydrolyse aufgeführt sind. Wir erkennen, daß diese Werte über einen weiten Bereich streuen und in keiner Weise eine scharfe Trennung zwischen energiereichen und energiearmen Verbindungen erkennen lassen. Darüber hinaus fällt auf, daß ATP bei weitem nicht

Tabelle 7 Die Standardänderung der freien Energie der Hydrolyse einiger Phosphatverbindungen.

	$\Delta G^{\circ\prime}$ kcal/mol	Richtung der Phosphat-Gruppen-übertragung
Phosphoenolbrenztraubensäure	—14,8	↓
1,3-Diphosphoglycerinsäure	—11,8	
Kreatinphosphat	—10,3	
Acetylphosphat	—10,1	
ATP	—7,3	
Glucose-1-phosphat	—5,0	
Fructose-6-phosphat	—3,8	
Glucose-6-phosphat	—3,3	
3-Phosphoglycerinsäure	—2,4	
Glycerin-3-Phosphat	—2,2	

den negativsten $\Delta G^{o\prime}$-Wert aufweist, sondern eine Mittelstellung einnimmt. Man kann sich ATP als Mittelpunkt einer thermodynamischen Skala denken, in der die Phosphatester nach den Werten ihrer freien Energie der Hydrolyse zusammengestellt sind. Bei den Phosphatestern, die in der Skala oben stehen, ist das Reaktionsgleichgewicht der Hydrolyse stärker zugunsten der Reaktionsprodukte verschoben, als bei den weiter unten stehenden Verbindungen. Mit anderen Worten, die in der Skala oben stehenden Verbindungen neigen dazu ihre Phosphatgruppe abzugeben, während die unten stehenden bestrebt sind, ihre Phosphatgruppe zu behalten. Mit Hilfe dieser thermodynamischen Skala kann man quantitativ ermessen, wie groß die Affinität der Phosphatester zu ihren Phosphatgruppen ist.

In Abb. 11 sind die Strukturformeln einiger Phosphatester aufgeführt, die eine wichtige Rolle bei der Energieübertragung in der Zelle spielen.

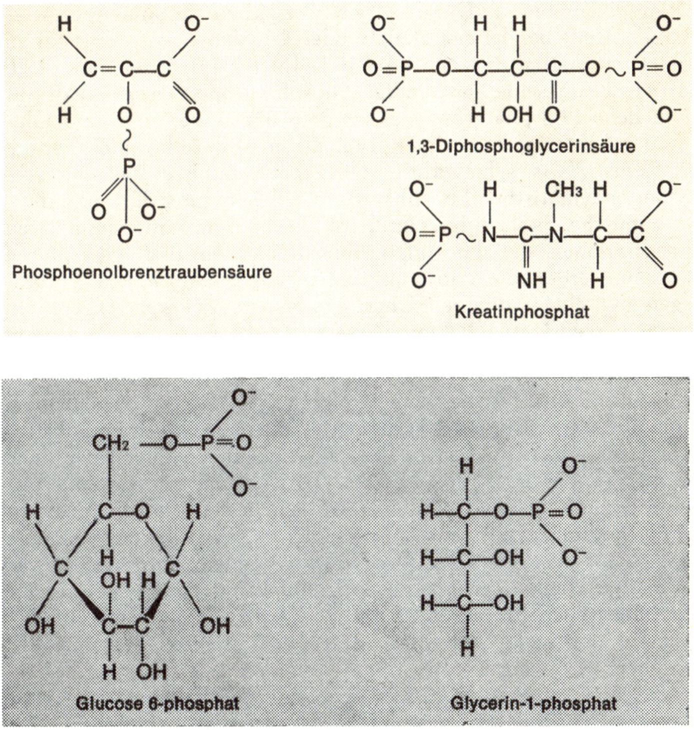

Abb. 11 Die Strukturformeln einiger wichtiger phosphorylierter Verbindungen.

Zentrale Stellung des ATP-ADP-Systems

Warum nimmt ATP nun in der Zelle eine Sonderstellung ein? Es ist doch nur eine unter vielen energiereichen Verbindungen, von denen einige sogar eine freie Energie der Hydrolyse mit wesentlich negativerem Wert als ATP haben.

Ein Grund für die Sonderstellung des ATP ist, daß es eine *mittlere* Position in der thermodynamischen Skala der Phosphatverbindungen einnimmt. Die eigentliche Funktion des ATP-ADP-Systems besteht darin, als verbindendes System zwischen Phosphatverbindungen mit hohem Übertragungspotential und Verbindungen mit niedrigem Potential zu dienen und die Übertragung der Phosphatgruppen von energiereichen Verbindungen auf energiearme zu gewährleisten. Kurz gesagt, ADP dient in der Zelle als ein spezifischer enzymatischer *Akzeptor* für Phosphatgruppen von Verbindungen mit einem hohen Übertragungspotential. Diese sehr energiereichen Verbindungen werden in der Zelle bei der energieliefernden Oxydation von Nährstoffen gebildet und enthalten einen großen Teil der Nährstoffenergie. ATP kann wiederum seine endständige Phosphatgruppe enzymatisch auf verschiedene Phosphatgruppenakzeptoren übertragen, z. B. auf Glucose oder Glycerin, deren Energiegehalt durch die Phosphorylierung erhöht wird. Es ist sehr wichtig, daß wir uns merken, daß die *Richtung* der enzymatischen Phosphatgruppenübertragung durch die thermodynamische Skala angezeigt wird. Wenn wir von äquimolaren Konzentrationen der Phosphatgruppendonatoren und -akzeptoren ausgehen, werden die Phosphatgruppen ausschließlich von Verbindungen mit einem höheren Übertragungspotential auf Akzeptoren mit einem niedrigeren Potential übertragen, d. h. in der Skala von *oben nach unten* (Abb. 12).

Der zweite Grund für die Sonderstellung von ATP als allgemeinem Energieüberträger ist, daß ATP und ADP die obligatorischen Substrate fast aller enzymatischen Reaktionen sind, durch die in der Zelle Phosphatgruppen übertragen werden. Eine Gruppe phosphatübertragender Enzyme katalysiert die Übertragung der Phosphatgruppen von Verbindungen mit sehr hohem Potential auf ADP. Eine zweite Gruppe von Enzymen katalysiert die Reaktionen, durch welche die endständige Phosphatgruppe des ATP auf verschiedene energiearme Phosphatgruppenakzeptoren übertragen wird. Es gibt jedoch *kein* Enzym in der Zelle, das Phosphatgruppen unmittelbar, ohne den Weg über ATP, von energiereichen Donatoren auf energiearme Akzeptoren übertragen kann. Daß alle energiereichen Phosphatgruppen durch das ATP-System „geschleust" werden müssen, stellt für die Zelle den einfachsten Mechanismus zur Kontrolle des Energieflusses dar. Wir werden dies in den Kapiteln 4 und 5 noch genauer sehen.

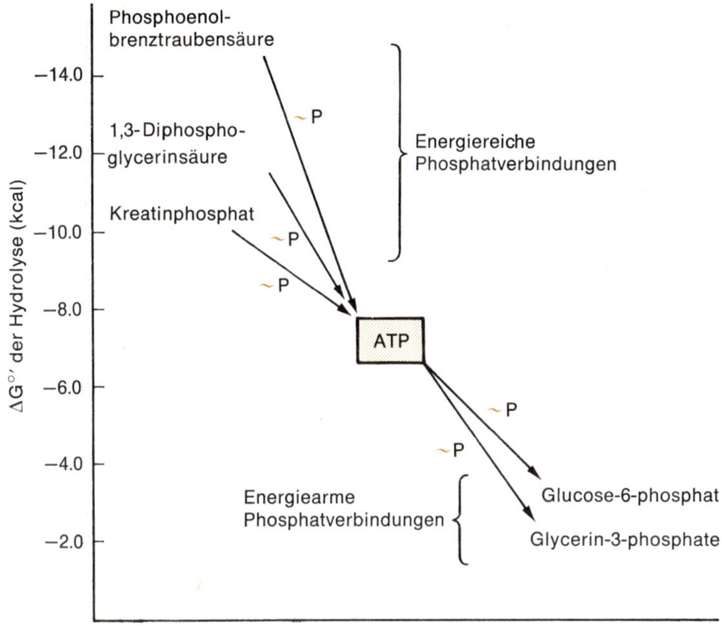

Abb. 12 Der Phosphatgruppentransfer von energiereichen Phosphatgruppendonatoren auf energiearme Phosphatgruppenakzeptoren.

Abb. 12 veranschaulicht das Prinzip, nach dem das ATP-ADP-System als Bindeglied zwischen energiereichen Phosphatgruppendonatoren, die bei der Nährstoffoxydation gebildet werden, und energiearmen Phosphatgruppenakzeptoren wirkt. Die energiearmen Phosphatgruppenakzeptoren werden durch die Phosphorylierung energiereicher und können nun in der Zelle Arbeit leisten. ATP und ADP ermöglichen einen „Pendelverkehr" von Phosphatgruppen, dabei werden die Phosphatgruppen immer von energiereichen auf energiearme Verbindungen übertragen. Das Diagramm läßt vermuten, daß die endständige Phosphatgruppe des ATP in der Zelle einem sehr raschen Umsatz unterliegen muß. Dies ist tatsächlich der Fall. Man hat berechnet, daß die Halbwertzeit der terminalen Phosphatgruppe von ATP bei tierischen Zellen ein bis zwei Minuten, bei Bakterien sogar nur Sekunden beträgt.

Prinzip des „gemeinsamen Zwischenproduktes" bei der Energieübertragung

Adenosintriphosphat kann in der Zelle deshalb chemische Energie von energiereichen Phosphatgruppendonatoren auf energiearme Akzeptoren übertragen, weil es ein *gemeinsames Zwischenprodukt* der energieliefernden und der energieverbrauchenden Reaktionen ist. Erklären wir uns den Begriff des gemeinsamen Zwischenproduktes etwas genauer. Wenn zwei chemische Reaktionen so ablaufen, daß das Produkt der ersten Reaktion als Substrat der zweiten dienen kann, haben wir, wie die folgenden Gleichungen veranschaulichen, ein gemeinsames Zwischenprodukt:

$$A + B \longrightarrow C + D \qquad \text{(Gl. 3)}$$

$$D + E \longrightarrow F + G \qquad \text{(Gl. 4)}$$

Für beide Reaktionen, von denen jede unabhängig von der anderen ablaufen kann, ist die schattiert gezeichnete Substanz *D* das gemeinsame Zwischenprodukt. *D* ist Produkt der Gl. 3 und Substrat der Gl. 4.

Die einzige Möglichkeit, wie chemische Energie von einer chemischen Reaktion auf eine andere übertragen werden kann, besteht darin, daß beide Reaktionen durch ein gemeinsames Zwischenprodukt miteinander verbunden werden. So könnte die Substanz *D* die chemische Energie der ersten Reaktion (Gl. 3) auf die zweite (Gl. 4) übertragen. Die Substanz *C* dagegen könnte nicht als Energieüberträger dienen, da sie an der zweiten Reaktion nicht beteiligt ist. Kurz gesagt, ATP kann zwei aufeinanderfolgende Reaktionen als gemeinsames Zwischenprodukt verbinden.

Das Prinzip des gemeinsamen Zwischenproduktes ist die Grundlage für alle biologischen Energieübertragungen, wir werden es immer wieder verwirklicht finden. Das hängt damit zusammen, daß sich jeder chemische Prozeß in der Zelle aus mehreren aufeinanderfolgenden Einzelreaktionen zusammensetzt, wobei das Produkt jeder Einzelreaktion der nächstfolgenden als Substrat dient. ATP ist zwar keineswegs das einzige energieübertragende Zwischenprodukt in der Zelle, es steht jedoch als gemeinsames Zwischenprodukt im Hauptfluß der biologischen Energieübertragungen. Seine Funktion wird in den folgenden Gleichungen deutlich; dabei bedeutet X ~ P ein energiereicher Phosphatgruppendonator und Y ein Phosphatgruppenakzeptor; ATP ist das gemeinsame Zwischenprodukt:

$$X{\sim}P + ADP \longrightarrow X + ATP$$

$$ATP + Y \longrightarrow ADP + Y{-}P$$

Konservierung der Oxydationsenergie in Form von ATP-Energie

Sehen wir uns nun die enzymatischen Reaktionsschritte etwas genauer an, durch die die Oxydationsenergie eines Nährstoffes zunächst in einer energiereichen Phosphatverbindung konserviert und dann durch Phosphatgruppentransfer auf ADP übertragen wird. Wir wollen uns diesen Vorgang an einer tatsächlich in der Zelle ablaufenden Reaktion veranschaulichen.

Wir wissen, daß in wäßriger Lösung die Oxydation oder Dehydrierung eines Aldehyds zur Carbonsäure mit einer hohen Abnahme an freier Energie verbunden ist. Der genaue Wert dieser Energieabnahme hängt von der Art des Aldehyds und des Elektronen- und Wasserstoffakzeptors ab; wir wollen der Einfachheit halber annehmen, daß sie unter Standardbedingungen etwa den gleichen Wert hat, wie die freie Energie der Hydrolyse von ATP.

$$\mathrm{R{-}\underset{\underset{O}{\|}}{C}{-}H + H_2O \longrightarrow R{-}\underset{\underset{O}{\|}}{C}{-}OH + 2\,[H]} \qquad \textbf{(Gl. 5)}$$

$$\Delta G^{o\prime} = -7{,}3 \text{ kcal}$$

In der Zelle kann die Oxydation bestimmter Aldehyde enzymatisch so ablaufen, daß die freiwerdende Energie nicht einfach verlorengeht, sondern zu einem großen Teil in einem Phosphatderivat des Oxydationsproduktes konserviert wird. Bei der Glucoseoxydation in der Zelle wird z. B. der Aldehyd *3-Phosphoglycerinaldehyd* zu *3-Phosphoglycerinsäure* dehydriert. Diese Dehydrierung ist mit der Bildung eines Moleküls ATP aus ADP und Phosphat gekoppelt. Die Gesamtgleichung für die Reaktion, so wie sie in der Zelle abläuft, läßt sich wie folgt schreiben:

$$\mathrm{RCHO + P + ADP \rightarrow RCOOH + ATP + 2H} \qquad \textbf{(Gl. 6)}$$

$$\Delta G^{o\prime} = 0{,}0 \text{ kcal}$$

Dabei symbolisiert RCHO 3-Phosphoglycerinaldehyd, RCOOH 3-Phosphoglycerinsäure und P anorganisches Phosphat. Wir entnehmen der Gleichung, daß eine Aldehydgruppe (–CHO) zu einer Säuregruppe (–COOH) oxydiert wird, ein Vorgang, bei dem normalerweise ein hoher Betrag an Energie freigesetzt wird. Wir sehen aber auch, daß gleichzeitig mit diesem Prozeß Phosphorsäure und ADP zu ATP umgesetzt werden, eine Reaktion, die, wir wir wissen, den Einsatz von Energie erfordert, und die nicht spontan abläuft.

Der Mechanismus dieser Energieübertragung wird allerdings durch die Summengleichung (Gl. 6) nicht erklärt. Um uns hier Klarheit zu verschaffen, müssen wir den Gesamtprozeß in seine Einzelreaktionen zerlegen. Der Gesamtprozeß (Gl. 6) verläuft in zwei getrennten Reaktionen, von denen jede durch ein spezifisches Enzym katalysiert wird. Schreiben wir nun diese beiden Reaktionen in getrennten Gleichungen; dabei soll 3-Phosphoglycerinaldehyd wieder durch R-CHO und 3-Phosphoglycerinsäure durch R-COOH symbolisiert werden.

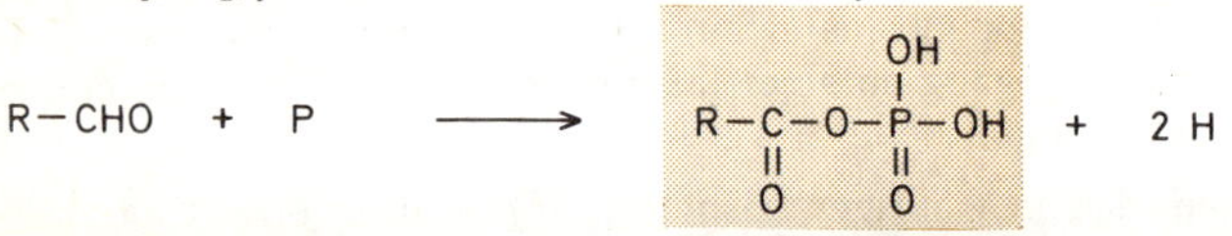

(Gl. 7)

1,3 - Diphosphoglycerinsäure

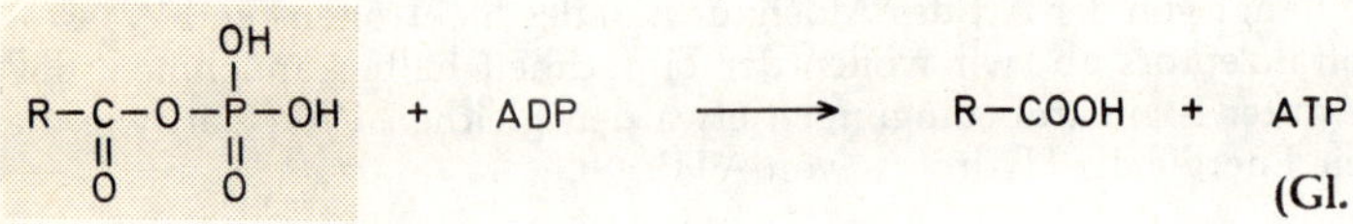

(Gl. 8)

Wir sehen, daß der Aldehyd in Gl. 7 nicht direkt zur Carbonsäure oxydiert wird, sondern in ein phosphoryliertes Derivat der Carbonsäure, die *1,3-Diphosphoglycerinsäure,* überführt wird. Diese Verbindung, bei der es sich um ein gemischtes Anhydrid aus Phosphorsäure und einer Carbonsäure handelt (s. Abb. 11), ist in zweifacher Hinsicht bemerkenswert. Erstens ist sie gemeinsames Zwischenprodukt der beiden aufeinanderfolgenden Reaktionen (Gl. 7 u. 8); sie ist das Reaktionsprodukt der ersten Reaktion (Gl. 7) und das Substrat der zweiten (Gl. 8). Die zweite wesentliche Eigenschaft dieses Zwischenproduktes ist, daß seine freie Energie der Hydrolyse unter Standardbedingungen im Vergleich zu ATP einen wesentlich negativeren Wert hat (Tab. 7). Es wird also bei der Oxydation des Aldehyds in der ersten enzymatischen Reaktion ein großer Teil der normalerweise bei einer Aldehydoxydation freiwerdenden Energie in dem Phosphorsäurederivat der Carbonsäure gespeichert. In der zweiten Reaktion wird die an die Carboxylgruppe von 1,3-Diphosphoglycerinsäure gebundene Phosphatgruppe auf ADP übertragen. Damit wird die Oxydationsenergie des Aldehyds in zwei aufeinanderfolgenden Reaktionen, bei denen das phosphorylierte Derivat der Carbonsäure gemeinsames Zwischenprodukt ist, im ATP-Molekül gespeichert.

Analysieren wir nun die Energieübertragung quantitativ, die durch das oben beschriebene Reaktionspaar durchgeführt wird, und prüfen wir, wie wirkungsvoll der Prozeß ist, durch den ein Teil der Oxydationsenergie als ATP-Energie konserviert wird. Aus Gl. 5 können wir entnehmen, daß bei der Oxydation eines Aldehyds zu Carbonsäure unter Abspaltung von zwei Wasserstoffatomen die freie Energie um $\Delta G^{\circ\prime} = 7{,}3$ kcal/Mol abnimmt. Auf der anderen Seite steht der energieverbrauchende Prozeß, durch den ATP aus ADP und Phosphat gebildet wird

$$P + ADP \rightarrow ATP + H_2O$$

und der einen Energieeinsatz von wenigstens 7,3 kcal/Mol verlangt. Wir sehen also, daß bei der gekoppelten Synthese von einem Molekül ATP aus ADP und Phosphat die gesamte Energie der Oxydationsreaktion als Bindungsenergie in dem neu synthetisierten ATP-Molekül konserviert wird. Die Oxydationsenergie kann nur deshalb als ATP-Energie konserviert werden, weil die Oxydationsreaktion und die Phosphorylierungsreaktion durch ein gemeinsames Zwischenprodukt miteinander verbunden sind.

Die besprochene gekoppelte Reaktion veranschaulicht, nach welchem Prinzip die bei der Nährstoffoxydation freiwerdende Energie in der energiereichen Phosphatbindung des ATP konserviert wird. Wir wollen nun sehen, in welcher Weise das so gebildete ATP in der Zelle zur Leistung von Arbeit verwendet werden kann.

Nutzung von ATP-Energie zur Leistung von chemischer Arbeit

Als ein Beispiel für den chemischen Reaktionstyp, durch den ATP-Energie zur Leistung von chemischer Arbeit genutzt wird, wollen wir den Mechanismus besprechen, durch den in der Zelle die Amidbindung von Glutamin gebildet wird. Glutamin gehört zu den Aminosäuren, die als Proteinbausteine benötigt werden; seine Synthese aus Glutaminsäure und Ammoniak ist eine der zahlreichen Biosynthesereaktionen in der Zelle, die den Einsatz von Energie verlangen. Die Bildung von Glutamin aus Glutaminsäure und Ammoniak ist ein endergonischer Prozeß, da er unter Standardbedingungen mit einer positiven Änderung an freier Energie verbunden ist (Abb. 13). We-

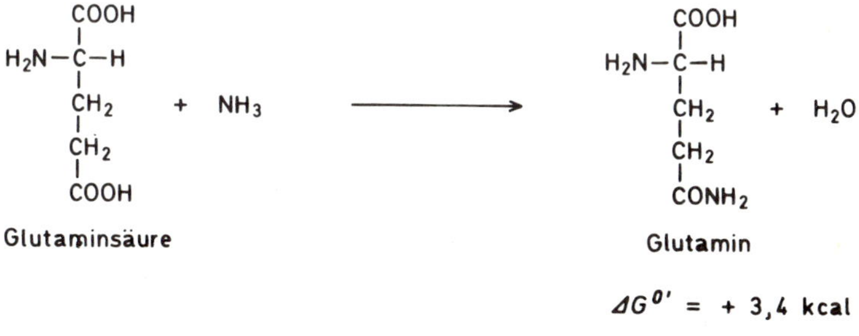

Abb. 13 Die Bildung von Glutamin aus Glutaminsäure und Ammoniak.

gen des deutlich positiven $\Delta G^{0\prime}$-Wertes ist das Reaktionsgleichgewicht stark nach links verschoben. Es ist damit klar, daß auch bei günstigen Substratkonzentrationen nur sehr wenig Glutamin entstehen kann.

In der lebenden Zelle wird Glutamin über einen anderen Weg synthetisiert, der mit dem Abbau von ATP zu ADP und Phosphat verbunden ist. Die Synthese setzt sich aus zwei aufeinanderfolgenden Reaktionsschritten zusammen, die durch das Enzym *Glutaminsynthetase* katalysiert werden:

ATP + Glutaminsäure ⟶ Glutamylphosphat + ADP (Gl. 9)

Glutamylphosphat + NH_3 ⟶ Glutamin + P (Gl. 10)

Summe:

ATP + Glutaminsäure + NH_3 ⟶ Glutamin + ADP + P

$\Delta G^{0\prime} = -3{,}9$ kcal

Wir sehen, daß Glutamylphosphat, ein Phosphatderivat von Glutaminsäure (Abb. 14) beide Reaktionen als gemeinsames Zwischenpro-

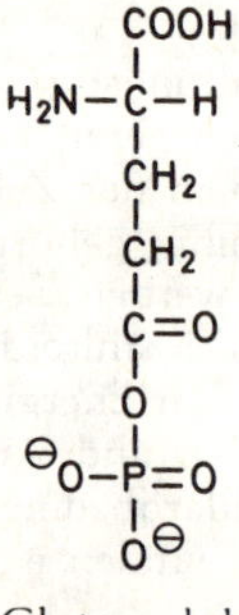

Abb. 14 γ-Glutamylphosphat.

dukt verbindet. Glutamylphosphat ist das Produkt der ersten Reaktion und wird von der zweiten verbraucht. Es wird in *einem* aktiven oder katalytischen Zentrum des Enzyms gebildet und auch umgesetzt. In der ersten Reaktion wird die endständige Phosphatgruppe von ATP, und damit zugleich auch ein Teil der ATP-Energie, auf Glutaminsäure übertragen. In der zweiten Reaktion wird der Phosphatrest des Glutamylphosphats gegen Ammoniak ausgetauscht und damit die Amidbindung geknüpft. Der Gesamtprozeß ist, wie sich aus dem negativen Vorzeigen des $\Delta G^{0\prime}$-Wertes ablesen läßt, exergonisch und begünstigt die Bildung von Glutamin.

Wenn wir nun die Reaktionsfolge zerlegen und die Energieänderungen analysieren, sehen wir, daß der energieliefernde Prozeß die ATP-

Hydrolyse und der energieverbrauchende Prozeß die Glutaminsynthese ist.

Energieliefernde Reaktion:

$$ATP + H_2O \rightarrow ADP + P$$

$$\Delta G^{o\prime} = -7{,}3 \text{ kcal}$$

Energieverbrauchende Reaktion:

$$\text{Glutaminsäure} + NH_3 \rightarrow \text{Glutamin} + H_2O$$

$$\Delta G^{o\prime} = +3{,}4 \text{ kcal}$$

Beide Reaktionen laufen nicht wie geschrieben unabhängig voneinander ab, sondern sind, wie die Gl. 9 und 10 verdeutlichen, miteinander gekoppelt, so daß die Gesamtänderung der freien Energie einen Wert von – 3,9 kcal ergibt. Bei der Synthese von einem Molekül Glutamin aus Glutaminsäure und Ammoniak wird die Amidbindung auf Kosten der energiereichen Phosphatbindung eines ATP-Moleküls geknüpft.

Wir haben damit das Prinzip kennengelernt, nach dem in der Zelle die vielen verschiedenen chemischen Bindungen, wie Esterbindungen, Peptidbindungen oder glykosidische Bindungen, geknüpft werden, die sonst in verdünnten wäßrigen Systemen nicht entstehen könnten. Energiereiche Phosphatbindungen von ATP werden geopfert, um in enzymkatalysierten Reaktionen solche Bindungen zu knüpfen; dabei werden ATP-Abbau und die Synthese der neuen Bindung durch ein gemeinsames Zwischenprodukt miteinander gekoppelt. In dem eben besprochenen einfachen Beispiel wird eine Phosphatgruppe von ATP auf eine Verbindung übertragen und diese damit aktiviert. Wir werden allerdings später in Kap. 7 und 8 noch sehen, daß bei einigen Biosynthesereaktionen auch andere chemische Gruppen zur Aktivierung von Bausteinmolekülen übertragen werden können, jedoch liefert auch in diesen Fällen letztlich die Spaltung der energiereichen Phosphatbindung von ATP die erforderliche chemische Energie.

Kopplung von energieliefernder Oxydation und energieverbrauchender Biosynthesereaktion

Koppeln wir nun die beiden energieübertragenden Prozesse, die wir gerade besprochen haben, nämlich die Konservierung der bei einer Aldehydoxydation freiwerdenden Energie als Phosphatbindungsenergie im ATP und die Nutzung von ATP zur Bildung der Amidbindung von Glutamin.

Die alle Einzelreaktionen (Gl. 7, 8, 9, 10) umfassende Summengleichung (Gl. 11) zeigt, daß die bei der Oxydation eines Aldehyds zur Säure erzeugte Energie zur Synthese von Glutamin aus Glutaminsäure und Ammoniak verbraucht wird. Die Energieübertragung erfolgt nicht direkt, sondern über vier aufeinanderfolgende Reaktionen, die jeweils durch gemeinsame Zwischenprodukte miteinander verbunden sind. Die gemeinsamen Zwischenprodukte sind durch Schattierung gekennzeichnet. Wir erkennen, daß bei dieser Reaktionsfolge ATP als gemeinsames Zwischenprodukt den energieliefernden mit dem energieverbrauchenden Prozeß verbindet. Da $\Delta G^{0\prime}$ für die Gesamtreaktion einen negativen Wert hat, wird eine vollständige Umsetzung zu den Reaktionsprodukten angestrebt. Darüber hinaus hat der Gesamtprozeß einen hohen Wirkungsgrad. Auf Kosten einer Oxydation, die etwa 7 kcal liefert, wird eine Bindung geknüpft, die den Einsatz von 3,4 kcal erfordert, das ergibt einen Wirkungsgrad von $3{,}4/7{,}0 \times 100 = 50$ Prozent.

$$\text{R–CHO} + \text{P} \longrightarrow 2\,\text{H} + \text{R–COOPO}_3\text{H}_2 \qquad \text{(Gl. 7)}$$

$$\text{R–COOPO}_3\text{H}_2 + \text{ADP} \longrightarrow \text{R–COOH} + \text{ATP} \qquad \text{(Gl. 8)}$$

$$\text{ATP} + \text{Glutaminsäure} \longrightarrow \text{Glutamylphosphat} + \text{ADP} \qquad \text{(Gl. 9)}$$

$$\text{Glutamylphosphat} + \text{NH}_3 \longrightarrow \text{Glutamin} + \text{P} \qquad \text{(Gl. 10)}$$

Summe:

$$\text{R–CHO} + \text{Glutaminsäure} + \text{NH}_3 \longrightarrow 2\,\text{H} + \text{R–COOH} + \text{Glutamin}$$

$$\Delta G^{0\prime} = -3{,}9\ \text{kcal}$$

(Gl. 11)

Dieses einfache Beispiel verdeutlicht die allgemeine Wirkungsweise von ATP als Energie- und Phosphatgruppenüberträger in aufeinanderfolgenden gekoppelten Reaktionen. In den folgenden Kapiteln werden wir mehr über die Funktion von ATP erfahren.

Erzeugung von ATP in der anaeroben Zelle

Wir wollen uns in diesem Kapitel mit dem relativ einfachen enzymatischen Mechanismus beschäftigen, durch den die Zelle auch bei völliger Abwesenheit von Luftsauerstoff brauchbare Energie aus Nährstoffen gewinnen kann. Wir werden sehen, daß auch in diesem Fall der endergonische Prozeß der ATP-Bildung aus ADP und Phosphat mit energieliefernden Oxydationsreaktionen, die im allgemeinen mit einer starken Abnahme an freier Energie verbunden sind, gekoppelt ist. In der aeroben Zelle ist der Luftsauerstoff der eigentliche Elektronenakzeptor oder das Oxydans für Nährstoffe. Wenn jedoch Zellen in Abwesenheit von Sauerstoff existieren, wird das Nährstoffmolekül in zwei oder mehr Bruchstücke zerlegt, von denen eines durch ein anderes oxydiert wird. Gekoppelt mit dieser Oxydation ist die Bildung von ATP. Wir wollen uns diesen Prozeß am Beispiel der Glucosevergärung zu Milchsäure, die durch ein Multienzymsystem katalysiert wird, etwas genauer ansehen.

Biologische Bedeutung der anaeroben Gärung

Unter den Lebewesen gibt es nur wenige, die obligate Anaerobier sind, also nur in Abwesenheit von Luftsauerstoff leben können. Die meisten von ihnen sind Mikroorganismen, und zwar Arten, die in einer sauerstoffarmen oder sauerstofffreien Umwelt, wie etwa im Boden, in der Tiefsee oder im Meeresschlamm, leben. Einige obligate Anaerobier sind *pathogene Organismen* (Krankheitserreger). Ein Beispiel ist das Erdbakterium *Clostridium welchii*, das bei Wundinfektionen eine Gasgangrän erzeugt. Da es nur wenige Organismen gibt, die völlig anaerob leben, könnte man meinen, es wäre übertrieben, ihnen in diesem Buch ein ganzes Kapitel zu widmen, nur um zu verdeutlichen, wie diese Organismen ihre Energie aus Glucose und anderen Nährstoffen gewinnen.

Es gibt jedoch viele Organismen, die sowohl in Abwesenheit als auch in Gegenwart von Luftsauerstoff leben können. Zu ihnen gehören nicht nur Mikroorganismen, sondern auch höhere Tiere und Pflanzen. Selbst einige menschliche Gewebe sind gleichermaßen unter aeroben und anaeroben Bedingungen funktionstüchtig. Alle Zellen, die in Gegenwart und Abwesenheit von Luftsauerstoff existieren können, nennt man *fakultativ aerob* bzw. *anaerob*. Es gehört zu den wesentlichen Eigenschaften dieser Zellen, daß sie zwar in einer sauerstofffreien Umgebung in der gleichen Weise wie strikte Anaerobier durch anaerobe Gärung Energie aus Glucose gewinnen können, andererseits aber in Gegenwart von Luftsauerstoff den sauerstoffabhängigen oxydativen Abbau von Nährstoffen bevorzugen.

Es ist sehr wahrscheinlich, daß am Anfang der biologischen Evolution sehr einfache anaerobe Organismen standen, deren Stoffwechsel allein mit der Gärung auskam. Als schließlich erstmals Sauerstoff als Produkt der Photosynthese in der Atmosphäre auftauchte, erwarben einige Organismen die Fähigkeit, Sauerstoff als Oxydans zu verwenden. Die fakultativen Anaerobier haben sich die Fähigkeit, ohne Luftsauerstoff leben zu können, erhalten. Ihr Stoffwechsel ist dadurch sehr anpassungsfähig. Darüber hinaus ist bei den meisten fakultativen Anaerobiern die anaerobe Gärung als Mechanismus zur Gewinnung von Energie aus Glucose eine vorbereitende Phase, an die sich eine zweite anschließt, bei der die Gärungsprodukte durch molekularen Sauerstoff oxydiert werden. Diese Beziehungen sind in Abb. 15 schematisch dargestellt. Unter anaeroben Bedingungen wird Glucose bis zur Milchsäure, dem Endprodukt der Milchsäuregärung abgebaut. Bei Anwesenheit von Luftsauerstoff sammelt sich Milchsäure nicht an,

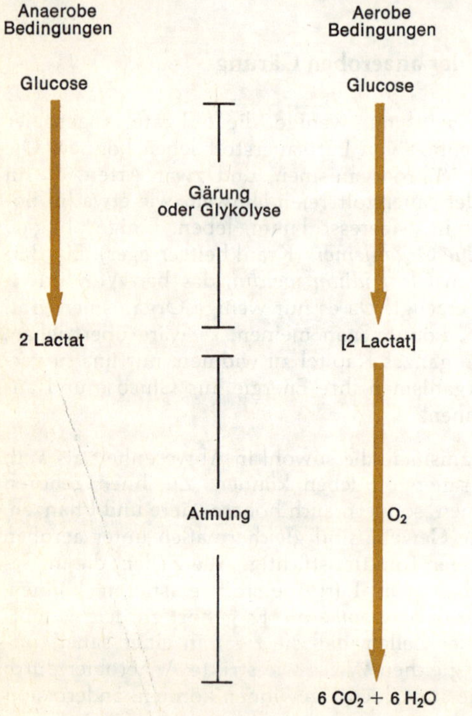

Abb. 15 Glucoseabbau in fakultativen Organismen unter anaeroben und aeroben Bedingungen.

sondern die Gärungsprodukte werden weiter zu CO_2 und H_2O oxydiert. Der Reaktionsweg der Gärung wird also bei vielen fakultativen Anaerobiern sowohl beim aeroben als auch beim anaeroben Glucoseabbau beschritten.

Viele Mikroorganismen unterscheiden sich in den Endprodukten, die sie bei der Glucosevergärung produzieren, voneinander. So vergären Hefen unter anaeroben Bedingungen z. B. Glucose zu Äthylalkohol und CO_2. Bestimmte Bakterien bilden aus Glucose Aceton, andere produzieren Butylalkohol oder Essigsäure und Äthylalkohol und wieder andere bilden Milchsäure. Die charakteristischen Endprodukte der Glucosevergärung helfen häufig die verschiedenen Mikroorganismen zu identifizieren und zu klassifizieren. Bei allen Gärungsmechanismen wird das Glucosemolekül von den Anaerobiern so abgebaut, daß zwei oder mehrere Fragmente entstehen, von denen eines durch ein anderes oxydiert wird. Ein Teil der Energie, die bei dieser Oxydoreduktion entsteht, wird in Form von ATP-Energie konserviert.

Glykolyse

Wir wollen uns nun mit dem Mechanismus beschäftigen, durch den Glucose zu zwei Molekülen Milchsäure abgebaut wird. Wir nennen diese Art der Gärung *Glykolyse*, was soviel heißt wie „Auflösung von Zucker". Die Glykolyse ist der verbreitetste und am besten untersuchte Mechanismus des anaeroben Glucoseabbaues der verschiedensten Organismen. Wir finden die Glykolyse auch in den Zellen der höheren Tiere.

Wir können den anaeroben Abbau von Glucose zu zwei Molekülen der C_3-Verbindung Milchsäure wie folgt schreiben:

$$\underset{\text{Glucose}}{C_6H_{12}O_6} \longrightarrow 2\ \underset{\text{Milchsäure}}{CH_3{-}\overset{\displaystyle H}{\overset{|}{\underset{\underset{\displaystyle OH}{|}}{C}}}{-}COOH} \qquad \textbf{(Gl. 12)}$$

$\Delta G^{0\prime} = -47$ kcal

Wir sehen, daß der Prozeß weder Sauerstoff benötigt, noch bilanzmäßig eine Änderung im Oxydations- bzw. Reduktionszustand zu erkennen ist. Das Verhältnis Kohlenstoff : Wasserstoff : Sauerstoff ist beim Reaktionsprodukt das gleiche wie bei der Glucose, nämlich 1 : 2 : 1. Die Reaktion ist mit einer recht hohen Abnahme an freier Energie verbunden und wird entsprechend im thermodynamischen Sinne spontan ablaufen, vorausgesetzt es ist ein Mechanismus vorhanden, der sie katalysiert.

Der anaerobe Glucoseabbau zu Milchsäure, so wie er in der Zelle abläuft, wird jedoch durch die Gl. 12 nur unvollständig beschrieben. In der Zelle vollzieht sich der Glucoseabbau durch einen Mechanismus, an dem auch Phosphat, ADP und ATP beteiligt sind, wie die folgende Gleichung zeigt.

$$\text{Glucose} + 2\text{P} + 2\text{ADP} \rightarrow 2\ \text{Lactat} + 2\text{ATP} + 2\ \text{H}_2\text{O} \qquad \textbf{(Gl. 13)}$$

$$\Delta G^{o\prime} = -32{,}4\ \text{kcal}$$

Die Gleichung bringt zum Ausdruck, daß zwei miteinander gekoppelte Prozesse vorliegen. In einem Prozeß wird Glucose zu zwei Molekülen Milchsäure abgebaut, in dem anderen werden zwei Moleküle ATP aus je zwei Molekülen ADP und Phosphorsäure gebildet. Beide Prozesse laufen nicht unabhängig voneinander ab, sondern sind miteinander gekoppelt, so daß der Glucoseabbau nicht ohne ATP-Bildung und die ATP-Bildung nicht ohne Glucoseabbau erfolgen kann.

Wir sind nun schon dazu in der Lage, eine Aussage über die Energetik des anaeroben Glucoseabbaus in der Zelle zu machen. Beachten wir, daß die in Gl. 13 geschriebene Reaktion mit einer Abnahme an freier Energie verbunden ist, die um 14,6 kcal unter dem Wert liegt, der sich für die Reaktion in Gl. 12 ergibt. Wir wissen, daß dies aus thermodynamischen Gründen so sein muß, denn es werden bei der Reaktion zwei Mol ATP aus ADP und Phosphorsäure gebildet und die Synthese von einem Mol ATP erfordert den Einsatz von 7,3 kcal. Wir sehen damit, daß die lebende Zelle einen beträchtlichen Teil der freien Energie, die beim Glucoseabbau zu Milchsäure freigesetzt wird, in Form von ATP konserviert. Zahlenmäßig ausgedrückt, werden $(14{,}6/47) \times 100$, also etwa 31 % der freiwerdenden Energie von der Zelle genutzt. Dieser Betrag ist der energetische Profit, den die Zelle aus der Milchsäuregärung zieht. Die Zelle baut Glucose nicht einfach zum Vergnügen ab, sondern führt den Prozeß hauptsächlich durch, um ATP aus ADP und Phosphorsäure zu regenerieren.

Gleichung 13 veranschaulicht das Prinzip, nach dem alle Gärungsprozesse in anaeroben Organismen ablaufen. Immer ist der Abbau eines Nährstoffmoleküls stöchiometrisch mit der Bildung von ATP aus ADP und Phosphat gekoppelt. Das produzierte ATP enthält einen großen Teil der Energie, die ursprünglich im Nährstoffmolekül steckte.

Enzyme

An dieser Stelle ist es notwendig, ganz kurz einiges über den molekularen Bau und die Wirkungsweise der Enzyme zu sagen. Ein Enzym ist ein spezialisiertes Eiweißmolekül, das die Fähigkeit besitzt, die Geschwindigkeit einer chemischen Reaktion zu beschleunigen. Enzyme sind echte Katalysatoren, sie beeinflussen weder den Gleichgewichtspunkt der Reaktion, die sie katalysieren, noch werden sie während der Reaktion verbraucht. Wie andere Katalysatoren erniedrigen Enzyme die Aktivierungsenergie der katalysierten Reaktion (s. S. 38). Wir kennen heute über 1000 Enzyme, von denen jedes eine spezifische chemische Reaktion katalysiert. Etwa 150 Enzyme konnten in reiner kristalliner Form isoliert werden.

Die Konzentration eines Enzyms in einem Zell- oder Gewebeextrakt läßt sich aufgrund seiner katalytischen Wirkung bestimmen (Abb. 16). Unter Bedingungen, bei denen die Temperatur, der pH-Wert und die Konzentration der Substanz, auf die das Enzym einwirkt – man nennt sie das *Substrat* – optimal sind, ist die Geschwindigkeit der enzymkatalysierten Reaktion der Enzymkonzentration proportional. Bei einer genügend hohen Substratkonzentration ist das Enzym „substratgesättigt" und die Enzymkatalyse hat ihre maximale Geschwindigkeit erreicht (Abb. 16). Das Sättigungsphänomen führte zu der Hypothese, daß ein Enzym E vorübergehend mit dem Substrat S einen Enzym-Substratkomplex ES bilde und daß der Zerfall des Komplexes zum freien Enzym und dem Reaktionsprodukt P der geschwindigkeitsbegrenzende Schritt der Reaktion sei:

$$E + S \rightarrow ES$$

$$ES \rightarrow E + P$$

Da Enzyme in ihrer Wirkungsweise sehr spezifisch sind, nimmt man an, daß sich an der Oberfläche des sehr großen Enzymmoleküls ein kleiner Bezirk befindet, in den das Substratmolekül wie ein Schlüssel in ein Schlüsselloch paßt. Diesen Bezirk nennt man das *aktive* oder *katalytische Zentrum.* Wegen der spezifischen räumlichen Anordnung der chemischen Gruppen, die mit dem Substrat reagieren, können im aktiven Zentrum nur Moleküle gebunden werden, die einen entsprechenden komplementären Bau aufweisen (Abb. 16).

Neuere Untersuchungen haben gezeigt, daß alle Enzyme aus einer oder mehreren Polypeptidketten aufgebaut sind, die zu einer kompakten globulären Struktur gefaltet sind. Die Bildung des Enzym-Substratkomplexes ist mit einer leichten Verförmung des Enzymmo-
Substratkomplexes ist mit einer leichten Verformung des Enzymmoleküls verbunden. Man spricht bei diesem Zustand von einer „induzierten Paßform" (induced fit) zwischen Enzym und Substrat. In diesem Zustand ist das Substratmolekül in seiner Geometrie etwas gespannt und reagiert deshalb leichter auf den Angriff der spezifischen katalytischen Gruppen im Enzymmolekül. Sobald das Substratmolekül reagiert hat, erlangt das Enzymmolekül seine ursprüngliche Ge-

stalt wieder, die zugleich die Freisetzung der Reaktionsprodukte begünstigt. Das Enzymmolekül kann ein weiteres Substratmolekül binden und der Zyklus wiederholt sich. In einer Minute kann ein einziges Enzymmolekül mehrere Millionen solcher katalytischer Zyklen durchführen.

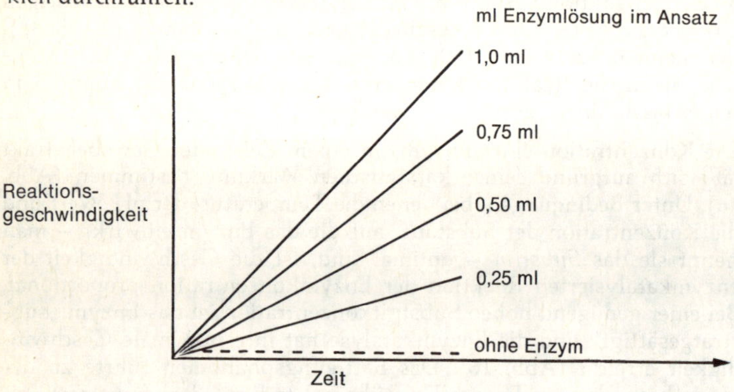

Die Reaktionskurven verdeutlichen, daß unter konstanten Bedingungen die Reaktionsgeschwindigkeit der Enzymkonzentration proportional ist

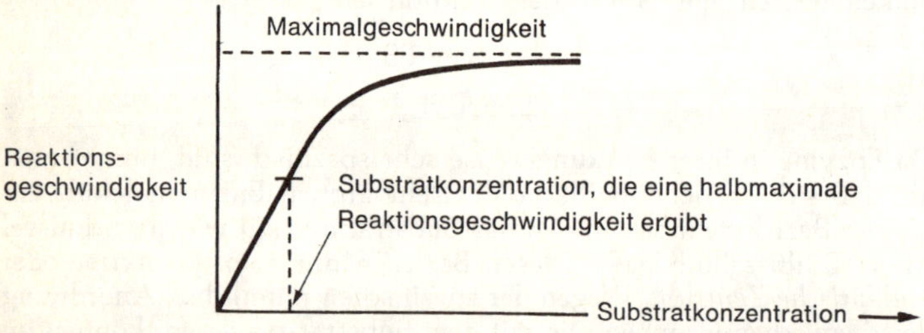

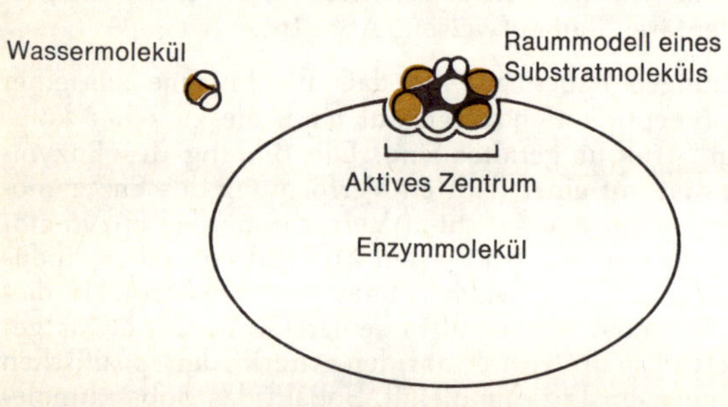

Abb. 16 Einige Eigenschaften der Enzymwirkung.

Viele Enzyme lassen sich durch spezifische Gifte, die in ihrem chemischen Bau dem natürlichen Substrat ähneln, hemmen. Wir werden noch sehen, daß solche Hemmstoffe bei der Analyse von Enzymreaktionen in Zellen und Geweben wertvolle Dienste leisten können.

Enzyme sind die Werkzeuge, mit denen alle Energieumwandlungen in der Zelle durchgeführt werden. Manchmal sind sie, wie wir noch sehen werden, in höchst vollendeter Weise an die Aufgabe angepaßt. Wenn mehrere Enzyme in einer Reaktionsfolge hintereinandergeschaltet sind, so daß das Reaktionsprodukt eines Enzyms das Substrat des nächsten bildet, sprechen wir von einem *Multienzymsystem.*

Bestimmte Enzyme können die Geschwindigkeit des Substratdurchsatzes in einer Multienzymsequenz regulieren; sie fungieren gewissermaßen als „Schrittmacher". Wir nennen solche Enzyme *regulatorische* oder *allosterische Enzyme.* Wir werden gleich sehen, wie die Geschwindigkeit der Glykolyse durch ein regulatorisches Enzym kontrolliert wird.

Reaktionsfolge der Glykolyse

Die moderne Ära in der Erforschung der anaeroben Gärung begann 1897 in der Entdeckung von Buchner, daß zellfreie Hefeextrakte die alkoholische Gärung katalysieren können. Einige Jahre später fanden Harden und Young, daß diese Katalyse Phosphat benötigt und sich unter bestimmten Bedingungen der phosphorylierte Zucker Fructose-1,6-diphosphat anreichert. Wenn man Fructose-1,6-diphosphat frischen Hefeextrakten zusetzte, wurde diese Verbindung zu Äthanol und CO_2 vergoren; sie mußte also ein Zwischenprodukt der Gärung sein. Kurze Zeit vor dieser Entdeckung hatte man Glucose-6-phosphat und Fructose-6-phosphat aus gärender Hefe isoliert. Diese frühen Beobachtungen machten sehr wahrscheinlich, daß sich der Prozeß der Gärung aus einer Anzahl aufeinanderfolgender enzymkatalysierter Reaktionen zusammensetzt, wobei phosphorylierte Zucker als Zwischenprodukte auftreten. In den zwanziger Jahren entdeckte man, daß Skelettmuskelextrakte die Bildung von Milchsäure aus Glucose katalysieren, dabei wurden die gleichen phosphorylierten Zucker gefunden, die auch an der alkoholischen Gärung beteiligt sind.

Weitere wichtige Erkenntnisse konnten mit Hilfe verschiedener Hemmstoffe gewonnen werden. So hemmt z. B. die Verbindung *Jodessigsäure* (JCH_2–COOH) die Glykolyse in Muskelextrakten und bewirkt eine Anreicherung der C_3-Zucker 3-Phosphoglycerinaldehyd und Dihydroxyacetonphosphat. In Gegenwart von *Natriumfluorid,* das die Glykolyse ebenfalls hemmt, sammelt sich 2-Phosphoglycerinsäure und 3-Phosphoglycerinsäure an. Heute wissen wir, daß diese

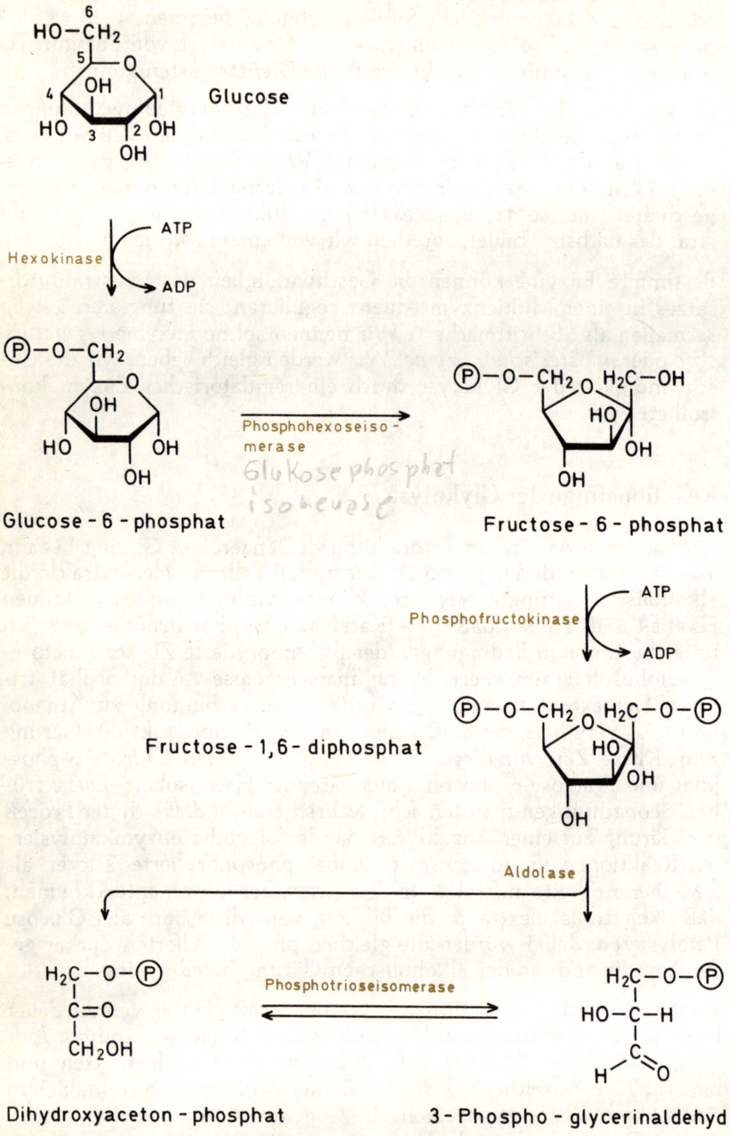

Abb. 17 Die Reaktionsfolge der Glykose.

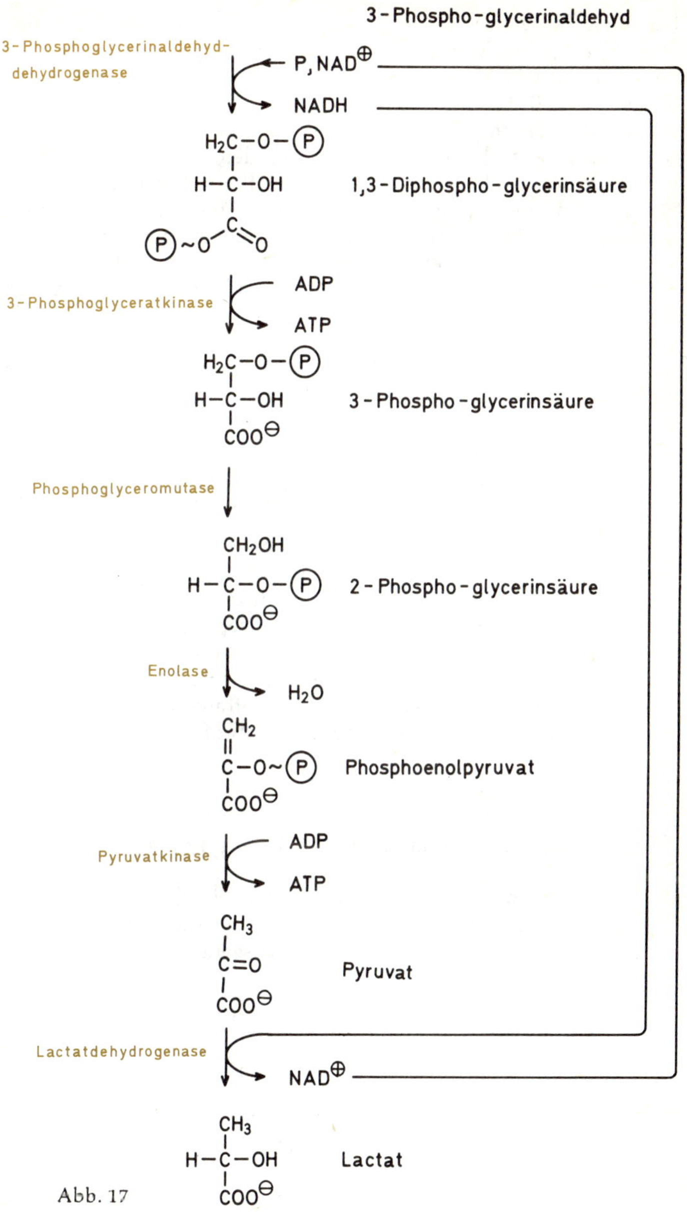
3-Phospho-glycerinaldehyd
3-Phosphoglycerinaldehyd-dehydrogenase
P, NAD⊕
NADH
1,3-Diphospho-glycerinsäure
ADP
3-Phosphoglyceratkinase
ATP
3-Phospho-glycerinsäure
Phosphoglyceromutase
2-Phospho-glycerinsäure
Enolase
H2O
Phosphoenolpyruvat
ADP
Pyruvatkinase
ATP
Pyruvat
Lactatdehydrogenase
NAD⊕
Lactat

Abb. 17

Hemmstoffe bestimmte Enzyme der Glykolyse spezifisch blockieren. Mit Hilfe solcher Methoden konnte schließlich die gesamte Sequenz der glykolytischen Reaktionsfolge, die ausgehend von Glucose im Muskel zu Milchsäure und in der Hefe zu Äthanol und CO_2 führt, aufgeklärt werden. Die von Glucose bis zur Brenztraubensäure führende Reaktionsfolge wird häufig als Emden-Meyerhof-Weg bezeichnet, nach den beiden deutschen Biochemikern, die Ende der zwanziger und Anfang der dreißiger Jahre das Konzept der Glykolyse erkannten und wichtige Teilprozesse experimentell aufklärten. Wir wissen heute, daß die Glykolyse insgesamt elf spezifische Enzyme benötigt, die in einer Sequenz so hintereinandergeschaltet sind, daß das Produkt der ersten Enzymreaktion der nachfolgenden als Substrat dient. Der Abbau von Glucose zu Milchsäure umfaßt also elf verschiedene chemische Reaktionen. Jedes einzelne der für die Katalysen der elf Reaktionen verantwortlichen Enzyme konnte in reiner meist kristalliner Form isoliert werden. Mit den hochgereinigten Enzymen ist es möglich, Teile der Glykolyse im Reagenzglas zu rekonstruieren. Mit Hilfe solcher Rekonstruktionen läßt sich der Mechanismus und die Dynamik der Glykolyse genauer erforschen.

In Abb. 17 ist die chemische Reaktionsfolge wiedergegeben, durch die das Glucosemolekül zu Milchsäure abgebaut wird. Das Schema mag uns auf den ersten Blick recht kompliziert erscheinen, wir werden jedoch sehen, daß es in seinem Grundkonzept sehr einfach ist. Bei der Betrachtung des glykolytischen Reaktionsflusses können wir drei distinkte Stoffwechselwege verfolgen, die wir nacheinander besprechen wollen; 1. den Stoffwechsel der Kohlenstoffatome der Glucose, 2. den Stoffwechsel der Elektronen und 3. den Stoffwechsel der Phosphatgruppen.

Stoffwechsel des Kohlenstoffs bei der Glykolyse

Sehen wir uns nun die glykolytischen Einzelreaktionen (Abb. 17) etwas genauer an, um herauszufinden, nach welchem molekularen Prinzip und Mechanismus ein Teil der Glucoseenergie in Form von ATP-Energie konserviert wird.

Beginnen wir mit dem Abbau des Kohlenstoffskeletts der Glucose. Glucose wird zunächst in zwei Phosphorylierungsreaktionen in Fructose-1,6-diphosphat überführt, das dann in zwei verschiedene C_3-Zucker, nämlich 3-Phosphoglycerinaldehyd und Dihydroxyacetonphosphat gespalten wird. Beide Spaltprodukte können durch das Enzym *Triosephosphatisomerase*, das eine Aldose-Ketose-Umwandlung katalysiert, reversibel ineinander überführt werden. Wenn wir uns im weiteren mit dem Stoffwechsel der Triosen beschäftigen, genügt es also, wenn wir von zwei Molekülen 3-Phosphoglycerinaldehyd ausgehen. Jedes dieser Moleküle wird im Endeffekt zu der C_3-Verbindung Milchsäure umgesetzt.

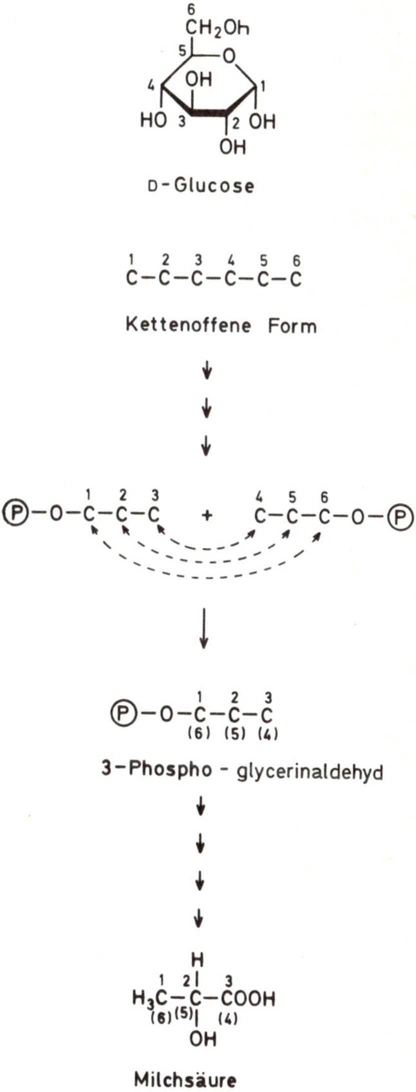

Abb. 18 Stoffwechsel der Kohlenstoffatome bei der Glykolyse.

Das Schicksal der Kohlenstoffatome der Glucose ist in Abb. 18 wiedergegeben. Wir sehen, daß die Kohlenstoffatome 3 und 4 der Glucose zu den Carboxylgruppen der Milchsäure werden, während die C-Atome 1 und 6 in den Methylgruppen der Milchsäure auftauchen. Daß in intakten Zellen und Geweben das Glucosemolekül tatsächlich in dieser Weise abgebaut wird, konnte mit Hilfe von Glucose, deren Kohlenstoffskelett in verschiedenen Positionen mit den Kohlenstoffisotopen ^{13}C oder ^{14}C markiert waren, wiederholt gesichert werden.

Stoffwechsel der Elektronen bei der Glykolyse

Bereits früher sagten wir, daß bei der anaeroben Gärung ein Abbauprodukt von Glucose durch ein anderes oxydiert wird. Wir wollen nun die glykolytische Reaktionsfolge analysieren, um herauszufinden, an welcher Stelle diese Oxydoreduktion stattfindet.

Einen Aspekt haben wir bereits früher (S. 52) genauer besprochen, nämlich die Oxydation von 3-Phosphoglycerinaldehyd zu 1,3-Diphosphoglycerinsäure. Als wir diese Oxydation besprachen, haben wir das Oxydationsmittel nicht näher gekennzeichnet, sondern einfach gesagt, daß dem Aldehyd in einer Enzymreaktion zwei Wasserstoffatome und ihre Äquivalente, zwei Elektronen, entzogen werden. Jetzt sind wir in der Lage, das eigentliche Oxydationsmittel bzw. den Elektronenakzeptor, auf den die beiden aus dem Aldehyd stammenden Elektronen übertragen werden, zu identifizieren. Es handelt sich um ein anderes C_3-Zwischenprodukt der Glykolyse, nämlich Brenztraubensäure. Brenztraubensäure nimmt die Elektronen auf und wird dadurch zu Milchsäure reduziert:

$$\text{3-Phosphoglycerinaldehyd} + P + \text{Brenztraubensäure} \rightarrow \text{1,3-Diphosphoglycerinsäure} + \text{Milchsäure} \quad \textbf{(Gl. 14)}$$

Es wird also 3-Phosphoglycerinaldehyd zu 1,3-Diphosphoglycerinsäure oxydiert und Brenztraubensäure zu Milchsäure reduziert; ein C_3-Spaltprodukt von Glucose wird durch ein anderes oxydiert.

Welche Rolle spielt nun die in Abb. 17 geheimnisvoll mit NAD abgekürzte Substanz? Diese Verbindung ist ein Elektronenüberträger, der nach dem allgemeinen Prinzip des gemeinsamen Zwischenproduktes Elektronen von einer Reaktion auf eine andere übertragen kann. NAD kann in oxydierter Form (NAD^+) und in reduzierter Form (NADH) vorliegen. NAD^+ übernimmt die Elektronen von 3-Phosphoglycerinaldehyd und wird damit zu NADH reduziert, das nun seinerseits die Elektronen auf Brenztraubensäure übertragen kann und damit wieder zu NAD^+ oxydiert wird.

NAD ist die Abkürzung für *Nicotinamidadenindinucleotid* (Abb. 19). Dieses elektronenübertragende Coenzym war lange Zeit unter dem Namen *Diphosphopyridinnucleotid* (abgekürzt DPN) bekannt. Neuerdings hat man sich offiziell und international auf den chemisch exakteren ersten Namen geeinigt. NAD kommt in jeder Zelle vor, in seiner Funktion ist es dem ATP analog. ATP ist ein Phosphatgruppenüberträger, NAD überträgt Elektronen. Wir wollen uns mit der Struktur von NAD im einzelnen nicht beschäftigen, sondern nur auf einen wesentlichen und interessanten Punkt hinweisen. Ein Baustein im NAD-Molekül ist die Substanz *Nicotinamid.* Nicotinamid ist der Molekülteil des NAD, der durch die Aufnahme von Elektronen reduziert werden kann. Nicotinamid ist das Amid von *Nicotinsäure,* einem Vitamin der B-Gruppe, das in der Nahrung des Menschen und anderer Vertebraten enthalten sein muß. Fehlt es in der Nahrung, so führt das zu der Vitaminmangelkrankheit *Pellagra.* Einen möglichen Grund für die bei Nicotinsäuremangel auftretende Erkrankung können wir sofort nennen. Wenn Nicotinsäure fehlt, kann die Zelle das komplette NAD-Molekül nicht synthetisieren, weil ihr ein essentieller Baustein fehlt. Dementsprechend überrascht es kaum, daß bei der Pellagra bestimmte enzymatische Reaktionen, an denen NAD als Elektronenüberträger beteiligt ist, gestört sind.

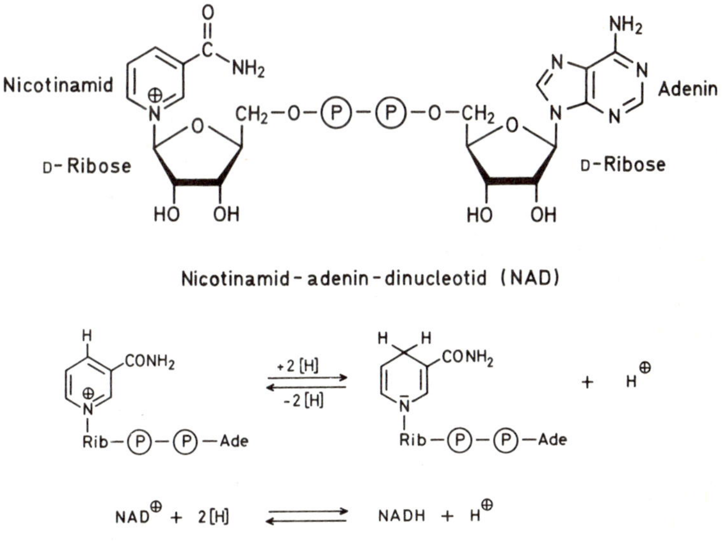

Abb. 19 Nicotinamidadenindinucleotid (NAD) und seine Wirkungsweise als Wasserstoff(Elektronen)-Überträger.

Stoffwechsel der Phosphatgruppen bei der Glykolyse

Wir kommen nun zum eigentlichen Kern der Glykolyse, dem Mechanismus, durch den ATP aus ADP erzeugt wird. Wir wissen bereits, daß die enzymatische Oxydation von 3-Phosphoglycerinaldehyd durch NAD^+ mit der Aufnahme von Phosphat gekoppelt ist und als Reaktionsprodukt die energiereiche Verbindung 1,3-Diphosphoglycerinsäure entsteht, die ihrerseits ihren carboxylständigen Phosphatrest an ADP abgibt, so daß ATP entsteht. Die Aufklärung des Mechanismus dieser Reaktion durch Warburg im Jahre 1939 ist ein bedeutender Meilenstein in der modernen Biologie, denn es konnte hier zum ersten Mal gezeigt werden, wie bei einer enzymatischen Oxydation chemische Energie in Form von ATP konserviert wird. Die Reaktionsgleichungen lauten:

$$\text{3-Phospho-glycerinaldehyd} + \text{P} + \text{NAD}^{\oplus} \longrightarrow \text{1,3-Diphospho-glycerinsäure} + \text{NADH} \qquad \text{(Gl. 15)}$$

$$\text{1,3-Diphospho-glycerinsäure} + \text{ADP} \rightleftharpoons \text{3-Phospho-glycerinsäure} + \text{ATP} \qquad \text{(Gl. 16)}$$

Die beiden Reaktionen veranschaulichen ein sehr bedeutendes Prinzip, das allen bekannten energiekonservierenden Oxydationsreaktionen in der Zelle zugrunde liegt: Die Oxydation ist mit der Bildung eines energiereichen Derivates des Oxydationsproduktes verbunden, das anschließend einen Phosphatrest auf ADP übertragen kann. In den beiden Reaktionen, die durch Gl. 15 und 16 wiedergegeben sind, ist das energiereiche Oxydationsprodukt 1,3-Diphosphoglycerinsäure gemeinsames Zwischenprodukt (schattiert gez.). Diese Verbindung ist durch eine sehr hohe freie Energie der Hydrolyse, nämlich – 11,8 kcal ausgezeichnet, da ihr Molekül zwei dicht benachbarte Phosphatreste mit je zwei negativen Ladungen enthält, und weil in der anhydridartigen Bindung zwischen den sauerstoffreichen Carboxyl- und Phosphatgruppen eine ungewöhnlich hohe Elektronendichte besteht (Abb. 11). Da die Elektronen sich gegenseitig abstoßen, haben wir eine recht instabile Konfiguration. Nach der Hydrolyse von 1,3-Diphosphoglycerinsäure verhindern die Abstoßungskräfte der beiden negativ geladenen Reaktionsprodukte ihre erneute Vereinigung. Darüber hinaus stabilisieren sich die Elektronen der Anhydridbindung in der Carboxyl- und Phosphatgruppe in energieärmeren Positionen. Wegen des sehr hohen Phosphatgruppenübertragungspotentials wird die carboxylständige Phosphatgruppe von 1,3-Diphosphoglycerinsäure mit einem sehr hohen thermodynamischen Antrieb, nämlich der Differenz zwischen –11,8 kcal und –7,3 kcal, also etwa –4,5 kcal, auf ADP übertragen.

Da im Endeffekt zwei Moleküle 3-Phosphoglycerinaldehyd durch zwei Moleküle Brenztraubensäure oxydiert werden, entstehen bei dieser Oxydoreduktion zwei Mol ATP pro Mol Glucose.

Wir haben wiederholt gesagt, daß bei der Glykolyse und allen anderen Gärungsprozessen Oxydations-Reduktions-Reaktionen für die Synthese der energiereichen Phosphatverbindungen verantwortlich sind, die ihre Phosphatreste enzymatisch auf ADP übertragen können. Wenn wir uns jedoch die zweite Glykolysereaktion ansehen, die mit einer ATP-Synthese gekoppelt ist, so scheinen wir es hier zumindest auf den ersten Blick mit keiner Oxydoreduktion zu tun zu haben. 2-Phosphoglycerinsäure wird unter Wasserabspaltung in Phosphoenolbrenztraubensäure überführt:

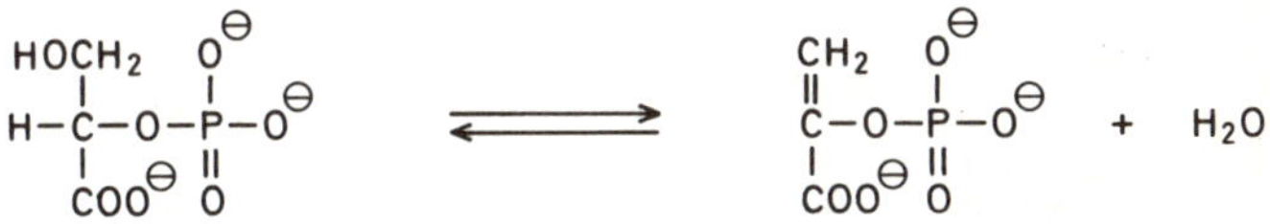

Bei genauer Betrachtung sehen wir jedoch, daß die Reaktion mit einer innermolekularen Elektronenverschiebung verbunden ist, so daß man von einer intramolekularen Oxydations-Reduktions-Reaktion sprechen könnte. Die Elektronen werden stärker um das Kohlenstoffatom 2 des Reaktionsproduktes Phosphoenolbrenztraubensäure konzentriert, nicht nur weil eine Doppelbindung ausgebildet wird (an der zwei Elektronenpaare beteiligt sind), sondern auch weil sich Entfernung und Winkel zu den Bindungspartnern verringern, die an diesem Kohlenstoffatom sitzen. Dies hat zur Folge, daß die negativ geladenen Phosphat- und Carboxylgruppen näher aneinander herangezogen werden, wodurch sich wiederum die innere Energie des Moleküls ändert. Phosphoenolbrenztraubensäure ist eine energiereiche Verbindung ($\Delta G^{0\prime}$ der Hydrolyse = –14,8 kcal; vgl. Tab. 7). Die Phosphatgruppe der Phosphoenolbrenztraubensäure kann in einer Reaktion, die durch das Enzym *Pyruvatkinase* katalysiert wird, auf ADP übertragen werden:

Phosphoenolbrenztraubensäure + ADP $\rightleftharpoons$ Brenztraubensäure + ATP

Das Gleichgewicht dieser Reaktion ist ganz nach rechts verschoben, da das Phosphatgruppenübertragungspotential von Phosphoenolbrenztraubensäure wesentlich höher ist als das von ATP (Tab. 7; Abb. 12).

Wir wissen nun, wie chemische Energie durch zwei Reaktionen der Glykolyse in Form energiereicher Phosphatverbindungen und damit in ATP konserviert wird. Alle übrigen Glykolysereaktionen sind mit einer verhältnismäßig geringen Änderung an freier Energie verbunden, die nicht ausreicht, um ATP zu bilden.

Bilanz der Glykolyse

Wir wollen nun alle Substrate, die in die Glykolyse eingehen und alle Produkte, die entstehen, addieren, um uns zu vergewissern, ob diese Bilanz mit Gl. 13 übereinstimmt. Die Reaktionsfolge startet mit einem Molekül Glucose. Weiterhin sehen wir, daß zwei Moleküle ATP verbraucht werden. Ein ATP-Molekül dient zur Phosphorylierung von Glucose zu Glucose-6-phosphat, katalysiert wird diese Reaktion durch das Enzym *Hexokinase.* Das zweite ATP-Molekül wird bei der durch das Enzym *Phosphofructokinase* katalysierten Phosphorylierung von Fructose-6-phosphat zu Fructose-1,6-diphosphat verbraucht. Wir haben betont, daß die Bedeutung der Glykolyse darin besteht, ATP zu produzieren. Es mag uns in diesem Zusammenhang ungewöhnlich erscheinen, daß nun zwei Moleküle ATP unter Bildung von ADP verbraucht werden sollen. Wir müssen den Einsatz dieser beiden ATP-Moleküle gewissermaßen als „Starthilfe" für den Gesamtprozeß betrachten. Beide Moleküle werden in späteren Glykolysereaktionen wiedergewonnen. Aus dem Schema in Abb. 17 können wir weiter ersehen, daß je zwei Moleküle ADP, Phosphat und NAD^+ bei der Oxydation der beiden 3-Phosphoglycerinaldehydmoleküle zu 3-Phosphoglycerinsäure in den Prozeß eingehen (Abb. 17, Reaktionen 6 u. 7). Später werden nochmals zwei Moleküle ADP benötigt, um die Phosphatgruppen der beiden Moleküle Phosphoenolbrenztraubensäure zu übernehmen (Abb. 17, Reaktion 10). Die beiden bei der Oxydation von 3-Phosphoglycerinaldehyd gebildeten NADH-Moleküle werden bei der Reduktion von Brenztraubensäure zu Milchsäure verbraucht und rückoxydiert.

Sehen wir uns nun an, was der Gesamtprozeß liefert. Als Endprodukte entstehen zwei Moleküle der C_3-Verbindung Milchsäure, die dem C_6-Zucker Glucose entsprechen, der zu Beginn in den Prozeß hineingesteckt wurde. Weiterhin werden zwei Moleküle ADP gebildet, je eines durch die beiden ATP-verbrauchenden Startreaktionen (Abb. 17, Reaktionen 1 u. 3). Schließlich können wir festhalten, daß insgesamt vier Moleküle ATP entstehen, je zwei ATP bei der Bildung der beiden Moleküle 3-Phosphoglycerinsäure (Reaktion 7) und der beiden Moleküle Brenztraubensäure (Reaktion 10). Unter Berücksichtigung aller Verbindungen, die in den Prozeß eingehen und aller Verbindungen, die als Endprodukte entstehen, läßt sich die vollständige Glykolysegleichung wie folgt schreiben:

$$\text{Glucose} + 2\text{ATP} + 2\text{P} + 4\text{ADP} + 2\text{NAD}^+ + 2\text{NADH} \rightarrow 2\ \text{Lactat} + 2\text{ADP} + 4\text{ATP} + 2\text{NADH} + 2\text{NAD}^+ + 4\ H_2O$$

Kürzt man die auf beiden Seiten der Gleichung erscheinenden Komponenten heraus, so bleibt als Endgleichung:

$$\text{Glucose} + 2\text{P} + 2\text{ADP} \rightarrow 2\ \text{Lactat} + 2\text{ATP} + 2H_2O$$

Wir sehen, daß diese Gleichung mit der Summengleichung der Glykolyse (Gl. 13) identisch ist. Zwei Moleküle ATP, die zunächst zum Start der Glykolyse in den Prozeß hineingesteckt werden mußten, werden wieder zurückgewonnen und zusätzlich entstehen zwei ATP aus ADP und Phosphat.

Wenn man das erreichte Ziel betrachtet, könnte man meinen, daß die glykolytische Reaktionsfolge ein unnötig komplizierter Mechanismus sei. Es gibt jedoch viele Gründe, die dafür sprechen, daß die Glykolyse der einfachste Weg ist, über den Glucose bei pH 7, in verdünnter Lösung, bei einer Atmosphäre Druck und bei einer für Lebewesen verträglichen Temperatur, so abgebaut wird, daß ein erheblicher Teil der Energie in Form von ATP-Energie konserviert werden kann. Die Enzymsequenz der Glykolyse hat sich in den Jahrmillionen biologischer Evolution herausgebildet. Sie ist damit das Resultat eines Prozesses, der mit hoher Wahrscheinlichkeit nur die geeignetsten Moleküle „überleben" ließ. Biochemiker und Biophysiker beginnen gerade erst zu verstehen und zu würdigen, wie durchdacht und vollkommen die glykolytische Reaktionsfolge in chemischer und technischer Hinsicht konzipiert ist.

Intrazelluläre Organisation des glykolytischen Systems

Bis auf das Ausgangssubstrat Glucose und die Endprodukte Brenztraubensäure und Milchsäure sind alle Zwischenprodukte der Glykolyse Phosphorsäureester. Die Phosphatgruppen haben natürlich für die Glykolyse eine wichtige und spezifische Funktion, sie sind die chemischen Vermittler, mit deren Hilfe ATP aus ADP regeneriert wird. Die Phosphatester sind jedoch noch durch eine weitere wichtige biologische Eigenschaft ausgezeichnet. Glucose und das Endprodukt Milchsäure können die Zellmembran ungehindert passieren. Glucose kann leicht aus dem Außenmedium aufgenommen werden und Milchsäure – zumindest unter anaeroben Bedingungen ein Endprodukt –

kann leicht aus der Zelle herausdiffundieren. Im Gegensatz hierzu können die phosphorylierten Zwischenprodukte die Zellmembran nicht passieren. Sie sind in der Zelle gefangen und haben keine Möglichkeit, in das Außenmedium zu gelangen. Könnte eines dieser Zwischenprodukte die Zelle verlassen, so würde die Glykolysegeschwindigkeit natürlich verschwindend gering werden. Auch ATP und ADP können die Zellmembran nicht durchdringen. Ganz allgemein haben alle phosphorylierten Verbindungen eine hohe elektrische Ladungsdichte in ihren Phosphatgruppen. Die lipidreichen Zellmembranen verhindern den Durchtritt derartiger hoch geladener Moleküle. Allem Anschein nach sind die Phosphatester im Verlaufe der biologischen Evolution also nicht nur aus einem Grund als Stoffwechselzwischenprodukte selektiert worden.

Schließlich sei darauf hingewiesen, daß nahezu alle enzymkatalysierten Reaktionen der Glykolyse voll reversibel sind, das heißt, daß sie sich durch eine relativ geringe Standardänderung der freien Energie auszeichnen. Wir werden noch sehen, daß die reversiblen Reaktionen der Glykolyse bei der Synthese von Glucose aus Brenztraubensäure oder Milchsäure in umgekehrter Richtung ablaufen können. Drei Reaktionsschritte beim Glucoseabbau zu Brenztraubensäure sind jedoch irreversibel; es sind die durch die Enzyme Hexokinase, Phosphofructokinase und Pyruvatkinase katalysierten Reaktionen. Wir werden später sehen (s. S. 138 ff.), daß bei der Glucosesynthese aus Pyruvat diese irreversiblen Reaktionen durch andere Enzyme umgangen werden.

Regulation der Gärungsgeschwindigkeit

Läuft die Gärung zu jeder Zeit mit maximaler Geschwindigkeit ab, oder wird sie reguliert? Falls sie reguliert wird, welche Faktoren kontrollieren ihre Geschwindigkeit?

Aufgrund umfangreicher neuerer Forschungsarbeiten kann heute als sicher gelten, daß alle Stoffwechselwege einer konstanten und empfindlichen Regulation unterliegen. Dadurch wird erreicht, daß in der Zelle alle Komponenten des Stoffwechsels harmonisch zusammenarbeiten und es in keinem System zu einer Überproduktion oder Unterproduktion eines bestimmten Endproduktes kommt. Darüber hinaus hat man gefunden, daß jedes Multienzymsystem, so auch das der Glykolyse, durch ein oder mehrere *regulatorische Enzyme* kontrolliert wird. Ein regulatorisches Enzym katalysiert nicht nur eine spezifische Reaktion in einer Multienzymsequenz, sondern besitzt eine weitere Eigenschaft, die den meisten Enzymen fehlt, seine katalytische Aktivität wird durch einen spezifischen Schlüsselmetaboliten, der als Ef-

…ken kann und nicht unbedingt dem Substrat des Enzyms …uß, gehemmt oder aktiviert.

… der Effektor oder Modulator das Enzym hemmt, bezeichnet … ihn als *negativen Effektor,* wenn er die katalytische Aktivität …uliert, als *positiven Effektor.* Regulatorische Enzyme besitzen …ei Arten von Bindungszentren, eine Art dient zur Bindung der …ubstratmoleküle, wir haben sie bereits als *katalytische Zentren* kennengelernt, die andere Art bindet die Effektoren und wird als *allosterisches* („anderer Raum"; „anderes Zentrum") oder *regulatorisches Zentrum* bezeichnet. Regulatorische Enzyme können in zwei molekularen Formen vorliegen, die eine ist katalytisch inaktiv, die andere aktiv. Beide Formen stehen normalerweise miteinander im Gleichgewicht:

$$\text{inaktive Form} \underset{\text{negativer Effektor}}{\overset{\text{positiver Effektor}}{\rightleftharpoons}} \text{aktive Form}$$

Die Gleichgewichtslage verschiebt sich jedoch in Gegenwart des Effektors. Bei Anwesenheit eines negativen Effektors verschiebt sich das Gleichgewicht nach links, da der negative Effektor von der inaktiven Form des Enzyms gebunden wird. Umgekehrt verschiebt sich das Gleichgewicht in Gegenwart eines positiven Effektors, der von der aktiven Form des Enzyms gebunden wird, nach rechts. In dieser Weise wird die Gleichgewichtslage zwischen der aktiven und der inaktiven Form eines regulatorischen Enzyms von der relativen Konzentration der positiven und negativen Effektoren, die keinerlei strukturelle Verwandtschaft mit dem Substrat haben müssen, bestimmt. In einigen Fällen kann jedoch, wie wir sehen werden, auch das Substrat oder Produkt eines regulatorischen Enzyms als Effektor fungieren.

Die Folge der elf für die anaerobe Glykolyse verantwortlichen Enzyme enthält ein solches regulatorisches Enzym, nämlich die *Phosphofructokinase,* welche die Phosphorylierung von Fructose-6-phosphat zu Fructose-1,6-diphosphat katalysiert.

$$\text{ATP} + \text{Fructose-6-phosphat} \rightarrow \text{ADP} + \text{Fructose-1,6-diphosphat}$$

Die Geschwindigkeit dieser Enzymreaktion wird in erheblichem Umfang durch ATP und ADP beeinflußt. Dieser Effekt hat nichts mit der bekannten Abhängigkeit der Geschwindigkeit einer Enzymreaktion von ihrem Substrat oder Produkt zu tun. Obgleich ATP ein Substrat des Enzyms ist, wird die Geschwindigkeit der Enzymkatalyse durch hohe ADP-Konzentrationen stark stimuliert. Umgekehrt nimmt die katalytische Aktivität merklich ab, sobald die ATP-Konzentration, die zur Sättigung des katalytischen Zentrums erforderliche Konzentration übersteigt. ADP ist also ein positiver und ATP ein negativer Effektor der Phosphofructokinase. Die folgende Gleichung veranschaulicht diese Beziehung.

$$\underset{\text{(inaktive Form)}}{\text{Phosphofructokinase}} \underset{\text{ATP}}{\overset{\text{ADP}}{\rightleftharpoons}} \underset{\text{(aktive Form)}}{\text{Phosphofructokinase}}$$

Die Geschwindigkeit der durch die Phosphofructokinase katalysierten Reaktion wird also durch die beiden wichtigsten Komponenten des Energieüberträgersystems der Zelle, nämlich ADP und ATP, reguliert. Die Summe der Konzentrationen von ADP und ATP bleibt in der Zelle immer konstant. Sobald das System mit energiereichen Phosphatgruppen beladen ist, also das gesamte in der Zelle zugängliche ADP und ATP phosphoryliert ist, bewirkt das hohe ATP/ADP-Verhältnis, daß das Gleichgewicht zwischen den beiden Formen der Phosphofructokinase nach links verschoben wird und damit die katalytisch inaktive Form des Enzyms überwiegt. Wenn hingegen ein Teil des ATP plötzlich durch einen energieverbrauchenden Prozeß dephosphoryliert wird, nimmt die ADP-Konzentration zu und die ATP-Konzentration ab. Die Geschwindigkeit der Phosphofructokinasereaktion wird dann zunehmen, weil die Bildung der aktiven Form des Enzyms begünstigt ist. Als Folge wird die Geschwindigkeit der Glykolyse gesteigert, und damit auch mehr ATP gebildet, so daß der durch den energieverbrauchenden Prozeß entstandene ATP-Verlust rasch wieder ausgeglichen wird.

Wir sehen, daß ATP als Endprodukt der Glykolyse oder Gärung, in Art einer Rückkopplungshemmung (Feedback-Hemmung) das System kontrolliert durch das es produziert wird. Auf der anderen Seite beeinflussen Milchsäure oder Äthanol und CO_2, die anderen Endprodukte der anaeroben Gärung, die Aktivität der Phosphofructokinase nicht.

Energetik von Gärung und Atmung im Vergleich

Wir kommen nun zu einem weiteren interessanten Punkt, der sich ergibt, wenn wir den Energiebetrag, der beim anaeroben Glucoseabbau freigesetzt wird, mit dem Energiebetrag vergleichen, der sich bei der Oxydation von Glucose zu CO_2 und H_2O ergibt. Aus Abb. 20 können wir die Standardänderungen der freien Energie für den anaeroben Glucoseabbau zu CO_2 und H_2O, so wie er in aeroben Zellen stattfindet, entnehmen. Die anaerobe Zelle gewinnt ihre Energie aus

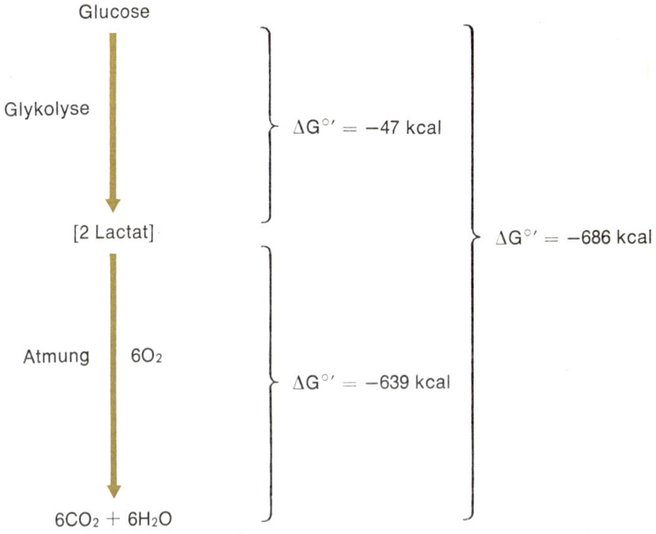

Abb. 20 Energiegewinn beim Glucoseabbau durch die Glykolyse im Vergleich zum Energiegewinn bei der Atmung.

der Vergärung von Glucose zu Milchsäure. Letztere wird als „Abfallprodukt" ausgeschieden. Der größtmögliche Energiebetrag, den die Zelle bei diesem Prozeß gewinnen kann, beträgt nur 47 kcal/Mol Glucose, also etwas weniger als 7 % der Gesamtenergie von 686 kcal/Mol, die bei der vollständigen Glucoseoxydation zu CO_2 und H_2O freigesetzt wird. Für den Vorteil, auch ohne Sauerstoff Energie aus Glucose gewinnen zu können, muß der anaerobe Organismus über 90 % der Gesamtenergie verschwenden, die ihm zur Verfügung stünde, wenn er Glucose in Gegenwart von Luftsauerstoff zu CO_2 und H_2O oxydieren könnte.

Der aerobe Organismus oxydiert Brenztraubensäure oder Milchsäure, die hier von der Zelle nicht ausgeschieden werden, zu CO_2 und H_2O. Dabei wird ein großer Teil der 93 % Glucoseenergie gewonnen, die der anaerobe Organismus nicht nutzen kann. Die Atmung, also die Oxydation von Glucose in Gegenwart von Luftsauerstoff, ist ein äußerst wirksamer Prozeß, durch den die gesamte, im Glucosemolekül steckende Energie freigesetzt wird. Wir werden im folgenden Kapitel sehen, daß die Atmung weitaus komplizierter ist als die Gärung. Die Atmung läßt sich mit der Gärung vergleichen wie eine Düsenmaschine mit einem Kolbenmotor. Wir wollen jedoch nicht vergessen, daß beide Prozesse ihre spezifischen biologischen Funktionen zu erfüllen haben.

Bei der anaeroben Gärung wird nur ein geringer Teil der Glucoseenergie nutzbar gemacht. Infolgedessen muß ein anaerober Organismus pro Zeit- und Gewichtseinheit wesentlich mehr Nährstoffmoleküle umsetzen als ein aerober Organismus, um den gleichen Betrag an Arbeit leisten zu können. Man konnte zeigen, daß anaerobe Zellen bis zwanzigmal soviel Glucose verbrauchen wie aerobe Zellen, um die gleiche Arbeit zu leisten. Anaerobe Zellen können in einem kurzen Zeitabschnitt eine Glucosemenge abbauen, die ihr Eigengewicht um ein Vielfaches übertrifft. Aus diesen Befunden ergeben sich einige interessante Konsequenzen für den Stoffwechsel fakultativ anaerober Zellen. So haben z. B. Krebszellen, die fakultativ anaerob sind und damit sowohl unter anaeroben als auch unter aeroben Bedingungen leben können, einen Stoffwechseldefekt, der zur Folge hat, daß sie sehr große Glucosemengen glykolytisch abbauen, und zwar auch dann, wenn sie mit Luftsauerstoff versorgt werden und atmen können.

Atmung und ATP-Bildung im Mitochondrium

Die eigentliche Hauptenergiequelle in der aeroben Zelle ist die Atmung, die enzymatische Oxydation von Nährstoffen durch Luftsauerstoff. Die enzymatische Reaktionsfolge, durch die die Atmung und die Konservierung der Atmungsenergie in Form von ATP katalysiert wird, ist wesentlich komplizierter als die der Glykolyse. Sie umfaßt weit mehr Enzyme und chemische Einzelreaktionen. Darüber hinaus kommen die an der Atmung beteiligten Enzyme nicht frei gelöst im Cytoplasma der Zelle vor, sondern sind in den *Mitochondrien,* den „Kraftwerken" der Zelle gebunden und in spezifischer Weise räumlich angeordnet. Das molekulare Konzept der Organisation und Funktion dieser energieübertragenden Enzymverbände bietet äußerst reizvolle Probleme.

Wir wollen in diesem Kapitel zunächst untersuchen, wie in der aeroben Zelle die wichtigsten Nährstoffe für den Eintritt in den oxydativen Abbauweg vorbereitet werden. Dann werden wir uns mit den drei wichtigsten Phasen der biologischen Oxydation beschäftigen: 1. dem Citronensäurezyklus, 2. dem Elektronentransport und 3. der Gewinnung der Oxydationsenergie in Form von ATP durch den Prozeß der oxydativen Phosphorylierung. Das Grundkonzept der biologischen Oxydation ist in Abb. 21 schematisch wiedergegeben.

Bildung von Acetyl-CoA

Die drei Hauptnährstoffe der heterotrophen Zelle, die Kohlenhydrate, Fettsäuren und Aminosäuren, werden letzten Endes in einer zyklischen Reaktionsfolge oxydiert, die man als *Citronensäurezyklus* oder *Krebs-Tricarbonsäurezyklus* bezeichnet. Bevor dies geschehen kann, müssen sie jedoch in ein für den Citronensäurezyklus geeignetes Substrat überführt werden. Hierzu wird das Kohlenstoffskelett jedes Nährstoffmoleküls in C_2-Bruchstücke zerlegt. Der Citronensäurezyklus kann als Brennstoff nur die C_2-Verbindung Essigsäure in einer aktivierten Form, deren Struktur wir gleich besprechen werden, aufnehmen.

Die unter aeroben Bedingungen als Endprodukt der Glykolyse entstehende Brenztraubensäure wird durch eine enzymatische Oxydation, die durch den *Pyruvatdehydrogenasekomplex* katalysiert wird, in ein Essigsäurederivat und damit in eine für den Eintritt in den Citronensäurezyklus geeignete Form überführt. Bei dieser Reaktion geht das dritte Kohlenstoffatom der Brenztraubensäure, und zwar das der Carboxylgruppe als CO_2 verloren:

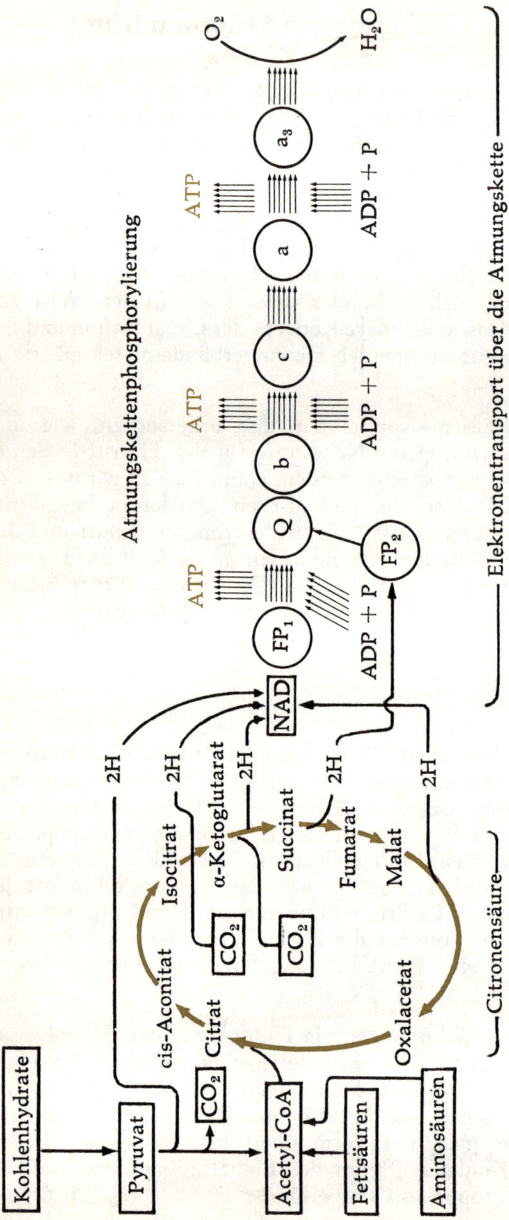

Abb. 21 Übersichtsschema der Oxydation von Kohlenhydraten, Fettsäuren und Aminosäuren. Die Symbole FP_1 und FP_2 kennzeichnen die NADH- und Succinatdehydrogenasen, Q ist Coenzym Q und *b, c, a, a_3* symbolisieren die Cytochrome.

$CH_3COCOOH + NAD^+ + CoA\text{-}SH \rightarrow$
Brenztraubensäure

$CH_3CO\text{-}S\text{-}CoA + CO_2 + NADH$
Acetyl-CoA **(Gl. 17)**

Die bei der Oxydation von Brenztraubensäure abgespaltenen Elektronen werden von NAD^+ aufgenommen und in Form von NADH auf die Atmungskette, die wir später besprechen werden, übertragen. Bei der Reaktion entsteht keine freie Essigsäure, sondern das Essigsäurederivat von *Coenzym A* (CoA). CoA ist ein komplex gebautes Nucleotid, dessen Struktur in Abb. 22 wiedergegeben ist; es fungiert in der Zelle als Überträger von Acetylgruppen, in der gleichen Weise, in der ATP als Überträger von Phosphatgruppen und NAD als Überträger von Elektronen wirken. In seiner chemischen Konstitution ähnelt das CoA dem NAD und ATP. Es enthält wie diese Adenin, Ribose und eine Pyrophosphatbrücke. Zusätzlich enthält das CoA die Verbindung *Pantothensäure,* ein Vitamin der B-Gruppe. Die Funktion der Thiolgruppe (–SH) besteht darin, Essigsäure covalent in einer Thioesterbindung zu binden. Die freie Energie der Hydrolyse von Acetyl-CoA

$$CH_3CO\text{-}S\text{-}CoA + H_2O \rightarrow CH_3COOH + CoA\text{-}SH$$

hat unter Standardbedingungen bei pH 7 einen Wert von $\Delta G^{\circ\prime} = -7{,}5$ kcal. Sie liegt also etwas höher als die freie Energie der Hydrolyse von ATP. Die an das CoA-SH gebundene Acetylgruppe liegt

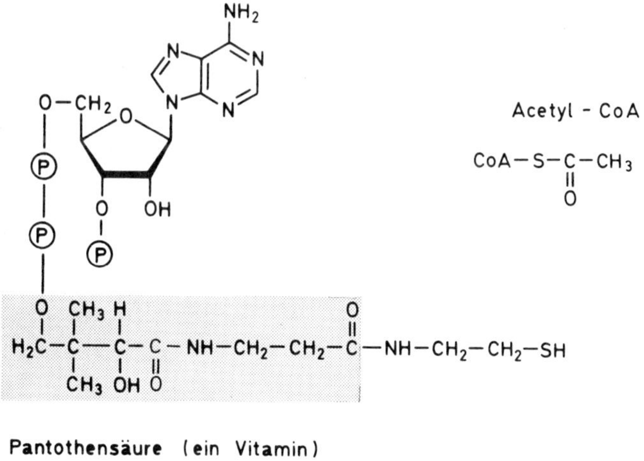

Abb. 22 Coenzym A und Acetyl-Coenzym A.

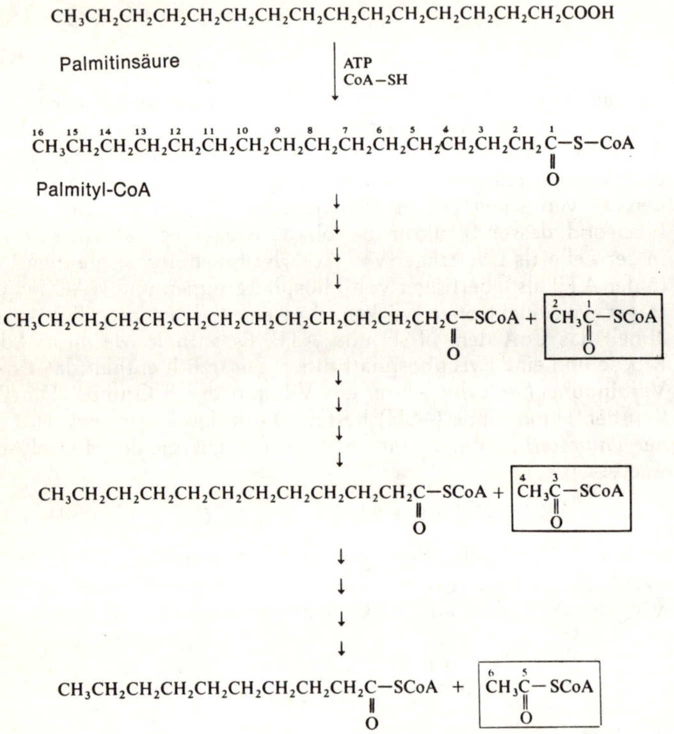

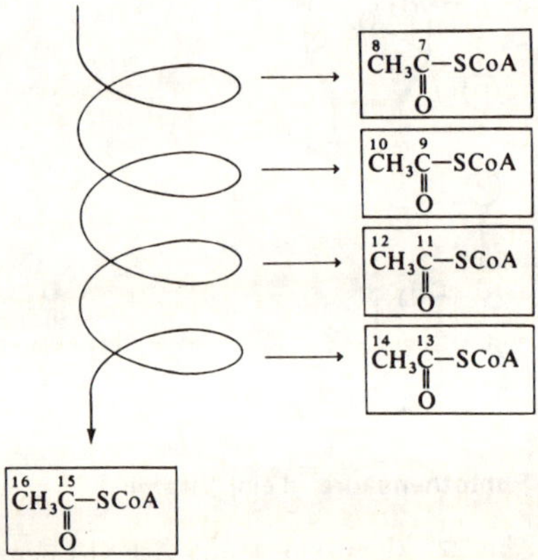

Abb. 23 Die Oxydation einer Fettsäure. In einer Sequenz von vier Reaktionsschritten (die hier nicht wiedergegeben sind) werden vom Carboxylende der Palmitinsäure ausgehend Acetylreste abgespalten, so daß im Endeffekt aus einem Molekül Palmitinsäure acht Moleküle Acetyl-CoA entstehen. Die Kohlenstoffatome wurden numeriert, damit sich ihr Weg verfolgen läßt.

damit in einer aktivierten oder energetisch begünstigten Form vor und kann im Stoffwechsel der Zelle auf die verschiedensten Akzeptoren für Acetylgruppen übertragen werden. Die an CoA gebundene Essigsäure ist das eigentliche Substrat des Citronensäurezyklus, sie wird in einer enzymatischen Transferreaktion in den Zyklus eingeschleust.

Auch beim Abbau von Fettsäuren und Aminosäuren entsteht als wichtigstes Abbauprodukt Acetyl-CoA. Abb. 23 verdeutlicht, wie Palmitinsäure, eine Fettsäure mit 16 Kohlenstoffatomen, die für die Hauptkomponenten der Lipide repräsentativ ist, enzymatisch zu acht Molekülen Acetyl-CoA abgebaut wird. Wir erkennen bei diesem Prozeß gleichzeitig eine weitere Funktion von Coenzym A: Bei allen Reaktionsschritten der Fettsäureoxydation bleiben die Zwischenprodukte an CoA gebunden. Die Stoffwechselwege, über die die zwanzig verschiedenen Aminosäuren abgebaut werden, sind sehr verschiedenartig und komplex; wir wollen sie im einzelnen nicht besprechen. Halten wir jedoch fest, daß im Endeffekt beim Abbau von Kohlenhydraten, Fetten und Aminosäuren die meisten Kohlenstoffatome im Acetyl-CoA erscheinen und dann in den Citronensäurezyklus eingeschleust werden (Abb. 21).

Citronensäurezyklus

Die experimentelle Aufklärung dieser zyklischen Folge enzymatischer Reaktionen hat eine interessante Geschichte. Mitte der dreißiger Jahre entdeckte Szent-Györgyi in Ungarn, daß Bernsteinsäure, Fumarsäure, Äpfelsäure und Oxalessigsäure, die alle 4 Kohlenstoffatome und zwei Carboxylgruppen besitzen, durch zerkleinerte Muskelsuspensionen rasch oxydiert werden. Er fand jedoch noch eine zweite Eigenschaft dieser Säuren: Sie zeigten eine stark stimulierende Wirkung auf die Oxydation der Muskel-Kohlenhydrate. Szent-Györgyi erkannte, daß dieser Effekt katalytisch sein muß, da für jedes dem Muskelextrakt zugesetzte Molekül Bernsteinsäure viele Moleküle Muskel-Kohlenhydrat oxydiert wurden. Am Rande sei an dieser Stelle angemerkt, daß die genannten Säuren nicht als freie Säuren, sondern gepuffert auf den pH-Wert der Muskelextrakte, also etwa pH 7, eingesetzt wurden. Bei diesem pH-Wert liegen die organischen Säuren als Anionen vor, d. h. als Succinat, Fumarat, Malat und Oxalacetat. Wir werden noch oft organische Säuren als Stoffwechselzwischenprodukte kennenlernen; es versteht sich von selbst, daß diese Säuren beim pH-Wert des Zellsaftes als Anionen vorliegen.

Ein paar Jahre später überprüfte der britische Biochemiker Krebs eine größere Anzahl natürlich vorkommender organischer Dicarbonsäuren und Tricarbonsäuren, um herauszufinden, ob sich auch mit diesen Säuren der von SZENT-GYÖRGYI beobachtete katalytische Effekt erreichen läßt. Er machte die wichtige Entdeckung, daß drei C_6-Tricarbonsäuren (Citronensäure, cis-Aconitsäure und Isocitronensäure) und eine C_5-Dicarbonsäure (α-Ketoglutarsäure) die Fähigkeit haben, die aerobe Oxydation von Kohlenhydraten in Muskelsuspensionen zu stimulieren, daß sich mit anderen strukturverwandten Säuren dieser Effekt jedoch nicht nachweisen läßt.

KREBS folgerte aus diesem Befund, daß die organischen Säuren, die den katalytischen Effekt zeigen, miteinander in Beziehung stehen und im Zellstoffwechsel in einer Reaktionsfolge zusammenwirken. Er ordnete sie in einer solchen Reaktionsfolge an (Abb. 24) und wies nach, daß jeder der postulierten enzymatischen Einzelschritte im Muskel mit einer Geschwindigkeit abläuft, die der Atmungsgeschwindigkeit entspricht. KREBS fand weiter, daß diese enzymatische Reaktionsfolge in einem Kreisprozeß wirkt und sich damit von der glykolytischen Reaktionsfolge, die eine lineare Sequenz bildet, unterscheidet. Zwei Befunde bewiesen die Vorstellung von einer zyklischen Reaktionsfolge. Zunächst fand KREBS, daß Oxalessigsäure, das letzte Zwischenprodukt der Reaktionsfolge (Abb. 21), enzymatisch mit einem Abbauprodukt von Brenztraubensäure reagiert (heute wissen wir, daß es sich dabei um Acetyl-CoA handelt) und dabei Citronensäure, das erste Zwischenprodukt der Sequenz, entsteht. Durch den Nachweis dieser Reaktion wurden „Kopf" (Citronensäure) und „Schwanz" (Oxalessigsäure) der Reaktionsfolge miteinander verbunden. Die so synthetisierte Citronensäure wird wiederum zu Oxalessigsäure oxydiert, die mit einem weiteren Molekül Brenztraubensäure reagiert und damit einen weiteren Zyklus in Gang setzt. Bei jedem Zyklus entstehen drei Moleküle CO_2, entsprechend dem Einsatz von einem Molekül Brenztraubensäure. In dieser Weise kann ein Molekül Oxalessigsäure die Oxydation vieler Brenztraubensäuremoleküle bewirken.

Weiterhin konnte KREBS zeigen, daß die Verbindung *Malonsäure,* die in ihrer Struktur der Bernsteinsäure sehr ähnlich ist und die *Succinatdehydrogenase* hemmt, die Brenztraubensäureoxydation im Muskel vollständig blockiert. Auch aus diesem Befund ist zu folgern, daß alle an der Pyruvatoxydation beteiligten Reaktionen in einem zyklischen Prozeß miteinander verbunden sein müssen und der Pyruvatabbau zum Stillstand kommen muß, sobald auch nur eine der beteiligten Reaktionen blockiert ist. Heute wissen wir, daß dieser Zyklus in fast jeder heterotrophen Zelle vorkommt; man bezeichnet ihn als *Citronensäurezyklus, Tricarbonsäurezyklus* oder einfach als *Krebs-Zyklus.* Daß der Citronensäurezyklus in der intakten Zelle tatsächlich abläuft, konnte in Markierungsversuchen mit radioaktiven Isotopen eindeutig gesichert werden.

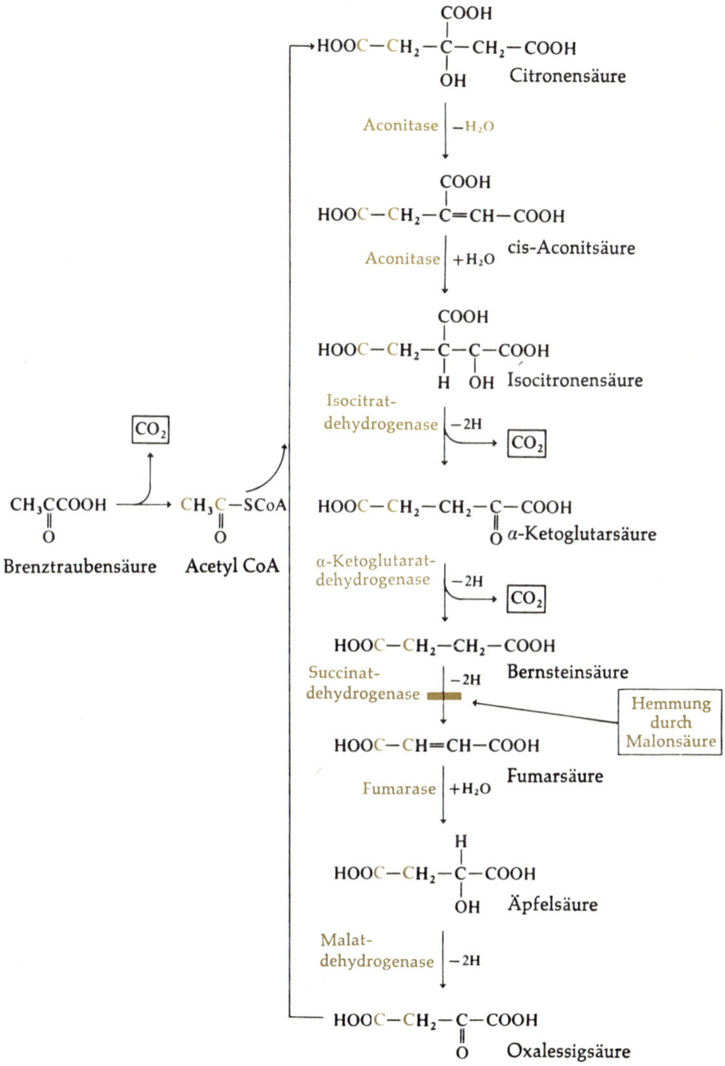

Abb. 24 Die wichtigsten Reaktionsschritte des Citronensäurezyklus. Malonsäure hemmt die Regeneration von Oxalessigsäure. Der Weg der Kohlenstoffatome des Acetylrestes ist farbig markiert.

Wir wollen nun ausgehend von einem Molekül Acetyl-CoA, mit Hilfe der in dem Schema in Abb. 24 aufgeführten Strukturformeln, die einzelnen Reaktionsschritte im Citronensäurezyklus verfolgen. Bedenken wir dabei immer, daß die eigentliche Aufgabe des Zyklus darin besteht, Essigsäure unter Bildung von zwei Molekülen CO_2 vollständig abzubauen. Im ersten Reaktionsschritt wird die Acetylgruppe des Acetyl-CoA enzymatisch auf die C_4-Dicarbonsäure *Oxalessigsäure* übertragen, dabei entsteht *Citronensäure,* eine Tricarbonsäure mit 6 Kohlenstoffatomen:

$$\text{Acetyl-CoA} + \text{Oxalessigsäure} \rightarrow \text{Citronensäure} + \text{CoA-SH}$$

im nächsten Reaktionsschritt wird Citronensäure durch das Enzym *Aconitase* in zwei andere Tricarbonsäuren, nämlich *cis-Aconitsäure* und *Isocitronensäure* überführt. Diese reversible Umsetzung wird durch Abspaltung und wieder Anlagerung von Wasser erreicht. Es entsteht ein Gemisch der drei Tricarbonsäuren, die sich miteinander im Gleichgewicht befinden:

$$\text{Citronensäure} \rightleftharpoons \text{cis-Aconitsäure} + H_2O$$

$$H_2O + \text{cis-Aconitsäure} \rightleftharpoons \text{Isocitronensäure}$$

Der anschließende Reaktionsschritt wird durch das Enzym *Isocitratdehydrogenase* katalysiert. Dabei verliert das Citratmolekül zwei Wasserstoffatome, die auf den Elektronenüberträger NAD^+ übertragen werden, der dadurch zu NADH reduziert wird. Aus Isocitronensäure entsteht die C_5-Dicarbonsäure *α-Ketoglutarsäure* und ein Molekül CO_2. Dieses CO_2 ist das erste von zwei Molekülen CO_2, die freigesetzt werden und die beide aus der C_2-Verbindung Essigsäure stammen, die in den Zyklus eingeschleust wurde:

$$\text{Isocitronensäure} + NAD^+ \rightarrow \alpha\text{-Ketoglutarsäure} + CO_2 + \text{NADH}$$

Das zweite CO_2-Molekül entsteht in der sich anschließenden komplexen Reaktion, die mit der Bildung von einem Molekül ATP aus ADP und Phosphat gekoppelt ist. Bei dieser Reaktion, die das Enzym *α-Ketoglutaratdehydrogenase* katalysiert, wird α-Ketoglutarsäure zu CO_2 und der C_4-Verbindung *Bernsteinsäure* oxydiert. Das CO_2 stammt aus der Carboxylgruppe von α-Ketoglutarsäure; als Elektronenakzeptor fungiert NAD^+:

$$\alpha\text{-Ketoglutarsäure} + NAD^+ + P + \text{ADP} \rightarrow$$
$$\text{Bernsteinsäure} + CO_2 + \text{ATP} + \text{NADH}$$

Bernsteinsäure wird durch die *Succinatdehydrogenase* zu *Fumarsäure* dehydriert, dabei nimmt eine aktive Gruppe des Enzyms die Wasserstoffatome auf und wird reduziert:

$$\text{Bernsteinsäure} \xrightarrow{-2H} \text{Fumarsäure}$$

Fumarsäure wird von dem Enzym *Fumarase* durch Addition von H_2O an die Doppelbindung in *Äpfelsäure* überführt:

$$\text{Fumarsäure} + H_2O \rightleftharpoons \text{Äpfelsäure}$$

Die C_4-Verbindung Äpfelsäure wird schließlich durch das Enzym *Malatdehydrogenase* zu Oxalessigsäure dehydriert, dabei ist wiederum NAD^+ der Elektronenakzeptor:

$$\text{Äpfelsäure} + NAD^+ \rightleftharpoons \text{Oxalessigsäure} + NADH$$

Mit der Wiedergewinnung von einem Molekül der C_4-Verbindung Oxalessigsäure, die, wir wir uns erinnern, diejenige Verbindung war, die anfangs mit dem Acetylrest von Acetyl-CoA verknüpft wurde, haben wir einen vollständigen Umlauf im Citronensäurezyklus vollendet. Prüfen wir nun, was erreicht wurde.

Über Acetyl-CoA wurde ein Molekül Essigsäure in den Zyklus eingeschleust und mit einem Molekül Oxalessigsäure verknüpft. In einem Umlauf des Zyklus wurden zwei Kohlenstoffatome in Form von CO_2 freigesetzt und ein Molekül Oxalessigsäure wurde wiedergewonnen. Die Reaktionen beschreiben also das Schicksal des Kohlenstoffskeletts von Essigsäure. Außerdem wurden dem Prozeß bei vier Reaktionsschritten je 2 Elektronen durch Dehydrogenasen entzogen, wir werden hierauf gleich zurückkommen. Von größter Wichtigkeit ist, daß wir festhalten, daß Oxalessigsäure, die nötig war, um zu Beginn den Brennstoff in den Zyklus einzuschleusen, am Ende wiedergewonnen wird. Oxalessigsäure kann nun mit einem zweiten Molekül Essigsäure reagieren und damit einen neuen Umlauf einleiten, an dessen Ende wiederum Oxalessigsäure regeneriert wird usw. Durch ein Molekül Oxalessigsäure kann eine unbegrenzte Anzahl von Essigsäuremolekülen in den Zyklus eingeschleust und zu CO_2 und H_2O oxydiert werden. Dies ist nur möglich, weil Oxalessigsäure nach jedem Umlauf wieder regeneriert wird.

Elektronentransport und die Atmungskette

Wir haben gesehen, daß jeder Umlauf im Citronensäurezyklus mit Dehydrierungsschritten verbunden ist. Bei drei Dehydrierungsreaktionen, durch die Isocitronensäure, α-Ketoglutarsäure und Äpfelsäure mit Hilfe spezifischer Dehydrogenasen oxydiert werden, dient NAD^+ als Elektronenakzeptor. Es werden also bei jedem Umlauf drei Moleküle NADH gebildet. Bei der vierten Oxydationsreaktion wird ein

Elektronenpaar aus dem Bernsteinsäuremolekül auf die aktive Gruppe der Succinatdehydrogenase übertragen. Dieses Enzym gehört zu den *Flavoproteinen.* Als Flavoproteine bezeichnet man eine Klasse oxydierender Enzyme, die als Elektronenakzeptor ein Flavinnucleotid enthalten. Die Succinatdehydrogenase enthält *Flavinadenindinucleotid,* abgekürzt FAD, einen Elektronenüberträger, der ähnlich wirkt

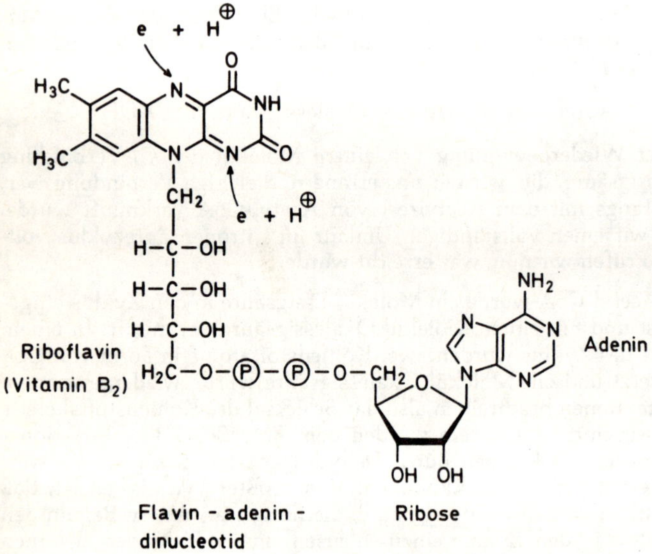

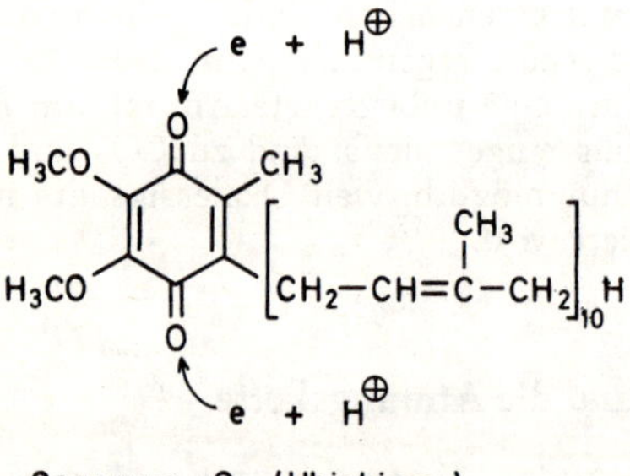

Abb. 25 Die Strukturformeln von Flavinadenindinucleotid und Coenzym Q, zwei wichtigen, elektronenübertragenden Coenzymen. Sie sind in ihrer oxydierten Form wiedergegeben. Die Stellen, an denen sie Wasserstoffatome (Elektronen + Protonen) aufnehmen können, sind durch Pfeil gekennzeichnet.

wie NAD. Die Flavinnucleotide sind auch deshalb erwähnenswert, weil sie als einen Baustein des Vitamin *Riboflavin* oder Vitamin B_2 enthalten (Abb. 25). Wie wir in Abb. 21 sehen können, übertragen die NADH-Moleküle und das reduzierte FAD (FAD_{red}) ihre Elektronen auf eine andere Enzymsequenz, die sogenannte *Atmungskette.*

Die Atmungskette ist der gemeinsame Weg, über den alle aus den verschiedensten Nährstoffen der Zelle stammenden Elektronen auf Sauerstoff übertragen werden. In der aeroben Zelle ist der molekulare Sauerstoff der letzte Elektronenakzeptor. Aus dem Elektronentransport über die Atmungskette zieht die Zelle den eigentlichen großen Gewinn, den ihr die verschiedensten Oxydationen einbringen, denn die Elektronen besitzen, wenn sie in die Atmungskette einfließen, einen relativ hohen Energiegehalt. Beim Durchfließen der Atmungskette geben sie einen erheblichen Teil ihrer Energie ab, die dann, wie wir gleich sehen werden, in Form von ATP konserviert wird.

Die Atmungskette (Abb. 21) ist noch nicht in allen Einzelheiten aufgeklärt, es erscheint jedoch sicher, daß die Elektronen von NADH und FAD_{red} zunächst auf den gemeinsamen Akzeptor *Coenzym* Q (Abb. 25) und dann weiter auf eine Sequenz von *Cytochromen* übertragen werden. Cytochrome sind elektronenübertragende Enzyme, die als aktive Gruppen *Häme* enthalten, die aus Porphyrin und Eisen bestehen. Sie sind rot gefärbt und ähneln in ihrer Struktur dem sauerstoffübertragenden Farbstoff *Hämoglobin* in den roten Blutkörperchen. In jedem Cytochrommolekül kann das Eisen in seiner zweiwertigen Form als Fe (II) (Ferro-Form) oder in der dreiwertigen Form als Fe (III) (Ferri-Form) existieren. So kann das Cytochrommolekül in seiner Fe(III)-Form durch Aufnahme eines Elektrons in den reduzierten Zustand (Fe(II)) überführt werden. Im reduzierten Zustand kann es das Elektron an den nächsten Überträger weitergeben, sofern dieser in der oxydierten Form vorliegt und so fort. Die verschiedenen Cytochrome unterscheiden sich chemisch und in ihren Molekulargewichten etwas voneinander. Sie können auf Grund ihrer charakteristischen Absorptionsspektren voneinander unterschieden werden. Nur das letzte Cytochrom, das *Cytochrom* a_3 oder die *Cytochromoxydase* kann seine Elektronen direkt an molekularen Sauerstoff abgeben.

Der Elektronentransport über die Atmungskette läßt sich in einer Sequenz aufeinanderfolgender Reaktionen, die durch gemeinsame Zwischenprodukte miteinander verbunden sind, schreiben. Die Reaktionsfolge von NADH bis zum Sauerstoff können wir wie folgt formulieren:

$$\text{NADH} + \text{Flavoprotein}_{ox} \rightarrow \text{NAD}^+ + \text{Flavoprotein}_{red} \qquad \textbf{(Gl. 18)}$$

$$\text{Flavoprotein}_{red} + \text{CoQ}_{ox} \rightarrow \text{Flavoprotein}_{ox} + \text{CoQ}_{red} \qquad \textbf{(Gl. 19)}$$

$$\text{CoQ}_{\text{red}} + 2\,\text{Cyt}\ b_{\text{ox}} \rightarrow \text{CoQ}_{\text{ox}} + 2\,\text{Cyt}\ b_{\text{red}} + 2\text{H}^+ \qquad \textbf{(Gl. 20)}$$

$$2\,\text{Cyt}\ b_{\text{red}} + 2\,\text{Cyt}\ c_{\text{ox}} \rightarrow 2\,\text{Cyt}\ b_{\text{ox}} + 2\,\text{Cyt}\ c_{\text{red}} \qquad \textbf{(Gl. 21)}$$

$$2\,\text{Cyt}\ c_{\text{red}} + 2\,\text{Cyt}\ a_{\text{ox}} \rightarrow 2\,\text{Cyt}\ c_{\text{ox}} + 2\,\text{Cyt}\ a_{\text{red}} \qquad \textbf{(Gl. 22)}$$

$$2\,\text{Cyt}\ a_{\text{red}} + 2\,\text{Cyt}\ a_{3(\text{ox})} \rightarrow 2\,\text{Cyt}\ a_{\text{ox}} + 2\,\text{Cyt}\ a_{3(\text{red})} \qquad \textbf{(Gl. 23)}$$

$$2\,\text{Cyt}\ a_{3(\text{red})} + \frac{1}{2}\,\text{O}_2 + 2\text{H}^+ \rightarrow 2\,\text{Cyt}\ a_{3(\text{ox})} + \text{H}_2\text{O} \qquad \textbf{(Gl. 24)}$$

Die Cytochrome können jeweils nur ein Elektron transportieren, während NAD und die Flavoproteine gleichzeitig zwei Elektronen aufnehmen können. Aus diesem Grunde sind in den Gleichungen immer zwei Cytochrome angeführt. Die Gesamtreaktion für die Oxydation von NADH durch molekularen Sauerstoff ergibt sich aus der Summe der Einzelreaktionen (Gl. 18 bis Gl. 24) mit:

$$\text{NADH} + \frac{1}{2}\,\text{O}_2 + 2\text{H}^+ \rightarrow \text{NAD}^+ + \text{H}_2\text{O} \qquad \textbf{(Gl. 25)}$$

Für jedes Wasserstoffatompaar, das durch jeden der vier Dehydrierungsschritte im Citronensäurezyklus gewonnen wurde und zu einem Paar H^+-Ionen wird, fließt ein Elektronenpaar in die Atmungskette und reduziert am Ende ein Atom Sauerstoff zu Wasser.

Zum Schluß sei noch ein wichtiger Punkt erwähnt. Man hat festgestellt, daß die enzymatische Übertragung von Elektronen auf Sauerstoff durch verschiedene Gifte gehemmt werden kann. So hemmt z. B. *Cyanid* bereits in sehr geringen Konzentrationen die Elektronenübertragung von Cytochrom a_3 auf Sauerstoff vollständig. Durch die Vergiftung der letzten Reaktion in der Atmungskette wird die gesamte biologische Oxydation im Organismus blockiert. Dies ist der Grund dafür, daß Cyanid eines der schwersten Gifte ist, die wir kennen. Andere charakteristische Hemmstoffe des Elektronentransports sind *Rotenon,* eine natürlich vorkommende toxische Substanz, die als Insektizid verwendet wird und das Antibiotikum *Antimycin A.*

Energetik des Elektronentransports

Wenn Elektronen von einer Verbindung auf eine andere übertragen werden, spricht man von einer Oxydoreduktion. Jeder Elektronendonator hat einen charakteristischen *Elektronendruck,* jeder Elektronenakzeptor eine bestimmte *Elektronenaffinität.* Elektronendruck und Elektronenaffinität lassen sich als elektromotorische Kräfte oder Potentiale messen. Jeder Elektronendonator hat unter Standardbedingungen ein charakteristisches *Oxydations-Reduktions-Potential (Re-*

doxpotential), das mit E'_0 symbolisiert wird. Genauso, wie man die Phosphatverbindungen in einer thermodynamischen Reihe absteigend nach den Werten ihrer Übertragungspotentiale ordnen kann s. S. 46), lassen sich auch die Elektronendonatoren entsprechend den Werten ihrer Redoxpotentiale in einer Reihe zusammenstellen. In einer solchen thermodynamischen Reihe haben die in der Skala oben stehenden Verbindungen mit hohem Redoxpotential das Bestreben, ihre Elektronen an die in der Skala tiefer stehenden Verbindungen mit niedrigerem Redoxpotential abzugeben. Abb. 26 zeigt eine entsprechende Skala, aus ihr lassen sich die Standardredoxpotentiale für die an der Atmungskette beteiligten Elektronenüberträger ablesen. Die Elektronen werden das Bestreben haben, von dem Überträger mit dem am stärksten negativen E'_0-Wert (NAD) auf die in der Skala tiefer stehenden, also elektropositiveren Überträger abzufließen. Wir sehen, daß die Elektronenüberträger der Atmungskette einen schrittweisen Elektronentransport über immer elektropositiver werdende Akzeptoren ermöglichen, bis die Elektronen schließlich auf Sauerstoff, den elektropositivsten Akzeptor treffen, der damit zu H_2O reduziert wird.

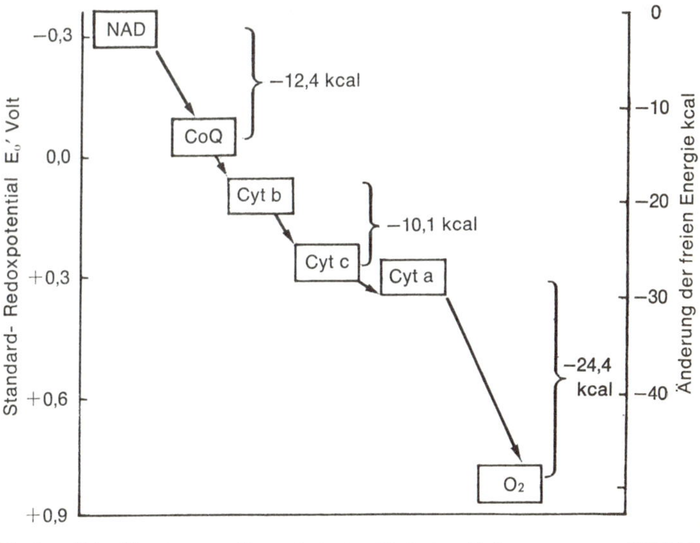

Abb. 26 Die Abgabe von Energie beim Fluß der Elektronen vom NADH zum Sauerstoff. An drei Stellen ist die Abnahme an freier Energie besonders groß.

Die folgende Gleichung verdeutlicht, daß die Änderung der freien Energie, die jede Elektronenübertragung begleitet, in direkter Beziehung zu der Änderung im Redoxpotential steht:

$$\Delta G^{0\prime} = -n \cdot F \cdot \Delta E'_0$$

$\Delta G^{0\prime}$ ist die Standardänderung der freien Energie, n die Zahl der übertragenen Elektronen, F das Faraday (23040 cal/Volt) und $\Delta E'_0$ gibt die Differenz der Redoxpotentiale der reagierenden Elektronenüberträger unter Standardbedingungen an. Diese Gleichung ähnelt formal der auf S. 33 entwickelten Gleichung:

$$\Delta G^{0\prime} = -R \cdot T \cdot \ln K'$$

Aus Abb. 26 läßt sich ablesen, um welchen Betrag die freie Energie abnimmt, wenn ein Elektronenpaar von Überträger zu Überträger weitergegeben wird. Wir erkennen drei relativ hohe und zwei relativ geringe Energieänderungen; wir werden auf diesen Punkt später noch zurückkommen. Im Augenblick soll uns interessieren, wie groß der Energiebetrag ist, der freigesetzt wird, wenn ein Elektronenpaar die gesamte Atmungskette von NAD bis zum Sauerstoff entsprechend der folgenden Gleichung durchwandert:

$$NADH + \tfrac{1}{2}O_2 + 2H^+ \rightarrow NAD^+ + H_2O$$

Aus Abb. 26 läßt sich ablesen, daß dieser Prozeß mit einer sehr hohen Abnahme an freier Energie ($\Delta G^{0\prime} = -52$ kcal/Mol) verbunden ist. Diese Energiemenge würde ausreichen, um die Synthese mehrerer Moleküle ATP aus ADP und Phosphat zu ermöglichen.

Wenn wir nochmals Abb. 21 ansehen und alle Dehydrierungsschritte zusammenzählen, so können wir ausrechnen, daß bei der vollständigen Oxydation von einem Molekül Glucose zu CO_2 und H_2O insgesamt zwölf Elektronenpaare über die Atmungskette auf molekularen Sauerstoff übertragen werden. Der Elektronentransport über die Atmungskette bringt also etwa $12 \times -52 = -624$ kcal/Mol oxydierter Glucose ein. Wenn wir uns daran erinnern, daß die vollständige Verbrennung von Glucose mit einer Abnahme an freier Energie von -686 kcal/Mol verbunden ist, wird deutlich, daß bei der biologischen Glucoseoxydation fast die gesamte Energiemenge durch den enzymatischen Elektronentransport auf dem Wege vom ersten Elektronenakzeptor (NAD) über die Atmungskette bis zum Sauerstoff freigesetzt wird.

Oxydative Phosphorylierung

Sorgfältige quantitative Untersuchungen über den Elektronentransport in isolierten intakten Mitochondrien, in denen alle Enzymreaktionen des Citronensäurezyklus und der Atmungskette ablaufen, haben ergeben, daß für eine maximale Geschwindigkeit des Elektronentransports anorganisches Phosphat und ADP notwendig sind. Darüber hinaus stellte man fest, daß beide Substanzen in dem Prozeß verbraucht werden und ATP entsteht. Die entscheidende Entdeckung wurde 1951 gemacht, als man herausfand, daß beim Transport eines einzelnen Elektronenpaars über die Atmungskette nicht nur ein Molekül, sondern drei Moleküle ATP aus ADP und Phosphat gebildet werden. Diesen mit der Atmungskette gekoppelten Phosphorylierungsprozeß bezeichnet man als *oxydative Phosphorylierung* oder *Atmungskettenphosphorylierung*. Wir sehen damit, daß die exakte Gleichung für den Elektronentransport im intakten Mitochondrium nicht

$$NADH + \tfrac{1}{2}O_2 + 2H^+ \rightarrow NAD^+ + H_2O \qquad \textbf{(Gl. 25a)}$$

lautet, sondern wie folgt formuliert werden muß:

$$NADH + 3ADP + 3P + \tfrac{1}{2}O_2 \rightarrow NAD^+ + 3ATP + 4H_2O \qquad \textbf{(Gl. 26)}$$

Da die Synthese von drei Mol ATP einen Einsatz von mindestens $3 \times 7{,}3 = 21{,}9$ kcal erfordert und bei der Oxydation von NADH (Gl. 25) 52 kcal freigesetzt werden, können wir ausrechnen, daß bei der oxydativen Phosphorylierung von 3 Mol ADP $= (21{,}9/52) \times 100 = 42\%$ der Gesamtenergie gewonnen werden, die bei der Oxydation von einem Mol NADH durch Sauerstoff entsteht. Die Atmungskettenphosphorylierung ist damit der entscheidende Prozeß, durch den die Zelle einen großen Teil der Energie konserviert, die in der aeroben Phase der Glucoseoxydation freigesetzt wird.

Wie wir aus Abb. 26 entnehmen können, sind in der Atmungskette die drei Reaktionsschritte NAD → Coenzym Q, Cytochrom *b* → Cytochrom *c* und Cytochrom *a* → Sauerstoff mit einer relativ hohen Abnahme an freier Energie verbunden. Gerade bei diesen Reaktionsschritten werden nun während des Elektronentransportes energiereiche Zwischenprodukte gebildet, die wiederum energiereiche Phosphatgruppen auf ADP übertragen können. Wir verstehen jetzt, warum es biologisch notwendig ist, daß die Atmungskette aus einer mehrgliedrigen Reaktionsfolge besteht und nicht nur aus einer oder zwei Reaktionen. Bei der Oxydation von NADH durch Sauerstoff nimmt die freie Energie in einem großen Sprung um etwa 52 kcal/Mol ab. Die Standardeinheit der biologischen Energie besteht jedoch aus kleinen Energiepaketen von je 7,3 kcal. Jedes dieser Energiepakete entspricht der freien Energie, die zur Synthese von einem ATP aus ADP und Phosphat erforderlich ist. Die Atmungskette ist eine molekulare Vorrichtung, mit der die 52 kcal nacheinander in kleinen Energiepaketen abgegeben werden, von denen drei energetisch dem ATP äquivalent sind. Wie Abb. 26 zeigt, ist dies möglich, weil der Energiegehalt der Elektronen stufenweise in einer Folge kleiner Reaktionsschritte erniedrigt wird.

Die Atmungskettenphosphorylierung läßt sich durch bestimmte Gifte so hemmen, daß der Elektronentransport zwar ungehindert weiterläuft, die mit ihm gekoppelten Phosphorylierungen von ADP zu ATP jedoch blockiert sind. Unter diesen Bedingungen wird kein ATP gebildet, und die Oxydationsenergie von Glucose geht vollständig als Wärme verloren. Hemmstoffe, die die Atmungskettenphosphorylierung in dieser Weise hemmen, nennt man *Entkopplungsreagentien.* Ein solcher *Entkoppler* ist das *2,4-Dinitrophenol:*

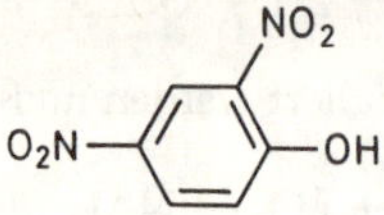

Wenn man einer Ratte 2,4-Dinitrophenol verabreicht, kann man beobachten, daß ihre Körpertemperatur steigt und sich ihre Atmungsgeschwindigkeit erhöht. Kurz, die Ratte verhält sich genauso, wie zu erwarten wäre, wenn die Oxydationsenergie nicht in Form von ATP konserviert, sondern als Wärme abgegeben würde.

Energiebilanz der Glucoseoxydation

Wir sind nun so weit, daß wir die Gesamtzahl der ATP-Moleküle berechnen können, die bei der vollständigen aeroben Oxydation von Glucose gebildet werden. Zunächst müssen wir uns erinnern, daß Glucose unter aeroben Bedingungen nicht zu Milchsäure, sondern zu Pyruvat abgebaut wird. Wir können also die erste oder glykolytische Phase im Glucoseabbau in der folgenden Gleichung ausdrücken:

$$\text{Glucose} + 2\text{NAD}^+ + 2\text{ADP} + 2\text{P} \rightarrow$$
$$2\ \text{Pyruvat} + 2\text{NADH} + 2\text{H}_2\text{O} + 2\ \text{ATP} \quad \textbf{(Gl. 27)}$$

Schreiben wir nun die Gleichung für die Oxydation der zwei glykolytisch gebildeten NADH-Moleküle. Diese Oxydation verläuft natürlich über die Atmungskette und ist mit der Phosphorylierung von ADP gekoppelt. Wir sollten eigentlich erwarten, daß bei diesem Prozeß drei Moleküle ATP entstehen, tatsächlich werden jedoch in den meisten Zellen bei der Oxydation von glykolytisch gebildetem NADH nur zwei Moleküle ATP erzeugt. Dies hängt damit zusammen, daß NADH bei der Glykolyse *außerhalb* der Mitochondrien synthetisiert wird und der Prozeß, durch den die Elektronen des NADH in die Mitochondrien gelangen, so verläuft, daß im Endeffekt nur zwei ATP pro Elektronenpaar entstehen. Unsere Gleichung lautet also:

$$2NADH + 4P + 4ADP + O_2 \rightarrow 2NAD^+ + 6H_2O + 4ATP$$

(Gl. 28)

Als nächstes können wir die Gleichung für die Oxydation von zwei Molekülen Brenztraubensäure zu Acetyl-CoA sowie die Oxydation der zwei dabei entstehenden NADH-Moleküle formulieren; diese Reaktionen laufen im Mitochondrium ab:

$$2\ Pyruvat + 2NAD^+ \xrightarrow{CoA} 2\ Acetyl\text{-}CoA + 2CO_2 + 2NADH$$

(Gl. 29)

$$2\ NADH + 6P + 6ADP + O_2 \rightarrow 2NAD^+ + 8H_2O + 6ATP$$

(Gl. 30)

Schließlich kann die Gesamtgleichung für die Oxydation von zwei Molekülen Essigsäure, bei der insgesamt acht Elektronenpaare über die Atmungskette auf Sauerstoff übertragen werden, geschrieben werden. Jedes Elektronenpaar bringt durchschnittlich drei Moleküle ATP ein:*

$$2\ Acetat + 24P + 24ADP + 4O_2 \rightarrow 4CO_2 + 28H_2O + 24ATP$$

(Gl. 31)

Wenn wir alle Gleichungen (Gl. 27 bis 31) addieren und auf beiden Seiten gleiche Komponenten kürzen, so erhalten wir:

$$Glucose + 36\ P + 36\ ADP + 6\ O_2 \rightarrow 6\ CO_2 + 42\ H_2O + 36\ ATP$$

(Gl. 32)

Dies ist die Summengleichung für die vollständige aerobe Oxydation von einem Molekül Glucose. Gekoppelt mit der Oxydation ist die Synthese von sechsunddreißig Molekülen ATP aus ADP und anorga-

---

* In Wirklichkeit ist die Übertragung der Elektronen von Bernsteinsäure auf Sauerstoff mit zwei Phosphorylierungen und die Elektronenübertragung von α-Ketoglutarsäure auf Sauerstoff mit vier Phosphorylierungen gekoppelt. Da die Oxydation von Isocitronensäure und Äpfelsäure je drei Phosphorylierungen zur Folge hat, ergeben sich im Durchschnitt drei ADP-Phosphorylierungen für jedes Elektronenpaar, das im Citronensäurezyklus bei einem Umlauf gebildet wird.

nischem Phosphat. Da die freie Energie der Glucoseoxydation –686 kcal/Mol beträgt und die Synthese eines jeden der sechsunddreißig entstandenen ATP-Moleküle einen Mindesteinsatz von 7,3 kcal erfordert, ergibt sich für die Atmung ein energetischer Wirkungsgrad von

$$\left(\frac{36 \cdot 7{,}3}{686}\right) \cdot 100 = 38\,\%$$

Mit Sicherheit ist dieser Prozentsatz ein Minimalwert. Wenn wir die wahren Konzentrationen von ATP und ADP in der Zelle berücksichtigen, ergibt sich für die Glucoseoxydation in der intakten Zelle ein erheblich höherer Wirkungsgrad, der wahrscheinlich bei über 60 % liegt.

Regulation der Atmungsgeschwindigkeit

Wir wissen bereits, daß die Glykolysegeschwindigkeit durch die relativen Konzentrationen von ADP und ATP in der Zelle reguliert wird, da ADP und ATP die Aktivität des Enzyms Phosphofructokinase durch positive und negative Effektorwirkung steuern können. Wir müssen uns nun fragen, wie die Atmung, also die aerobe Phase der Glucoseoxydation reguliert wird. Weiterhin müssen wir die sehr wesentliche Frage stellen: Wie werden die Geschwindigkeiten von Glykolyse und Atmung in Beziehung zueinander gesteuert, so daß die Glykolyse immer gerade nur soviel Pyruvat produziert, wie es die Geschwindigkeit des Citronensäurezyklus erforderlich macht?

Ebenso wie die glykolytische Reaktionsfolge mit der regulierbaren Phosphofructokinasereaktion einen „Schrittmacher" hat, verfügt auch der Citronensäurezyklus über eine geschwindigkeitsbestimmende Reaktion, die durch ein regulatorisches Enzym katalysiert wird (Abb. 27). Diese Reaktion ist die von der Isocitratdehydrogenase katalysierte Dehydrierung von Isocitronensäure zu α-Ketoglutarsäure:

$$\text{Isocitronensäure} + NAD^{+} \rightarrow \alpha\text{-Ketoglutarsäure} + CO_2 + NADH$$

Die Geschwindigkeit dieser Reaktion wird empfindlich durch ADP und ATP, die weder als Substrate noch als Produkte an der Reaktion teilnehmen, gesteuert. ADP stimuliert als positiver Effektor die Isocitratdehydrogenasereaktion, während ATP als negativer Effektor die Reaktion hemmt. Sobald also in der Zelle die ATP-Konzentration relativ hoch und die ADP-Konzentration niedrig ist, werden die Geschwindigkeiten von Glykolyse und Citronensäurezyklus gedrosselt. Umgekehrt werden beide Prozesse beschleunigt, wenn die ATP-Konzentration fällt und die von ADP steigt.

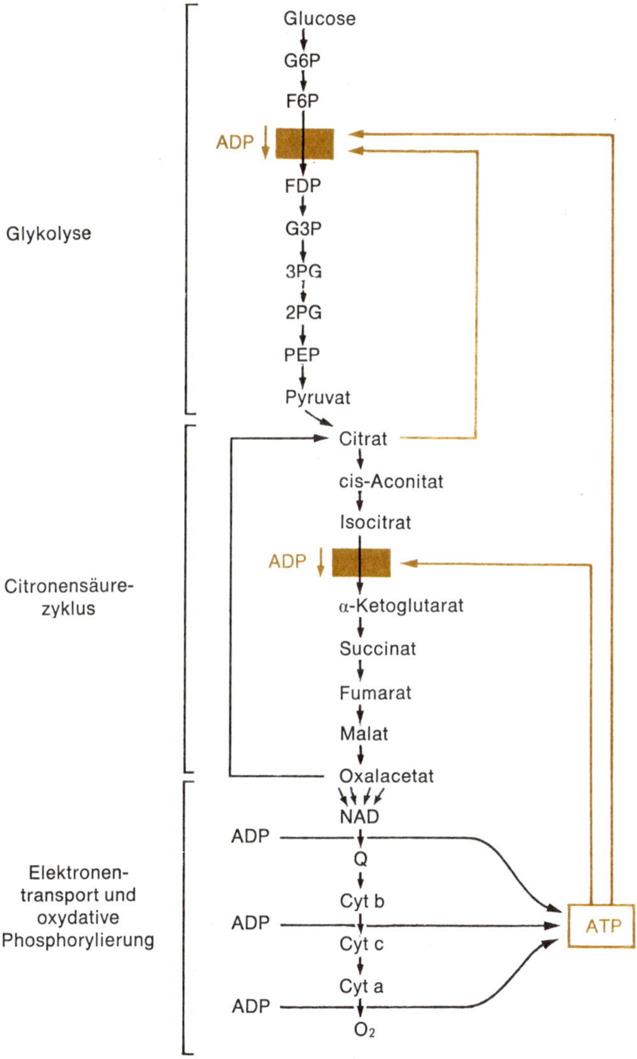

Abb. 27 Regulation der Glykolyse und Atmung bei Feedback-Hemmung durch ATP und Citrat und positive Modulation durch ADP.

Abb. 27 verdeutlicht weiterhin, wie die Geschwindigkeiten von Glykolyse und Citronensäurezyklus aufeinander abgestimmt werden. Wir wissen, daß die Phosphofructokinase durch ATP und ADP kontrolliert wird. Das Enzym hat nun noch einen weiteren Effektor, nämlich Citronensäure, die als negativer Effektor wirkt. Sobald die Citratkonzentration in der Zelle einen bestimmten Grenzwert überschreitet, der eine Citratüberproduktion anzeigt, wird die Geschwin-

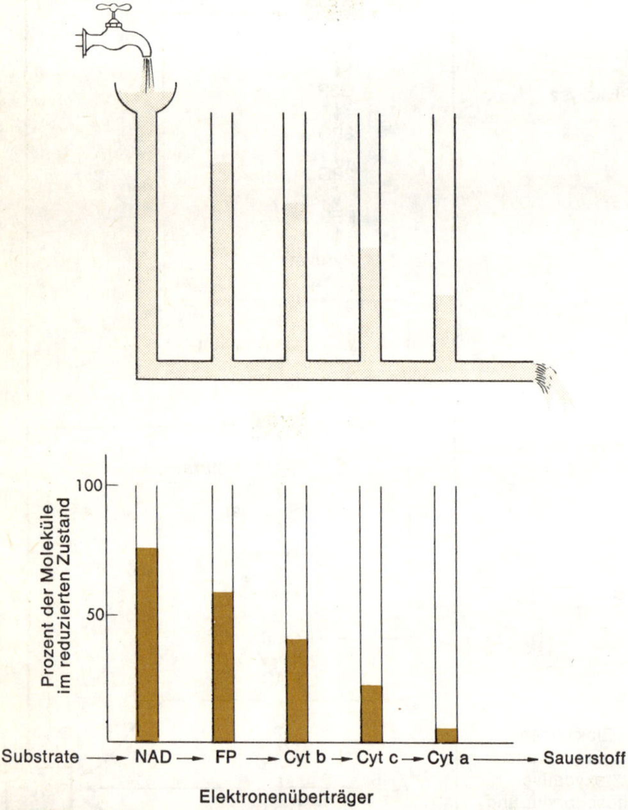

Die Elektronencarrier auf der Substratseite der Atmungskette sind stärker mit Elektronen gefüllt, als die Carrier in der Nähe des Sauerstoffs.

Abb. 28 a) Ein Hydraulikmodell des Fließgleichgewichts der Atmungskette. Wenn der Wasserzufluß sorgfältig eingestellt ist, wird der Wasserspiegel in den offenen Röhren annähernd konstant bleiben.

b) Das Fließgleichgewicht der Atmungskette atmungsaktiver Mitochondrien.

digkeit der Phosphofructokinasereaktion gedrosselt, weil Citrat ebenso wie ATP die Bildung der inaktiven Form der Phosphofructokinase begünstigt.

Spektroskopische Untersuchungen an intakten, atmenden Mitochondrien haben ergeben, daß die Elektronenüberträgermoleküle der Atmungskette in einem äußerst fein ausgewogenen Fließgleichgewicht zusammenwirken (Abb. 28), das ebenfalls durch das Konzentrationsverhältnis von ADP und ATP beeinflußt wird. Normalerweise sind die Elektronenüberträger, die dem elektronenliefernden Substrat am nächsten stehen, relativ stark reduziert (d. h. mit Elektronen „gefüllt"), während die Überträger in unmittelbarer Nähe des Sauerstoffs verhältnismäßig stark oxydiert oder „elektronenleer" sind. Die mittleren Elektronenüberträger bilden einen Gradienten mit zunehmendem Oxydationsgrad, wie das Hydraulikmodell im Abb. 28 verdeutlicht. Dieses Fließgleichgewicht der Atmungskette ist sehr empfindlich auf das Konzentrationsverhältnis von ADP und ATP einjustiert; sobald zuviel ADP vorhanden ist, wird der Elektronentransport beschleunigt und der Oxydationszustand der Überträgermoleküle nimmt zu. Umgekehrt wird bei niedrigen ADP-Konzentrationen der Elektronenfluß gedrosselt, so daß die Überträgermoleküle in einem stärker reduzierten Zustand vorliegen.

Die Glykolyse, der Citronensäurezyklus und die Atmungskette verfügen also über Vorrichtungen zur Selbstregulierung und -justierung, die es möglich machen, daß der Gesamtprozeß der Atmung genau auf den ATP-Bedarf der Zelle abgestimmt werden kann.

Mitochondrien und ihre molekulare Organisation

Wir wissen bereits, daß in der Zelle eine Arbeitsteilung besteht, so daß die verschiedenen energieliefernden und energieverbrauchenden Prozesse in getrennten *Kompartimenten* oder *Organellen* der Zelle ablaufen können. Man weiß, daß die Enzyme des Citronensäurezyklus und der Atmungskette ebenso wie die Enzyme, die durch die oxydative Phosphorylierung ATP synthetisieren, in den Mitochondrien, kleinen, membranumschlossenen Strukturelementen im Cytoplasma (s. S. 18), lokalisiert sind. Mit den Mitochondrien wollen wir uns jetzt etwas genauer beschäftigen, denn bei keiner anderen Struktureinheit in der Zelle sind unsere Vorstellungen über die molekulare Beziehung zwischen Feinstruktur und biochemischer Funktion so weit entwickelt, wie gerade beim Mitochondrium.

Mitochondrien können abhängig von der Art der Zelle, in der sie vorkommen, sehr verschiedene Gestalt haben. In Leber- oder Muskelzellen sind es annähernd ellipsoide, etwa 2 μ lange und 1 μ dicke Körperchen. Mitochondrien kommen im Cytoplasma aller aeroben, eukaryotischen Zellen vor, fehlen jedoch bei den Bakterien. Die Zahl der Mitochondrien pro Zelle ist sehr variabel, sie schwankt zwischen ein paar Dutzend in einigen Hefezellen und annähernd 200 000 in den sehr großen Eizellen der Wirbeltiere. In einer Leberzelle finden sich etwa 1000 Mitochondrien. Häufig sind die Mitochondrien strategisch günstig in der Nähe von Nährstoffquellen, z. B. Lipidtröpfchen, lokalisiert, oder sie finden sich in der Nähe von ATP-Verbrauchsorten, wie etwa den Myofibrillen im Muskelgewebe.

Die genaue Struktur der Mitochondrien wurde mit dem Elektronenmikroskop aufgeklärt. Abb. 29 zeigt die elektronenmikroskopische Aufnahme eines einzelnen Mitochondriums. In Abb. 30 ist der Mitochondrienfeinbau schematisch wiedergegeben. Das Mitochondrium hat zwei durchgehende Membransysteme oder „Häute". Die äußere Membran ist glatt, während die innere in zahlreichen Falten, den sogenannten *Cristae,* nach innen eingebuchtet ist. Mitochondrien aus sehr atmungsaktiven Geweben haben besonders viele Cristae, die fast das ganze innere Kompartiment ausfüllen können. Die innere Membran hat deshalb eine wesentlich größere Oberfläche als die äußere. Der Innenraum der Mitochondrien enthält ein halb-

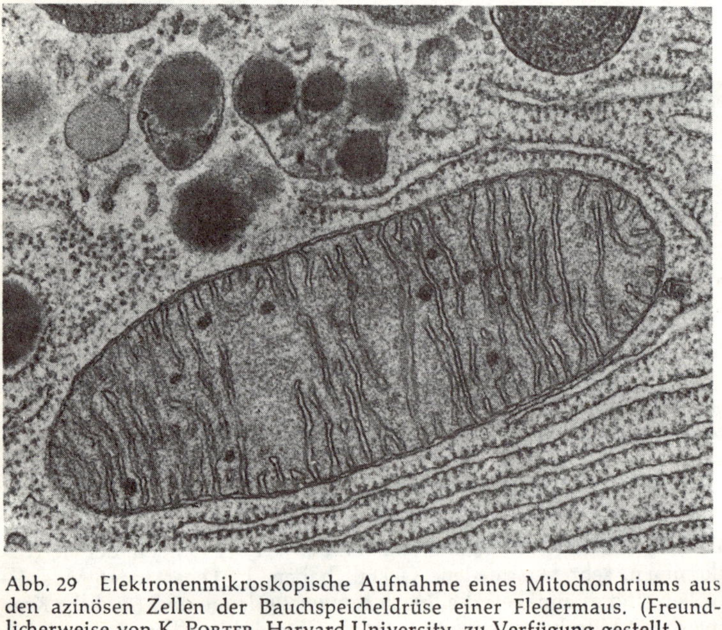

Abb. 29 Elektronenmikroskopische Aufnahme eines Mitochondriums aus den azinösen Zellen der Bauchspeicheldrüse einer Fledermaus. (Freundlicherweise von K. PORTER, Harvard University, zu Verfügung gestellt.)

flüssiges Medium, das *Matrix* genannt wird. Beide Membranen enthalten spezifische Proteine und Lipide, unterscheiden sich jedoch etwas in ihrer chemischen Zusammensetzung und ihren Eigenschaften. Die äußere Membran ist z. B. für die meisten kleinen Moleküle frei permeabel, während die innere Membran selektiv permeabel ist. Sie kann von Wasser, Phosphat, ADP, ATP und Substraten, wie Pyruvat ungehindert passiert werden, während K^+, Na^+, Saccharose und bestimmte andere polare Moleküle diese Membran nicht so ohne weiteres durchdringen können.

Aus Zellen oder Geweben, die man sorgfältig zerreibt, um die Zellmembranen zu zerstören, lassen sich die Mitochondrien gewinnen und anschließend in einer Ultrazentrifuge isolieren. Wenn isolierte Mitochondrien in einem auf pH 7 gepufferten Medium suspendiert werden, das nur Brenztraubensäure, Oxalessigsäure, Phosphat und ADP enthält, oxydieren sie die Brenztraubensäure rasch unter Verbrauch von molekularem Sauerstoff; gleichzeitig wird ADP zu ATP phosphoryliert. Mitochondrien verhalten sich also wie selbstversorgende Einheiten. Sie verfügen über alle Enzyme, die benötigt werden, um Pyruvat und Fettsäuren über den Citronensäurezyklus vollständig zu oxydieren und die mit diesem Prozeß gekoppelten Phosphorylierungen durchzuführen.

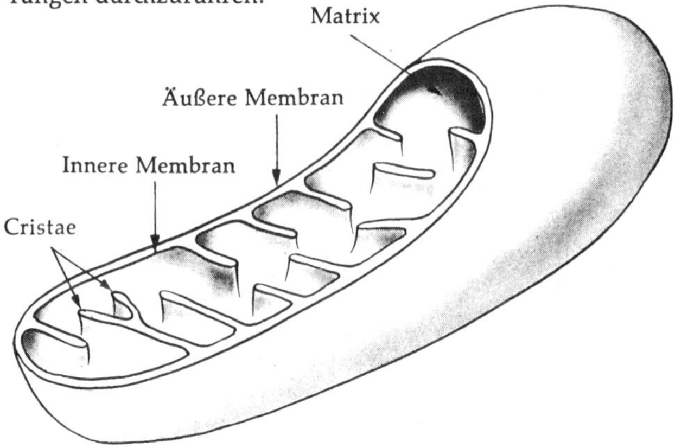

Abb. 30 Schematische Darstellung der Mitochondrienstruktur.

Untersuchungen über die Beziehung zwischen der Struktur der Mitochondrien und ihrer Funktion als Kraftwerke haben zu wichtigen Erkenntnissen geführt. So hat man herausgefunden, daß die Enzyme des Citronensäurezyklus im inneren Kompartiment des Mitochondriums, der Matrix sitzen, während die Enzyme der Atmungskette ausschließlich in der inneren Membran lokalisiert sind. Weiterhin ist

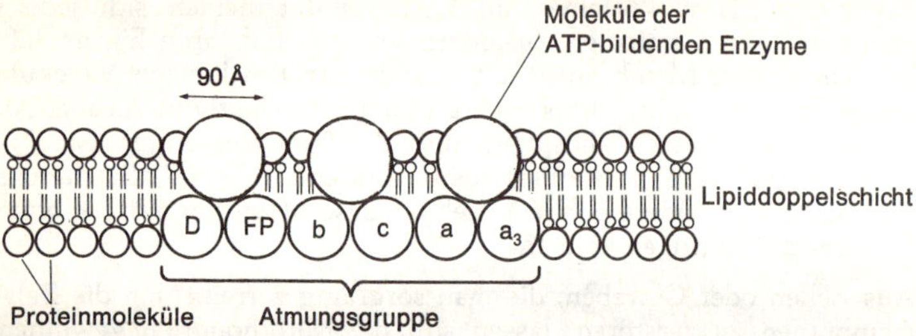

Abb. 31 Schematische Darstellung eines Segments der inneren Membran, das eine Atmungsgruppe und den inneren Membranbereich erkennen läßt.

ziemlich sicher, daß die Cytochrome in der Membran exakt in der Reihenfolge, in der sie miteinander reagieren, hintereinander angeordnet sind. Eine solche Gruppe von Cytochromen, zusammen mit den Flavoproteinen, die dem Cytochromsystem vorgeschaltet sind, bezeichnet man als *„Atmungsgruppe"* (respiratory assembly) (Abb. 31). Die Atmungsgruppen sind in der inneren Membran in regelmäßigen Abständen von etwa 200 Å zu finden. Ein einzelnes Lebermitochondrium enthält etwa 15 000 solcher Gruppen. Die innere Mitochondrienmembran ist also keine inerte Haut oder Schale, sondern eine komplizierte Konstruktion aus Lipid- und Proteinmolekülen, in denen die Cytochrome und andere Elektronenüberträger verankert sind. Die ATP-bildenden Enzyme haben verhältnismäßig hohe Molekulargewichte. Mit speziellen Kontrastierungsmethoden hat man feststellen können, daß die Moleküle dieser Enzyme aus der inneren Oberfläche der inneren Membran herausragen (Abb. 32). Wenn diese knopfartigen Partikel von der inneren Membran entfernt werden, verliert diese die Fähigkeit zur ADP-Phosphorylierung während des Elektronentransports. Wenn man den Membranoperationen, denen die knopfartigen Strukturen fehlen, die ATP-bildenden Enzyme zusetzt, kann man diese Fähigkeit wieder herstellen.

Mechanismus der oxydativen Phosphorylierung

Trotz Jahren intensiver Forschung ist der Mechanismus der ATP-Gewinnung beim Elektronentransport noch immer unbekannt. Allerdings wissen wir, daß die innere Mitochondrienmembran ein notwendiges Element für den Prozeß ist, durch den die beim Elektronen-

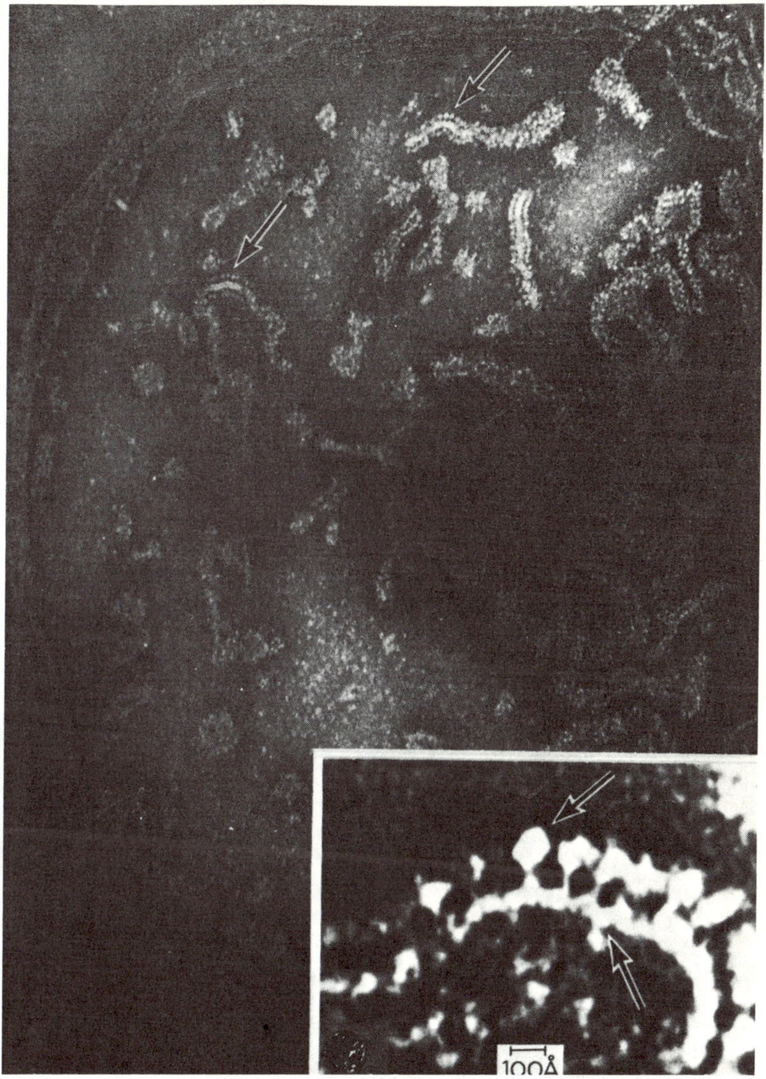

Abb. 32 Elektronenmikroskopische Aufnahme der inneren Membran eines Herzmitochondriums. Auf dem Bild sind die knopfartigen Partikel der ATP-synthetisierenden Enzymmoleküle (Pfeile) zu erkennen. Der Ausschnitt rechts unten läßt diese Partikel bei noch stärkerer Vergrößerung erkennen. (Freundlicherweise von H. FERNÁNDEZ-MORÁN, University of Chicago, zur Verfügung gestellt.)

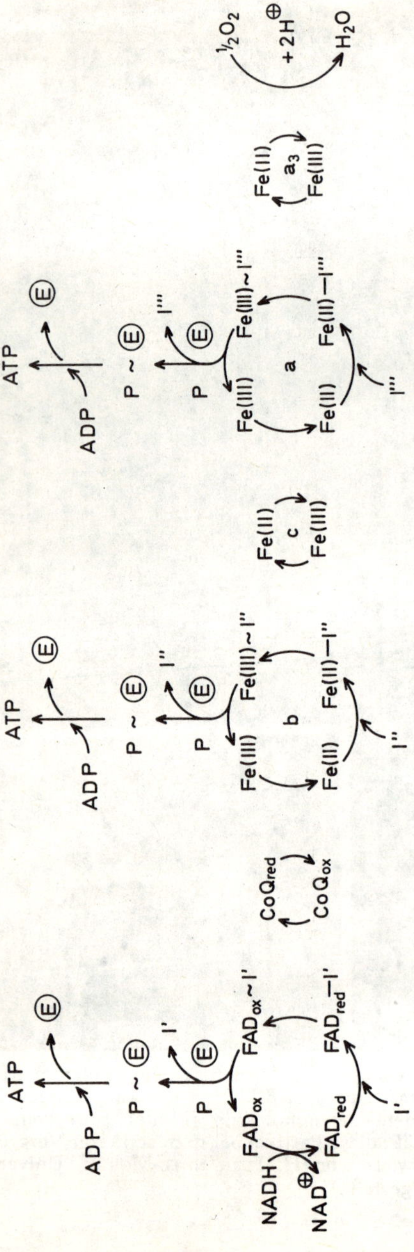

Abb. 33 Eine chemische Kopplungshypothese für die oxydative Phosphorylierung. Die Komponenten I', I'', und I''' sind Kopplungsfaktoren, E symbolisiert ein phosphatgruppenübertragendes Enzym. ATP wird in einer Reaktionsfolge unter Verbrauch der energiereichen Zwischenprodukte $FAD_{ox} \sim I'$, $Fe(III) \sim I''$ und $Fe(III) \sim I'''$, die nach der Hypothese beim Elektronentransport erzeugt werden, gebildet.

transport freiwerdende Energie als Phosphatbindungsenergie konserviert wird. Wenn diese Membran beschädigt oder zerstört ist, findet keine oxydative Phosphorylierung mehr statt, während der Elektronentransport durchaus noch ungestört ablaufen kann. Beim Elektronentransport in normalen, intakten Mitochondrien wird die innere Mitochondrienmembran in charakteristischer Weise verändert, indem sie sich unter Bildung von Cristae einfaltet. Außerdem werden beim Elektronentransport H^+-Ionen aus dem Mitochondrium herausgepumpt. Ausgehend von diesen Beobachtungen werden drei hypothetische Mechanismen der Atmungskettenphosphorylierung diskutiert. Die *Hypothese der chemischen Kopplung* (Abb. 33) geht davon aus, daß die oxydative Phosphorylierung über eine durch gemeinsame Zwischenprodukte verbundene Enzymfolge katalysiert wird, ähnlich wie wir das bei der Glykolyse kennengelernt haben. Nach dieser Hypothese muß die Membran den Träger bilden, an dem die Enzyme des Elektronentransports und der oxydativen Phosphorylierung geordnet so lokalisiert sind, daß sie in einer Reaktionsfolge ein energiereiches chemisches Intermediärprodukt bilden können, das als Phosphatgruppendonator der ATP-Bildung postuliert wird. Auf der anderen Seite nimmt man bei der *Chemiosmose-Hypothese* an, daß beim Elektronentransport Protonen durch die Membran gepumpt werden und der in dieser Weise geschaffene H^+-Ionengradient die intermediäre Triebkraft für die ATP-Synthese bildet. Die dritte Hypothese, die als *Konformations-Hypothese* bezeichnet wird, geht davon aus, daß der Elektronentransport mit Konformationsänderungen in der Mitochondrienmembran verbunden ist, durch die eine Phosphorylierung von ADP ermöglicht wird. Der Mechanismus der ATP-Bildung in den Mitochondrien ist sicherlich zur Zeit eines der aufregendsten Probleme der modernen Biologie.

Photosynthese und Chloroplast

Wir wollen uns in diesem Kapitel damit beschäftigen, wie Lichtenergie, die eigentliche Quelle aller biologischen Energie, von der phototrophen Zelle absorbiert und in chemische Energie umgewandelt wird und diese wiederum dazu dient, Kohlendioxid zu Glucose zu reduzieren. Die Photosynthese ist die erste Phase im Energiefluß der Biosphäre. Es mag deshalb unlogisch erscheinen, daß wir uns vor der Photosynthese mit der Glykolyse und Atmung beschäftigt haben. Die Photosynthese ist jedoch ein Prozeß, der noch komplizierter und vor allem weniger gut erforscht ist als die Atmung. Außerdem mußten wir uns mit einigen der bioenergetischen Prinzipien, die dem glykolytischen System, dem Citronensäurezyklus und dem Elektronentransport zugrunde liegen, vertraut machen, da wir gleich sehen werden, daß diese Prinzipien auch den Ablauf der Photosynthese in der pflanzlichen Zelle betreffen.

Photosynthesegleichung

Die Gleichung für die Bildung von Glucose und molekularem Sauerstoff aus CO_2 und H_2O, die den Einsatz von freier Energie verlangt, lautet:

$$6\,CO_2 + 6\,H_2O \rightarrow C_6H_{12}O_6 + 6\,O_2$$

$$\Delta G^{0\prime} = +\,686\ \text{kcal}$$

Bei der Photosynthese in der pflanzlichen Zelle wird die für diese Reaktion benötigte freie Energie durch Photonen oder Lichtquanten geliefert, wir können die Gleichung also vervollständigen:

$$6\,CO_2 + 6\,H_2O + n\,h\nu \rightarrow C_6H_{12}O_6 + 6\,O_2$$

Die Gleichung beschreibt die Photosynthese in der höheren grünen Pflanze. Einige andere photosynthetisch aktive Organismen können jedoch die durch die Gleichung wiedergegebene Synthese in etwas abgewandelter Form durchführen. So bilden z. B. einige pigmentierte Bakterien, die *Purpurbakterien*, bei der Photosynthese keinen Sauerstoff. Wie die folgende Gleichung zeigt, verwenden diese Bakterien an Stelle von Wasser H_2S als Wasserstoffdonator und produzieren entsprechend nicht molekularen Sauerstoff sondern elementaren Schwefel:

$$6\,CO_2 + 12\,H_2S + n\,h\nu \rightarrow C_6H_{12}O_6 + 12\,S + 6\,H_2O$$

Wieder andere phototrophe Bakterien verwenden, wie in der folgenden Gleichung, bestimmte organische Moleküle als Wasserstoffdonatoren:

$$6\,CO_2 + 12\,CH_3\text{-}CHOH\text{-}CH_3 + n\,h\nu \rightarrow C_6H_{12}O_6 + 12\,CH_3\text{-}\underset{\underset{O}{\|}}{C}\text{-}CH_3 + 6\,H_2O$$

Isopropanol — Aceton

Wenn man die Photosynthesegleichungen verschiedener phototropher Organismen miteinander vergleicht, läßt sich eine wichtige Schlußfolgerung ziehen. Das CO_2, das bei der Glucosesynthese „fixiert" wird, wird unter Verbrauch eines Wasserstoffdonators, der H_2O, H_2S oder ein anderes Reduktionsmittel, wie z. B. Isopropanol sein kann, mit Wasserstoffatomen versorgt. Im Endeffekt katalysiert also die Photosynthese einen Wasserstofftransfer von einem geeigneten Wasserstoffdonator, wie H_2O oder H_2S, auf Kohlendioxid, das zu Glucose reduziert wird. Das Dehydrierungsprodukt des Wasserstoffdonators, also Sauerstoff oder Schwefel, ist das zweite Hauptprodukt der Photosynthese. Die folgende allgemeine Gleichung 33 verdeutlicht diesen Prozeß:

$$6\,CO_2 + 12\,H_2X + nh\nu \longrightarrow C_6H_{12}O_6 + 12\,X + 6\,H_2O \qquad \text{(Gl. 33)}$$

H_2X ist der Wasserstoffdonator und X sein Dehydrierungsprodukt. Natürlich werden, wie bei allen biologischen Oxydoreduktionen, in Wirklichkeit nicht Wasserstoffatome, sondern Elektronen übertragen. Wir können also sagen, H_2X ist der Elektronendonator und CO_2 der Elektronenakzeptor der Photosynthese. Diese allgemeine Photosynthesegleichung wurde von van Niel, einem Pionier auf dem Photosynthesegebiet, vorgeschlagen.

Aus Gl. 33 geht hervor, daß die Photosynthese in der Pflanze eine Umkehrung der Atmung ist. Bei der Atmung werden Wasserstoffatome aus Substraten abgespalten und die ihnen äquivalenten Elektronen werden am Ende der Atmungskette mit Sauerstoff vereinigt. Bei der Wasserbildung wird ein hoher Energiebetrag freigesetzt. Bei der Photosynthese werden Elektronen aus dem H_2O-Molekül abgespalten und in einem endergonischen Prozeß, also unter Einsatz von Energie, auf CO_2 übertragen. Weiterhin verlangt Gl. 33, daß der bei der Photosynthese gebildete molekulare Sauerstoff aus dem H_2O und nicht aus dem CO_2 stammt. Diese Annahme konnte in Markierungsexperimenten mit dem Sauerstoffisotop ^{18}O bestätigt werden. Beim Einsatz von $H_2{}^{18}O$ wird während der Photosynthese $^{18}O_2$ entwickelt.

Licht- und Dunkelreaktionen

Der Begriff Photosynthese umfaßt den Gesamtprozeß, durch den unter Verbrauch von Sonnenenergie Glucose aus CO_2 und H_2O synthetisiert wird. Licht ist jedoch nur am ersten Teilprozeß der Photosynthese, durch den die Lichtenergie eingefangen und in chemische Energie umgewandelt wird, direkt beteiligt. Man nennt diese ersten Reaktionen deshalb die *Lichtreaktionen.* Die übrigen Reaktionen, durch die unter Verbrauch von chemischer Energie Glucose aus CO_2 synthetisiert wird, können auch in Abwesenheit von Licht ablaufen und werden deshalb *Dunkelreaktionen* genannt. Die Lichtreaktionen sind nur in der phototrophen Zelle möglich, während die meisten Dunkelreaktionen, durch die das Kohlenstoffskelett der Glucose aus CO_2 und H_2O aufgebaut wird, auch in vielen heterotrophen Zellen ablaufen können.

Lichtquanten

Das sichtbare Licht ist eine Form der elektromagnetischen Strahlung, seine Wellenlängen fallen in den Bereich zwischen etwa 400 und 700 nm. Gerade unterhalb dieser Zone liegt der ultraviolette, gerade oberhalb der infrarote Bereich (Abb. 34).

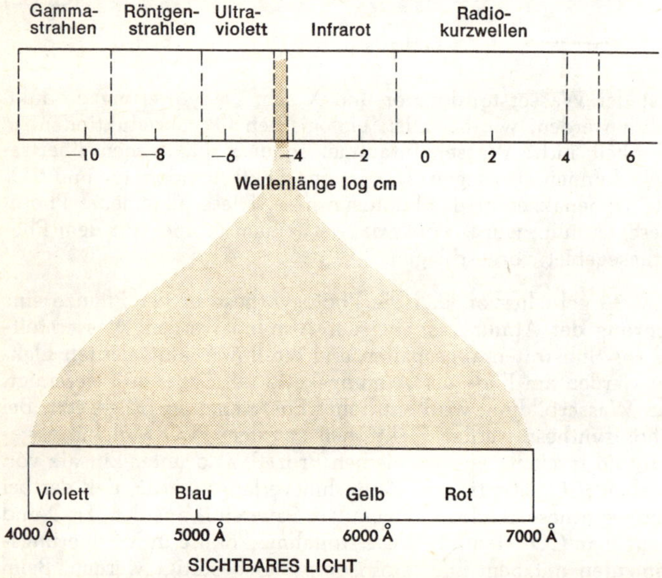

Abb. 34 Das Spektrum der elektromagnetischen Strahlung.

In vielen seiner Eigenschaften entspricht das Licht einer Welle. Lichtstrahlen lassen sich beugen oder brechen, sie können aber auch gestreut werden, so daß die Ränder eines Schattens nicht vollkommen scharf erscheinen. Im Gegensatz dazu sprechen andere Eigenschaften für die Korpuskularnatur des Lichtes. Wenn eine Lichtquelle die Oberflächen bestimmter Substanzen, z. B. Selen bestrahlt, werden aus den Atomen dieser Substanzen Elektronen emittiert. Die Elektronenemission nimmt mit steigender Lichtintensität zu. Dieses Phänomen, wir nennen es den *photoelektrischen Effekt,* macht man sich bekanntlich bei der Photozelle zunutze. Man nimmt heute an, daß Licht aus Partikelwellen, den sogenannten *Photonen* besteht. EINSTEIN erkannte als erster, daß Photonen Energieeinheiten oder Lichtquanten sind.

Das Energieäquivalent eines Lichtquants ist nicht konstant, sondern hängt von der Wellenlänge ab (Abb. 35). Die langwelligen Photonen am roten Ende des Spektrums haben die geringste, die kurzwelligen Photonen am blauen Ende die höchste Energie. Die grundlegende Gleichung, in der der Energiegehalt eines Photons zu seiner Wellenlänge oder Frequenz in Beziehung gesetzt wird, lautet:

$$E = h\nu = h\frac{c}{\lambda}$$

Dabei bedeuten: E die Energie des Lichtquants, ν die Frequenz in Schwingungen pro Sekunde, h das PLANCKsche Wirkungsquantum, c die Lichtgeschwindigkeit und λ die Wellenlänge.

Die molare Einheit, mit der man die Menge der Lichtenergie ausdrücken kann, ist das *Einstein.* Es wird definiert als die Zahl der Pho-

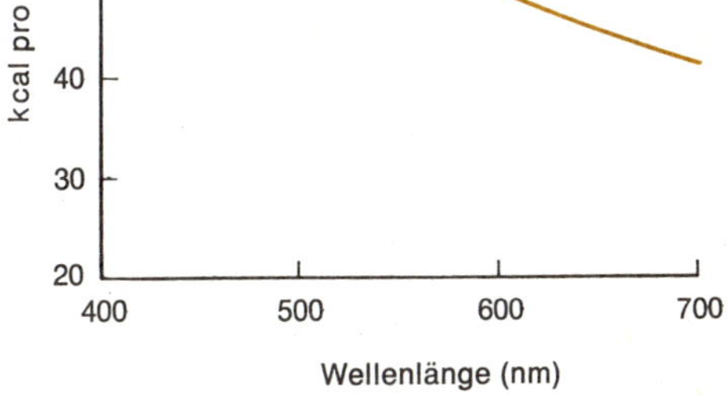

Abb. 35 Der Energiegehalt von Photonen.

tonen in einem „Mol" Licht und hat den Zahlenwert der *Loschmidt-Konstanten* (= Zahl der Moleküle in einem Grammolekül [Mol] einer Substanz, nämlich $6{,}023 \times 10^{23}$).

Anregung von Molekülen durch Licht

Die Fähigkeit, Licht zu absorbieren, variiert von Substanz zu Substanz stark. Wasser absorbiert bekanntlich das sichtbare Licht aller Wellenlängen nur geringfügig und erscheint uns deshalb farblos. Andererseits wird Licht von einer Farbstofflösung sehr stark absorbiert, allerdings nur bei einer bestimmten Wellenlänge, aus diesem Grund hat das transmittierte Licht der Lösung eine charakteristische Farbe. Wenn wir die Fähigkeit einer Substanz, Licht zu absorbieren, in Abhängigkeit zur Wellenlänge des Lichtes graphisch darstellen, erhalten wir ein *Absorptionsspektrum*. Als Beispiel ist in Abb. 36 das Absorptionsspektrum von Chlorophyll *a* wiedergegeben. Wie wir sehen, wird das Licht vom Chlorophyll vor allem in den Bereichen 400 bis 450 nm (violett) und 640 bis 660 nm (rot) absorbiert. Als Folge erscheint uns das von einer Chlorophyllösung transmittierte Licht grün.

Wenn ein Atom oder Molekül Licht absorbiert, sind die eigentlichen Lichtakzeptoren bestimmte Elektronen. Die Elektronen sind um den Atomkern herum in verschiedenen Elektronenschalen angeordnet. Die in Kernnähe befindlichen Elektronen haben einen verhältnismäßig geringen Energiegehalt, während die vom Atomkern weiter entfernten Elektronen eine relativ hohe Energie besitzen. Für die Verlagerung eines Elektrons von einer inneren Position in eine äußere, wird Energie benötigt, denn das negativ geladene Teilchen muß von dem positiv geladenen Kern wegbewegt werden. Wenn ein Photon ein Molekül oder Atom trifft, das Licht absorbieren kann, wird ein inneres Elektron das Photon absorbieren und damit seinen Energiegehalt erhöhen. Diese Energieerhöhung kann ausreichen, um das Elektron vom Atomkern weg in eine äußere Position von höherem Energieniveau zu verlagern. Durch diesen Vorgang wird das betroffene Atom in einen, wie man sagt, *angeregten Zustand* versetzt. Ein bestimmtes Atom kann immer nur durch das Licht einer bestimmten Wellenlänge angeregt werden, denn das sensitive Elektron muß ein Photon absorbieren, dessen Energiegehalt mindestens so hoch ist, wie die Energiedifferenz zwischen der inneren Position und der äußeren, in die das Elektron „angehoben" wird. Ein Photon mit einem geringeren Energiegehalt vermag das Atom nicht anzuregen. Die Energie eines Photons wird also in einer „Alles-oder-Nichts-Reaktion" genutzt; daher auch die Bezeichnung *Quant*.

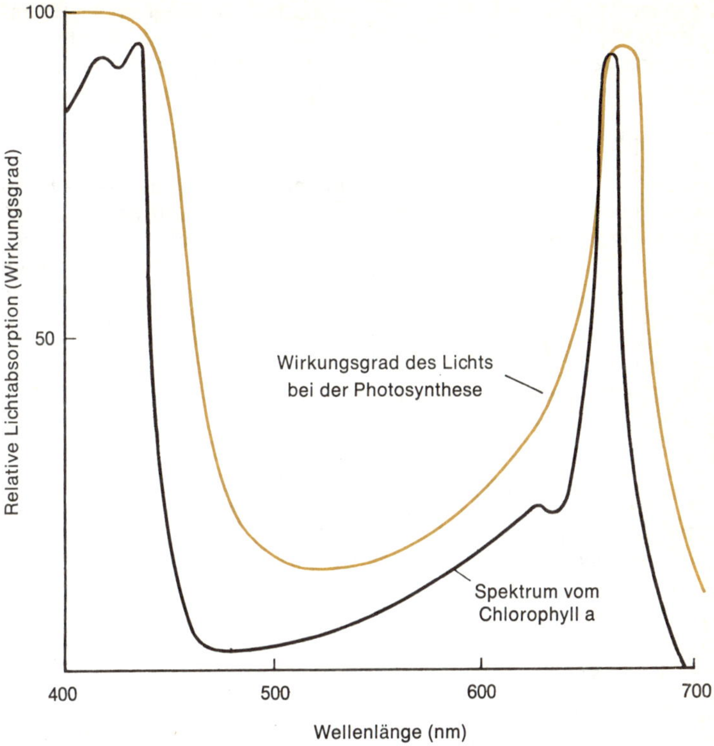

Abb. 36 Das Absorptionsspektrum von Chlorophyll *a*. Die farbige Kurve zeigt den Wirkungsgrad des Lichtes bei der Photosynthese.

Angeregte Atome oder Moleküle sind sehr instabil, weil die energiereichen Elektronen bestrebt sind, in ihre energieärmeren Positionen zurückzukehren. Wenn dies geschieht, ist das Atom oder Molekül in seinen *Grundzustand* zurückgekehrt. Bei seinem Wechsel zurück in die Ausgangsposition muß ein energiereiches Elektron natürlich die Lichtenergie, die es ursprünglich mit dem Photon absorbierte, wieder abgeben. Diese Energie kann entweder als Wärme oder wiederum in Form von Licht freigesetzt werden. Wenn ein angeregtes Molekül bei seiner Rückkehr in den Grundzustand Licht emittiert, sprechen wir von *Fluoreszenz*. Die Elektronen bestimmter photosensitiver Atome, wie z. B. von Selen, können bei der Photonenabsorption einen so hohen Energiegehalt erlangen, daß sie vollständig aus dem Atom herausgeworfen werden und z. B. über einen Draht abgezapft werden können. Auf diese Weise läßt sich mit Hilfe von Selen in der Photozelle durch Lichtabsorption ein elektrischer Strom (d. h. Elektronenfluß) erzeugen. Wir werden gleich sehen, daß ein ganz ähnlicher Prozeß wie in der Photozelle auch an der Photosynthese beteiligt ist.

Chlorophyll

Da nur absorbiertes Licht ein Molekül anregen und damit seine Energie abgeben kann, müssen für die Lichtabsorption in der phototrophen Zelle Farbstoffe verantwortlich sein. Dabei denken wir natürlich sofort an das Chlorophyll. Die Blätter der höheren Pflanze enthalten zwei Chlorophylle, das *Chlorophyll a* und das *Chlorophyll b;* beide unterscheiden sich in ihren Strukturen und Absorptionsspektren nur geringfügig voneinander. Wir werden gleich sehen, daß jedes der beiden Chlorophylle bei der Photosynthese eine spezifische Funktion erfüllt. Die Strukturformel von Chlorophyll *a* ist in Abb. 37 wiedergegeben. Das Molekül enthält vier Pyrrolringe, die fast in einer Ebene liegen und ein zentrales Magnesiumatom umgeben. Bemerkenswert ist außerdem die lange Kohlenwasserstoffkette des *Phytols,* das für die Fettlöslichkeit des Chlorophyllmoleküls verantwortlich ist. Chlorophyll *b* unterscheidet sich von Chlorophyll *a* nur wenig, es enthält an Stelle einer Methylgruppe eine –CHO-Gruppe (Abb. 37). In Abb.

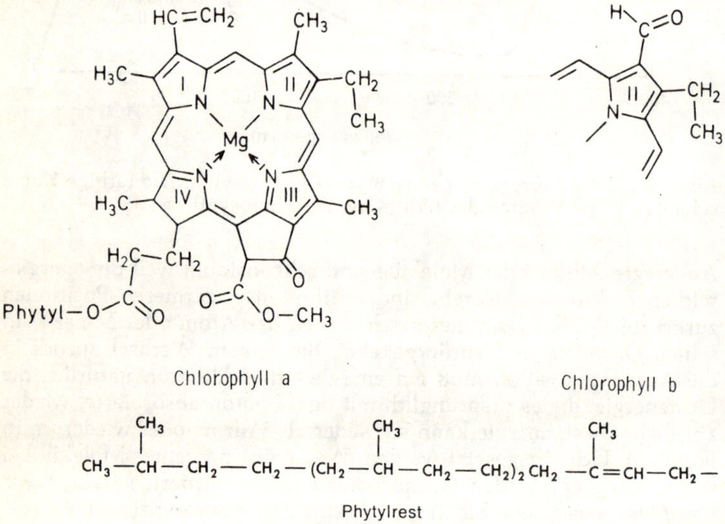

Abb. 37 Strukturformel von Chlorophyll *a*. Die lange Kette des Alkohols Phytol ist mit der Carboxylgruppe wie angegeben verestert. Im Chlorophyll *b* ersetzt ein Formylrest die Methylgruppe.

36 ist das Absorptionsspektrum von Chlorophyll *a* wiedergegeben. Das Chlorophyll ist der wichtigste lichtabsorbierende Farbstoff in der höheren Pflanze. Zwischen dem gemessenen Wirkungsgrad der Photosynthese beim Licht verschiedener Wellenlängen und der Lichtabsorption durch Chlorophyll besteht eine enge Beziehung (Abb. 36).

Chlorophyll kommt auch in den phototrophen Bakterien vor, die wie wir uns erinnern, bei der Photosynthese keinen molekularen Sauerstoff freisetzen. Allerdings enthalten diese Organismen im Gegensatz zu den sauerstoffbildenden phototrophen Organismen nur ein Chlorophyll, das *Bakteriochlorophyll.* Man nimmt deshalb an, daß eines der beiden Chlorophylle der höheren Pflanzen, wahrscheinlich das Chlorophyll *b*, spezifisch zur Freisetzung von Sauerstoff benötigt wird.

Viele phototrophe Zellen enthalten neben Chlorophyll noch andere lichtabsorbierende Farbstoffe, die als *akzessorische Pigmente* bezeichnet werden. Zu ihnen gehören die gelben, braunen oder roten *Carotinoide* und die blauen bzw. roten *Phycocyanine* und *Phycoerythrine.* Diese Pigmente überwiegen vor allem in einigen phototrophen Algen, die rot, braun, grün oder blau gefärbt sein können und in phototrophen Bakterien, von denen einige purpurn gefärbt sind. Die akzessorischen Pigmente scheinen auch als Lichtabsorbenten zu wirken; sie absorbieren das Licht in Wellenlängenbereichen, bei denen das Chlorophyll nur schwach absorbiert und ergänzen damit das Chlorophyll als „Lichtfallen". Allerdings kann die von den akzessorischen Pigmenten eingefangene Lichtenergie nur über das Chlorophyll zur Leistung von chemischer Arbeit genutzt werden.

Anregung des Chlorophylls und Photoreduktion

Wie kann nun Lichtenergie vom Chlorophyll eingefangen und in chemische Energie umgewandelt werden? Reines aus Blättern isoliertes Chlorophyll kann durch Belichtung in einen angeregten Zustand überführt werden. Die im Reagenzglas angeregten Chlorophyllmoleküle leisten allerdings keine chemische Arbeit, sondern kehren einfach wieder in ihren Grundzustand zurück, indem sie die absorbierte Lichtenergie als Fluoreszenz und Wärme abgeben (Abb. 38). In der intakten Blattzelle verhalten sich die Chlorophyllmoleküle völlig anders. Sie verlieren ihre Energie nicht einfach durch Fluoreszenz, sondern reagieren ähnlich, wie die oben besprochene Photozelle. Wenn intakte Pflanzenzellen belichtet werden, verlassen die energiereichen Elektronen das angeregte Chlorophyllmolekül vollständig und werden abgeleitet, allerdings nicht über einen Draht, wie bei der Photozelle, sondern über eine Kette von elektronenübertragenden Enzymen, die eine

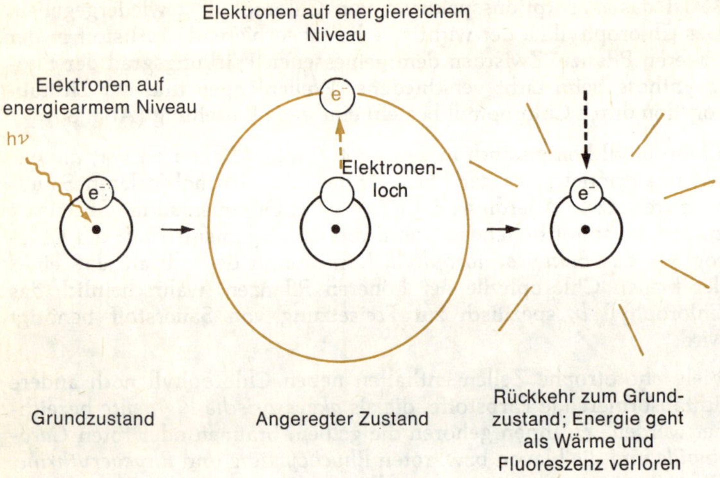

Abb. 38 Die Anregung eines Moleküls durch Licht und die Abgabe der absorbierten Energie bei seiner Rückkehr in den Grundzustand.

große Ähnlichkeit mit den Enzymen der Atmungskette in den Mitochondrien haben. Wir wissen bereits aus unserer Besprechung des Elektronentransports in den Mitochondrien, daß Elektronen Energieträger sind, die auf ihrem „bergab" verlaufenden Weg über die Enzyme der Atmungskette Energie abgeben können. Sehen wir uns nun an, wie die Elektronen aus dem angeregten Chlorophyllmolekül abgeleitet werden.

Wir haben bereits erfahren (Gl. 33), daß der eigentliche Elektronenakzeptor bei der Photosynthese in der Pflanze Kohlendioxid ist, das zu Zucker reduziert wird. Ende der dreißiger Jahre machte Hɪʟʟ eine Entdeckung, die schließlich zur Identifizierung mehrerer Elektronenüberträger führte, die den Abtransport der Elektronen aus dem angeregten Chlorophyll katalysieren. Hɪʟʟ fand, daß isolierte Spinatchloroplasten bei Belichtung verschiedene künstliche Elektronenakzeptoren wie Ferricyanid oder bestimmte Farbstoffe reduzieren und gleichzeitig Sauerstoff entwickelt wird. Diese Entdeckung löste eine Suche nach den natürlichen Elektronenakzeptoren in den Chloroplasten aus. Man fand schließlich, daß die oxydierten Formen von NAD und einem nahverwandten Elektronenakzeptor, nämlich *Nicotinamidadenindinucleotidphosphat*, abgekürzt *NADP* in belichteten Chloroplasten als Elektronenakzeptoren dienen können. NADP unterscheidet sich von NAD nur durch eine zusätzliche dritte Phosphatgruppe am C-Atom zwei der Ribose (Abb. 39). Obgleich NAD und NADP in ihrem chemischen Bau fast identisch sind und in jeder lebenden Zelle vorkommen, gleichgültig ob diese phototroph oder heterotroph ist, sind beide nicht gegeneinander austauschbar und haben verschiedene biochemische Funktionen zu erfüllen. NAD ist der spezifische Elektronenakzeptor für alle Dehydrogenasen, die normalerweise an Prozessen beteiligt sind, durch die, wie bei der Atmung, Elektronen auf molekularen Sauerstoff übertragen werden. Im Gegensatz dazu ist NADP für Dehydrogenasen spezifisch, die primär Reaktionen mit Elektronen versorgen, durch die organische Moleküle reduziert werden. Als Beispiele können wir die Reduktion einer Carbonylgruppe zur alkoholischen Gruppe oder die Reduktion einer C-C-Doppelbindung zur Einfachbindung anführen. Wir werden noch sehen, daß NADPH bei den Dunkelreaktionen der Photosynthese der wichtigste Elektronendonator für die Reduktion von CO_2 zu Zucker ist.

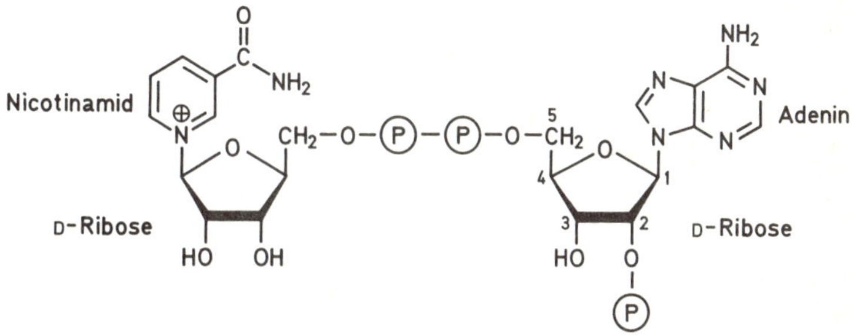

Abb. 39 Nicotinamidandenindinucleotidphosphat (NADP).

Wie wird nun $NADP^+$ durch das angeregte Chlorophyll reduziert? In umfangreichen Forschungsarbeiten konnte gezeigt werden, daß es eine Kette von Elektronenüberträgern gibt, die im Chloroplasten von Chlorophyll *a* zu $NADP^+$ führt. Die Zusammensetzung dieser Kette ist in Abb. 40 wiedergegeben. Wenn die Elektronen im Chlorophyll *a* durch Belichtung in den energiereichen Zustand versetzt werden, verlassen sie das Chlorophyllmolekül und wechseln auf ein anderes Pigment, das P_{700}, bei dem es sich offenbar um ein spezialisiertes Chlorophyllmolekül handelt. P_{700} ist gewissermaßen der „Elektronenhahn" einer Gruppe lichtabsorbierender Moleküle, zu denen Chlorophyll *a* und auch die Carotinoide gehören. Die „heißen" Elektronen fließen vom P_{700} zu einem spezialisierten, eisenhaltigen Elektronenüberträger, dem *Ferredoxin*. Dieser Elektronenüberträger unterscheidet sich von den eisenhaltigen Cytochromen dadurch, daß er keine Porphyringruppen enthält. Wie die Cytochrome geht jedoch auch das Ferredoxin vom Fe(II) in den Fe(III)-Zustand über, wenn es die Elektronen über

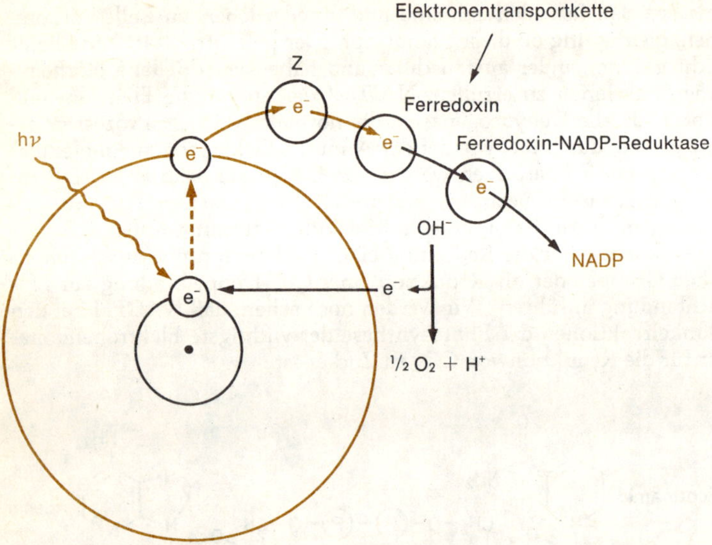

Abb. 40 Der nichtzyklische Elektronenfluß. Die energiereichen Elektronen aus dem angeregten Chlorophyll dienen zur Reduktion von $NADP^+$ zu NADPH. Die zurückgelassenen „Elektronenlöcher" werden mit Elektronen, die aus den Hydroxylionen des Wassers stammen, wieder gefüllt. Der Buchstabe Z repräsentiert einen noch unbekannten Elektronenüberträger, der vermutlich als Initialakzeptor die Elektronen vom P_{700} übernimmt.

ein Flavoprotein, die *Ferredoxin-NADP-Oxydoreduktase* an $NADP^+$ abgibt. Diesen lichtinduzierten Elektronenfluß vom Chlorophyll zum $NADP^+$ nennt man *nichtzyklischen Elektronentransport*. Er läuft solange, bis das gesamte verfügbare $NADP^+$ reduziert ist. Der nichtzyklische Elektronentransport ist also mit der Anhäufung eines reduzierten Produktes gekoppelt.

Es gibt nun noch eine andere Art des lichtinduzierten Elektronentransportes, den man als *zyklischen Elektronentransport* bezeichnet. Der zyklische Elektronentransport läuft ab, wenn man Chloroplasten in Abwesenheit von $NADP^+$ als Elektronenakzeptor, belichtet. Beim zyklischen Elektronenfluß verlassen die Elektronen bei Belichtung das angeregte Chlorophyllmolekül und fließen über eine zyklische Folge von Elektronenüberträgern wieder an das Chlorophyllmolekül zurück. Bei diesem Prozeß wird kein reduziertes Produkt akkumuliert. Wahrscheinlich sind am zyklischen Elektronentransport einige Elektronenüberträger des nichtzyklischen Elektronentransports, wie vorallem das P_{700} und wahrscheinlich auch das Ferredoxin, beteiligt.

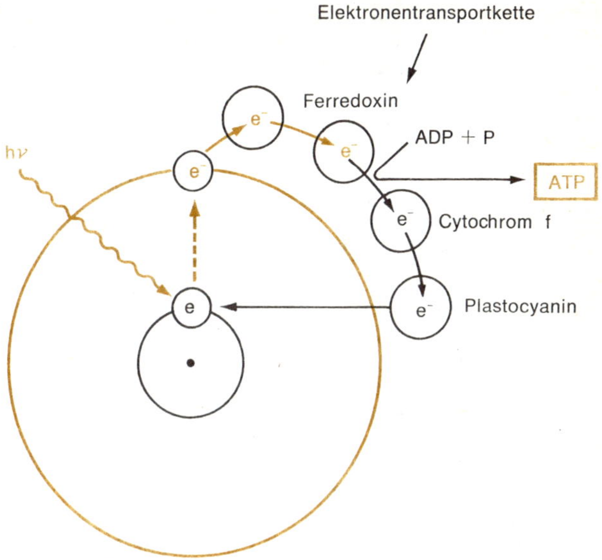

Abb. 41 Der zyklische Elektronenfluß und die Photophosphorylierung.

Außerdem sind an dem Prozeß Cytochrom *b* und Cytochrom *f* beteiligt, die den Cytochromen der Atmungskette in den Mitochondrien ähneln, aber nicht mit ihnen identisch sind. Der zyklische Elektronentransport ist in Abb. 41 wiedergegeben.

Es taucht jetzt eine Frage auf: Wenn bei der Belichtung eines Chloroplasten der Elektronenfluß vom angeregten Chlorophyllmolekül über die zyklische Reaktionsfolge zum Chlorophyll zurückläuft und damit der ursprüngliche Elektronenbestand im Chlorophyllmolekül wiederhergestellt wird, was ist durch diesen Prozeß dann erreicht worden? Welchen Sinn hat der Prozeß und mehr noch wie kann man den zyklischen Elektronenfluß überhaupt nachweisen?

Photophosphorylierung

Tatsächlich ist man auf den lichtabhängigen zyklischen Elektronentransport durch einen Effekt, den er auslöst, aufmerksam geworden. Anfang der fünfziger Jahre fand man, daß isolierte Chloroplasten bei Belichtung in Gegenwart von ADP und Phosphat mit hoher Geschwindigkeit ATP bilden. Diese ATP-Bildung findet bei völliger Abwesenheit von organischen Substraten und Sauerstoff statt. Es konnte deshalb mit Sicherheit ausgeschlossen werden, daß die beobachtete Phosphorylierung mit einer von Substraten ausgehenden Elektronenübertragung auf Sauerstoff, wie bei der oxydativen Phosphorylierung in den Mitochondrien, gekoppelt ist. Die Phosphorylierung von ADP durch belichtete Chloroplasten war direkt abhängig von der Lichtintensität und der Belichtungsdauer. Je länger Chloroplasten belichtet wurden, um so größer war die gebildete ATP-Menge. Diese Art der Phosphorylierung wurde *photosynthetische Phosphorylierung* oder einfach *Photophosphorylierung* getauft. Da die einzige mögliche Quelle für die zur ATP-Synthese erforderliche Energie die Strahlungsenergie sein konnte, mit der die Chloroplasten versorgt wurden, postulierte man, daß die Elektronen auf ihrem Rückweg zum Chlorophyll über eine Kette von Elektronenüberträgern einen Teil ihrer Energie abgeben würden, ganz entsprechend wie dies beim Elektronentransport über die Atmungskette in den Mitochondrien geschieht. Weiterhin wurde postuliert, daß an einer oder mehreren Stellen dieser Elektronenüberträgerkette enzymatische Mechanismen vorhanden sein müßten, die ähnlich wie in den Mitochondrien, die Oxydations-Reduktionsenergie der Elektronen in Phosphatbindungsenergie von ATP umwandeln können. Damit hat der zyklische Elektronenfluß einen praktischen und wichtigen Zweck zu erfüllen, nämlich die durch das Chlorophyllmolekül im Chloroplasten absorbierte Lichtenergie in Phosphatbindungsenergie umzuwandeln. Wir nennen diese Art der Phosphorylierung die *zyklische Photophosphorylierung*. Die Summengleichung der zyklischen Photophosphorylierung lautet:

$$n\,h\nu + P + ADP \rightarrow ATP + H_2O$$

Später fand man, daß eine Photophosphorylierung von ADP auch dann stattfindet, wenn Chloroplasten in Gegenwart von $NADP^+$ belichtet werden, also bei einem Prozeß, der, wie wir bereits wissen, mit der Reduktion von $NADP^+$ zu NADPH und einer Entwicklung von molekularem Sauerstoff verbunden ist. Photophosphorylierungen, die von einer $NADP^+$-Reduktion begleitet werden, nennt man *nichtzyklische Photophosphorylierungen*. Wir können diesen Prozeß durch die folgende Gleichung beschreiben:

$$n\,h\nu + 2\,P + 2\,ADP + H_2O + NADP^+ \rightarrow NADPH + \tfrac{1}{2}O_2 + 2\,ATP + 2\,H_2O$$

Wir wissen nun, daß die Belichtung von Chloroplasten mit der Bildung von zwei Agentien verbunden ist, die zur Biosynthese von Glucose aus Kohlendioxid benötigt werden, nämlich NADPH und ATP. Wir können uns jedoch noch kein klares Bild darüber machen, wie die verschiedenen Prozesse des photoinduzierten Elektronentransports und die Photophosphorylierungen miteinander „verdrahtet" sind. Welche Beziehungen bestehen zwischen dem zyklischen und nichtzyklischen Elektronentransport? Wie wird der molekulare Sauerstoff gebildet? Welche Funktionen erfüllen Chlorophyll *a* und Chlorophyll *b*? Diese Fragen lassen sich zur Zeit zwar noch nicht vollständig beantworten, wir wollen uns jedoch ansehen, wie man die bisher gewonnenen Fakten zu einer allgemeinen Hypothese über die Lichtreaktion der Photosynthese zusammengefügt hat.

Photosysteme I und II und ihre Wechselbeziehungen

Wir haben gesehen, daß höhere Pflanzen, die Sauerstoff entwickeln, zwei Chlorophylle enthalten, während die Bakterien, die keinen Sauerstoff freisetzen, nur ein Chlorophyll besitzen. Chlorophyll *a* ist das charakteristische Pigment des sogenannten *Photosystems I* der höheren Pflanze, von dem man annimmt, daß es eine wichtige Rolle bei der Photophosphorylierung und Reduktion von $NADP^+$ spielt. Auf der anderen Seite ist das Chlorophyll *b* das charakteristische lichtabsorbierende Pigment des *Photosystems II* in der höheren Pflanze. Man findet das Photosystem II ausschließlich in phototrophen Zellen, die Sauerstoff entwickeln und nimmt deshalb an, daß es ein System repräsentiert, das Sauerstoff aus Wasser erzeugen kann. Die Photosysteme I und II der höheren Pflanze lassen sich unabhängig voneinander durch Licht unterschiedlicher Wellenlängen anregen, da sich die Absorptionsspektren von Chlorophyll *a* und *b* merklich voneinander unterscheiden.

Die Beziehung zwischen den Photosystemen I und II und die Frage, wie diese Systeme Photophosphorylierungen, Photoreduktionen und Sauerstoffentwicklung katalysieren, sind zur Zeit Gegenstand intensiver Forschung.

Eine Hypothese, die durch die vorliegenden experimentellen Daten am besten gestützt wird, ist in dem Diagramm in Abb. 42 wiedergegeben. Das Diagramm zeigt zugleich das jeweilige Energieniveau der Elektronen in den verschiedenen Phasen der Lichtreaktionen. Man nimmt an, daß die Photosysteme I und II durch eine Kette von Elektronenüberträgern verbunden sind. Wir wollen den Weg des Elektronenflusses verfolgen und uns ansehen, wie durch diese Verbindung eine Koordination von Photophosphorylierung, Photoreduktion von $NADP^+$ und Sauerstoffentwicklung möglich wird.

Wenn das Chlorophyll *a* im Photosystem I belichtet wird, werden ein oder mehrere Elektronen auf ein energiereiches Niveau angehoben und können von dem ersten Glied in der Elektronenüberträgerkette abgezapft werden. Die Elektronen fließen über Ferredoxin auf

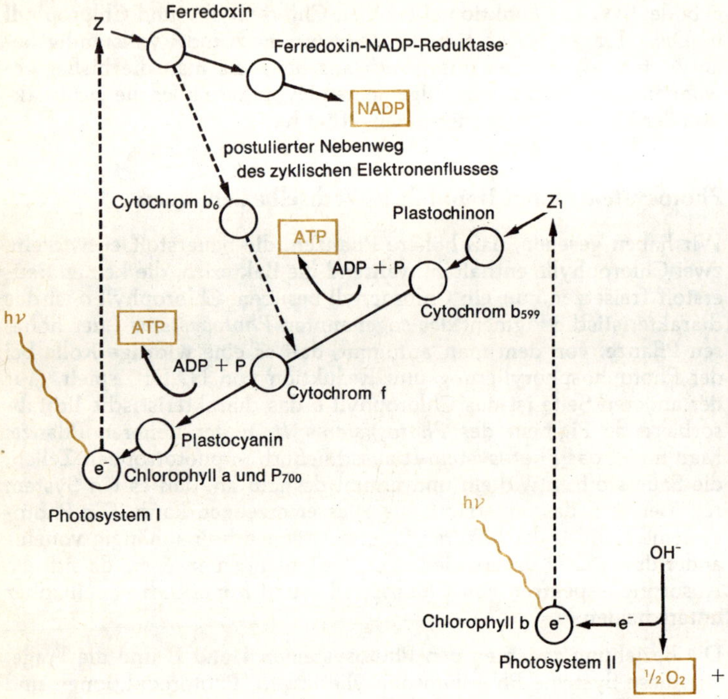

Abb. 42 Postulierte Verbindung zwischen Photosystem I und Photosystem II bei der sauerstoffentwickelnden Photosynthese der Pflanzen.

$NADP^+$ und reduzieren dieses zu NADPH. Diese Photoreduktion kann jedoch nicht lange ablaufen, denn jedes Chlorophyll-*a*-Molekül kann nur ein oder sehr wenige Elektronen abgeben. Solange die bei dem Elektronenentzug entstehenden „Elektronenlöcher" nicht wieder mit Elektronen gefüllt werden, kann das Chlorophyll *a* nicht in seinen Grundzustand zurückkehren.

Die vom Chlorophyll *a* im Photosystem I benötigten Elektronen kommen von einer anderen Elektronenüberträgerkette, die das Photosystem I mit dem Photosystem II verbindet. Bei Belichtung von Photosystem II wird das Chlorophyll *b* in einen angeregten Zustand übergehen und energiereiche Elektronen abgeben, die über die verbindende Elektronenüberträgerkette unter Abgabe von Energie an das Chlorophyll *a* abfließen können. Chlorophyll *a* wird durch diese Elektronenzufuhr in den Grundzustand zurückversetzt, und das Photosystem I kann erneut angeregt werden. Beim „bergab" verlaufenden Elektronenfluß vom angeregten Photosystem II bis zum Elektronenloch im Chlorophyll *a* wird ein Teil der freiwerdenden Elektronenenergie zur Photophosphorylierung, also zur gekoppelten ATP-Synthese verwertet. Sehr wahrscheinlich verfügt die Elektronentransportkette über zwei energiekonservierende Zentren.

Wir wissen jetzt zwar über die Photoreduktion von $NADP^+$, die Photophosphorylierung und den Prozeß, durch den die Elektronenlöcher im angeregten Chlorophyll *a* wieder gefüllt werden, Bescheid; noch nicht beantwortet ist jedoch die Frage, wie die Elektronenlöcher im angeregten Chlorophyll *b* wieder gefüllt werden. Wie Abb. 42 zeigt, nimmt man an, daß die Elektronenlöcher im Chlorophyll *b* mit Elektronen gefüllt werden, die aus dem Wasser, exakter aus Hydroxylionen stammen. Der Entzug von Elektronen aus Hydroxylionen ist mit der Bildung von molekularem Sauerstoff verbunden:

$$H_2O \rightarrow H^+ + OH^-$$

$$OH^- \rightarrow \tfrac{1}{2}O_2 + H^+ + 2\ e^-$$

Die an der lichtabhängigen Spaltung oder „Photolyse" von Wasser beteiligten Enzyme konnten jedoch bisher noch nicht isoliert werden.

Wir kennen nun den vollständigen Weg, den die aus dem Wassermolekül stammenden Elektronen nehmen. Sie werden vom Wassermolekül auf Chlorophyll *b* übertragen, fließen vom angeregten Chlorophyll *b* über die verbindende Elektronenüberträgerkette zum Chlorophyll *a* und werden schließlich vom angeregten Chlorophyll *a* auf $NADP^+$ übertragen. Wir können diesen Prozeß in der folgenden Summengleichung ausdrücken:

$$2\,h\nu + H_2O + NADP^+ + 2\ ADP + 2\ P \rightarrow$$
$$NADPH + 2\ ATP + \tfrac{1}{2}O_2 + H_2O$$

Das in die Reaktion eingehende Wassermolekül ist der Elektronendonator für die Reduktion von $NADP^+$ und gleichzeitig die Quelle für den entstehenden molekularen Sauerstoff. Das in der Gleichung auf der rechten Seite stehende Wassermolekül entsteht bei der Kondensation von ADP und Phosphat zu ATP. Wenn wir die beiden H_2O herauskürzen ergibt sich:

$$2\,h\nu + NADP^+ + 2\ ADP + 2\ P \rightarrow NADPH + 2\ ATP + \tfrac{1}{2}O_2$$

Mechanismen des zyklischen Elektronenflusses und der Photophosphorylierung

Wir wollen jetzt nochmals auf den im Chloroplasten in Abwesenheit von $NADP^+$ ablaufenden zyklischen Elektronentransport, bei dem kein Sauerstoff entsteht, zurückkommen. Wird diesem Prozeß durch die im Diagramm der Abb. 42 wiedergegebene Verknüpfung Rechnung getragen, oder muß ein anderer Mechanismus beteiligt sein? Welche Funktion erfüllt der zyklische Elektronenfluß?

Obgleich die bestehenden Wechselbeziehungen zwischen zyklischem und nichtzyklischem Elektronentransport noch nicht völlig klar sind, lassen sich die vorliegenden Ergebnisse in einer plausiblen Hypothese zusammenfassen. Man nimmt an, daß der zyklische Elektronenfluß im Photosystem I durch ein „Nebengleis" ermöglicht wird, über das die Elektronen vom Chlorophyll *a*, bevor sie das $NADP^+$ erreichen, abgezweigt und in die vom Photosystem II zum Photosystem I führende Elektronenüberträgerkette eingeschleust werden, wie dies in Abb. 42 dargestellt ist. Das Nebengleis muß so angeschlossen sein, daß es zumindest ein Zentrum enthält, in dem ATP erzeugt werden kann. Auf diesem Nebengleis können energiereiche Elektronen aus dem angeregten Chlorophyll *a* wieder an das Chlorophyll *a* zurückfließen und auf diesem Weg einen Teil ihrer Energie zur Synthese von ATP abgeben, ohne daß bei dem Prozeß $NADP^+$ reduziert wird und Sauerstoff entsteht. Wie der Elektronenfluß in dem Nebengleis ein- und abgeschaltet wird, ist noch unklar.

Eine kürzlich postulierte alternative Hypothese geht davon aus, daß das eben besprochene Nebengleis nicht existiert. Es wird vielmehr angenommen, daß in den Chloroplasten der höheren Pflanzen ein drittes von den Photosystemen I und II unabhängiges Photosystem vorkommt. Die einzige Funktion des dritten Photosystems würde darin bestehen, über einen zyklischen Elektronenfluß ATP zu erzeugen. Der Effekt wäre, daß das Verhältnis von synthetisiertem ATP und reduziertem $NADP^+$ stark variieren könnte, abhängig von der relativen Geschwindigkeit des Elektronentransportes im dritten Photosystem. Die Bedeutung des lichtabhängigen zyklischen Elektronentransports scheint also darin zu bestehen, ATP mit einer Geschwindigkeit zu produzieren, die dem ATP-Bedarf der Zelle entspricht, ohne daß notwendigerweise gleichzeitig NADPH und Sauerstoff gebildet werden müssen.

Wie auch immer der Prozeß im einzelnen aussehen mag, fest steht, daß durch die Lichtreaktionen der Photosynthese drei charakteristische Endprodukte entstehen: NADPH, ATP und O_2. Sehen wir uns jetzt an, wie NADPH und ATP in den Dunkelreaktionen der Photosynthese zur Synthese von Glucose aus CO_2 verbraucht werden.

Bildung von Glucose durch die Dunkelreaktionen der Photosynthese

Die Synthese von Glucose durch die Dunkelreaktionen der Photosynthese beginnt mit CO_2 und verbraucht NADPH und ATP, die während der photosynthetischen Lichtreaktionen gebildet wurden. Die Summengleichung für die Dunkelreaktionen wird uns für die weitere Besprechung eine Orientierungshilfe sein, sie lautet:

$$6\ NADPH + 12\ H_2O + 12\ ATP + 6\ CO_2 \rightarrow C_6H_{12}O_6 + 6\ NADP^+ + 12\ ADP + 12\ P$$

Eines der großen Probleme der Photosynthese war die Frage nach der chemischen und enzymatischen Natur der ersten Reaktion, durch die das CO_2-Molekül in eine komplexe organische Verbindung eingebaut wird. Das Problem wurde schließlich von Calvin und seinen Mitarbeitern in mehreren sinnreichen Versuchen mit Hilfe von radioaktiv markiertem CO_2 gelöst. Dabei wurden phototrophe Algen zunächst einer radioaktiven CO_2-Atmosphäre ausgesetzt und sehr kurzfristig belichtet. Anschließend wurden die Algen extrahiert und die Extrakte analysiert, um herauszufinden, welche kohlenstoffhaltige Substanz nach der Belichtung als erste das radioaktive Kohlenstoffatom des CO_2 enthält. Bei solchen Versuchen fand man unter den zuerst markierten Verbindungen auch 3-Phosphoglycerinsäure, die wir bereits als Zwischenprodukt der Gärung kennengelernt haben. Weiterhin ergab der chemische Abbau der radioaktiven 3-Phosphoglycerinsäure, daß der radioaktive Kohlenstoff hauptsächlich in die Carboxylgruppe eingebaut wird. Schließlich wurde gefunden, daß der erste Schritt der CO_2-Reduktion durch eine Reaktion katalysiert wird, in der CO_2 mit dem phosphorylierten C_5-Zucker *Ribulose-1,5-diphosphat* unter Bil-

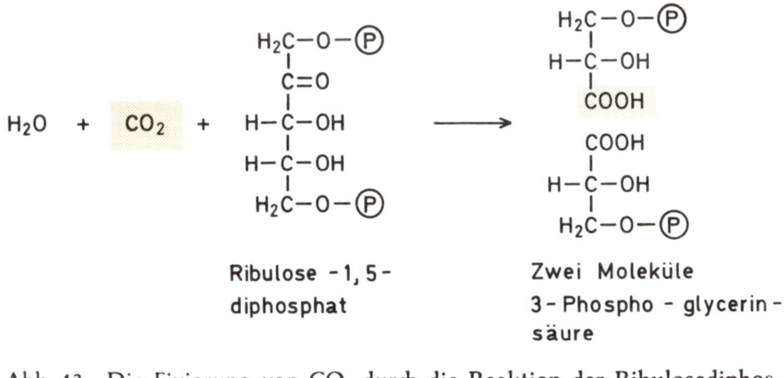

Abb. 43 Die Fixierung von CO_2 durch die Reaktion der Ribulosediphosphatcarboxydismutase.

dung von zwei Molekülen 3-Phosphoglycerinsäure reagiert (Abb. 43). Eines der beiden Moleküle 3-Phosphoglycerinsäure enthält das neu inkorporierte CO_2.

Die beiden neugebildeten Moleküle 3-Phosphoglycerinsäure werden nun unter Verbrauch von photosynthetisch gebildetem NADPH und ATP zu zwei Molekülen 3-Phosphoglycerinaldehyd reduziert (Abb. 44). 3-Phosphoglycerinaldehyd wird dann in einer Reaktionsfolge, die eine genaue Umkehrung der entsprechenden Glykolysereaktionen ist (S. 64), in Glucose überführt (Abb. 44). Wir müssen jedoch beachten, daß das Glucosemolekül nicht vollständig neu aus CO_2 aufgebaut

Zwei 3-Phosphoglycerinsäure + 2 NADPH + 2 ATP →

Zwei 3-Phosphoglycerinaldehyd + 2 ADP + 2 P + 2 $NADP^+$

Zwei 3-Phosphoglycerinaldehyd → → Fructose-1,6-diphosphat

Fructose-1,6-diphosphat + H_2O → Fructose-6-phosphat + P

Fructose-6-phosphat → Glucose-6-phosphat

Glucose-6-phosphat + H_2O → Glucose + P

Abb. 44 Die Bildung von Glucose aus 3-Phosphoglycerinsäure durch die Dunkelreaktionen

wird. Wir haben lediglich ein Kohlenstoffatom zu dem C_5-Zucker addiert und damit einen C_6-Zucker synthetisiert. Der Prozeß verlangt den Einsatz von je zwei Molekülen ATP und NADPH. Diese Reaktionsfolge wiederholt sich immer wieder. Bei jedem Umlauf reagiert ein Molekül CO_2 mit dem C_5-Zucker Ribulose-1,5-diphosphat unter Bildung von zwei Molekülen 3-Phosphoglycerinsäure, die dann unter Verbrauch von NADPH und ATP in Glucose überführt werden (Abb. 45).

Dieses Schema erscheint sehr einfach, in Wirklichkeit ist der Weg des Kohlenstoffs bei der Photosynthese jedoch recht kompliziert, dies gilt vor allem für die enzymatischen Mechanismen, durch die nach jedem Umlauf der C_5-Zucker Ribulose-1,5-diphosphat regeneriert wird. Im Prinzip ähnelt der Zyklus der CO_2-Reduktion dem Citronensäurezyklus; denn Ribulose-1,5-diphosphat muß genauso wie Oxalessigsäure im Citronensäurezyklus am Ende wieder regeneriert werden. Die an der Regenerierung von Ribulose-1,5-diphosphat beteiligten Reaktionen wollen wir im einzelnen nicht besprechen.

Aus neueren Untersuchungen geht hervor, daß nicht alle phototrophen Zellen Kohlendioxid über den Ribulose-1,5-diphosphatweg reduzieren. Man vermutet noch andere Mechanismen, vor allem bei den

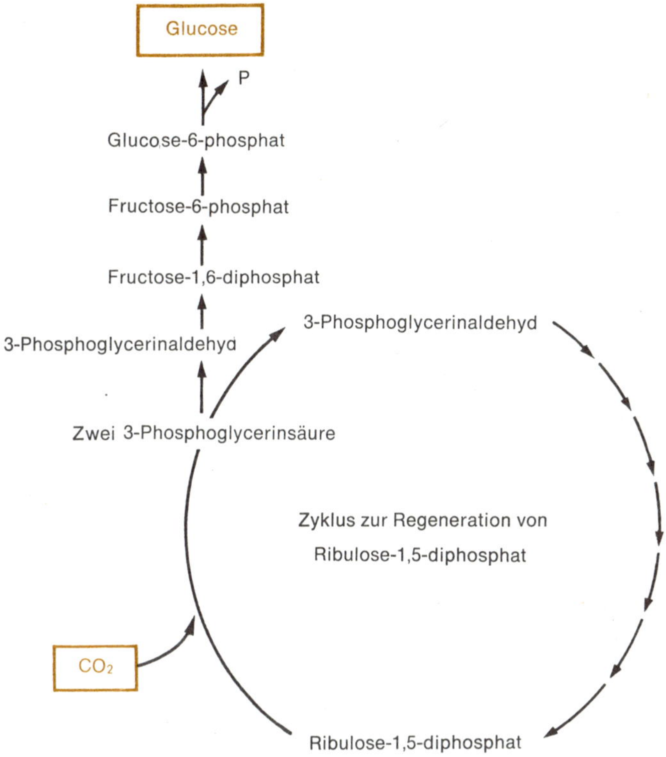

Abb. 45 Reaktionsschema der photosynthetischen Dunkelreaktionen. Die Regeneration von einem Molekül Ribulose-1,5-diphosphat in jedem Umlauf erfolgt in einer komplexen Folge von Enzymreaktionen.

phototrophen Bakterien, unter denen einige sind, die offenbar über die umgekehrt verlaufende Reaktionsfolge des Citronensäurezyklus aus CO_2 Pyruvat synthetisieren können.

Wirkungsgrad der Photosynthese

Die Frage, wie hoch der Wirkungsgrad der Photosynthese ist, wird seit langem diskutiert. Der Nutzeffekt der Photosynthese im Freiland ist aus verständlichen Gründen nicht sehr hoch. Man hat z. B. aus der Kohlenstoffmenge, die in einer Vegetationsperiode von einem Maisfeld assimiliert wird, abgeschätzt, daß nur 1 bis 2 Prozent der auf das

Feld fallenden Sonnenenergie genutzt werden. Unter Laboratoriumsbedingungen ergaben Versuche mit phototrophen Zellen wie Algen oder sogar mit isolierten Chloroplasten sehr hohe Wirkungsgrade. Viele Befunde lassen vermuten, daß zur Reduktion von einem Molekül CO_2 acht Lichtquanten erforderlich sind, das macht insgesamt 48 Quanten für die Synthese eines Moleküls Glucose. Ein Lichtquant aus dem roten Bereich des Lichtspektrums ($\sim$ 700 nm) entspricht etwa 40 kcal (Abb. 35). 48 Quanten entsprechen also einem Betrag von 1920 kcal Lichtenergie, die zur Synthese von einem Molekül Glucose eingesetzt werden müssen. Da die freie Energie der Glucosesynthese unter Standardbedingungen einen Wert von + 686 kcal hat, liegt der Wirkungsgrad der Photosynthese bei $686/1920 \times 100 = 36$ Prozent.

Chloroplast

In den Chloroplasten der phototrophen Zellen der höheren Pflanzen laufen sowohl die Lichtreaktionen, einschließlich der Bildung von Sauerstoff, NADPH und ATP, ab, als auch die Dunkelreaktionen der Glucosesynthese. So wie die Mitochondrien die Kraftwerke der heterotrophen Zelle sind, kann man die Chloroplasten, zumindest am Tage, als die Kraftwerke der phototrophen Zellen bezeichnen. Nachts werden die phototrophen Zellen heterotroph, dann dienen ihnen die Mitochondrien als Energielieferanten.

Chloroplasten können sehr verschiedene Formen haben, häufig sind es 2–8 µ lange Körperchen. Sie sind also beträchtlich größer als Mitochondrien. In den höheren grünen Pflanzen können im Cytoplasma jeder phototrophen Zelle einige Dutzend Chloroplasten vorkommen, während die kleinsten phototrophen Eukaryoten, etwa bestimmte höhere Algen, nur einen oder zwei Chloroplasten enthalten. Ebenso wie die Mitochondrien sind auch die Chloroplasten von einer Doppelmembran umgeben (Abb. 46). Die innere Membran ist nach innen eingefaltet und bildet *Lamellen,* die den Cristae in den Mitochondrien nicht unähnlich sind. In gewissen Abständen verdicken sich diese Lamellen zu Strukturen, die *Thylakoide* genannt werden. Übereinanderliegende Thylakoidstapel nennt man *Grana.* Wenn man die Chloroplastenmembran zerstört, kann man die Grana isolieren; sie enthalten alle Pigmente, Elektronenüberträger und phosphorylierende Enzyme der Photosysteme I und II. Die meisten der an den Dunkelreaktionen der Glucosesynthese beteiligten Enzyme sind im Stroma, einem halbflüssigen Medium, das die Lamellen und Grana umspült, lokalisiert. Abb. 47 zeigt in einer schematischen Darstellung die Anordnung von Chlorophyll und den verschiedenen wichtigen Enzymen in einem Thylakoidscheibchen, an dem man nach bestimmten Kon-

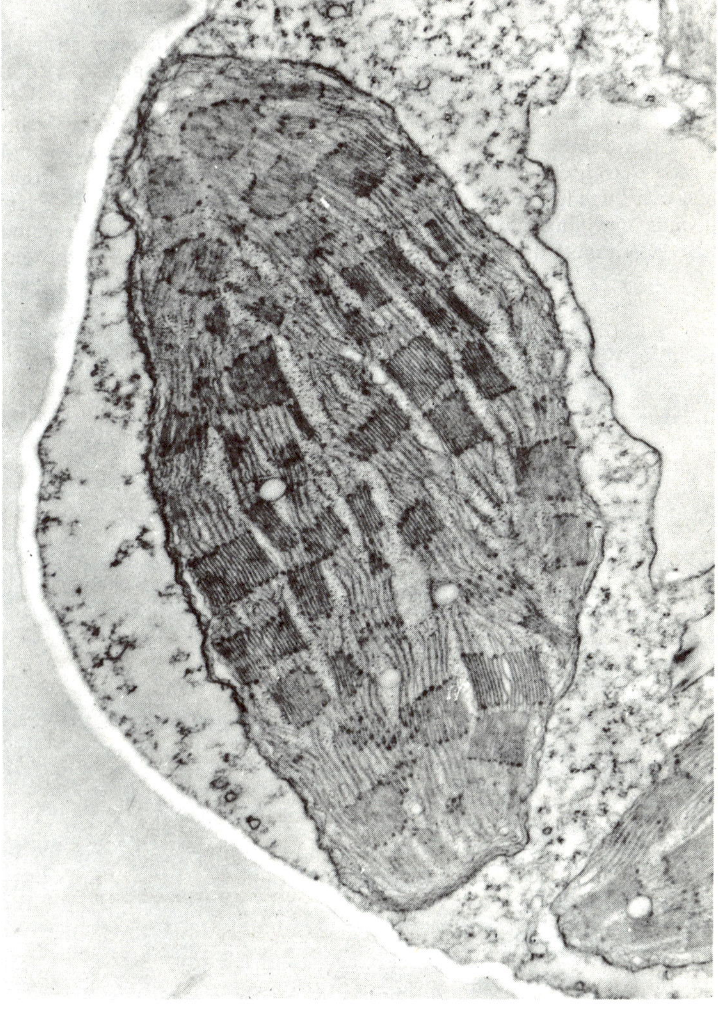

Abb. 46 Elektronenmikroskopische Aufnahme eines Chloroplasten aus der Zelle des Maisblattes. (Freundlicherweise von A. E. VATTER, University of Colorado, zur Verfügung gestellt.)

trastierungen elektronenoptisch zahlreiche knopfartige Ausbuchtungen erkennen kann. Diese knopfartigen Strukturen entsprechen den ATP-bildenden Enzymen, sie haben eine große Ähnlichkeit mit den entsprechenden Strukturen der inneren Mitochondrienmembran.

Die Chloroplasten ähneln den Mitochondrien noch in zwei anderen Punkten. Bei Belichtung wird eine Ionenbewegung ausgelöst, so daß H^+-Ionen in den Chloroplasten hinein und K^+ und Mg^{++} aus dem Chloroplasten herausgepumpt werden. Weiterhin lassen sich während wechselnder Licht- und Dunkelperioden bei den Lamellen und Grana charakteristische Änderungen in Form und struktureller Organisation beobachten. Man glaubt aus diesem Grund, daß der Mechanismus der photosynthetischen Phosphorylierung im Chloroplasten dem Mechanismus der oxydativen Phosphorylierung im Mitochon-

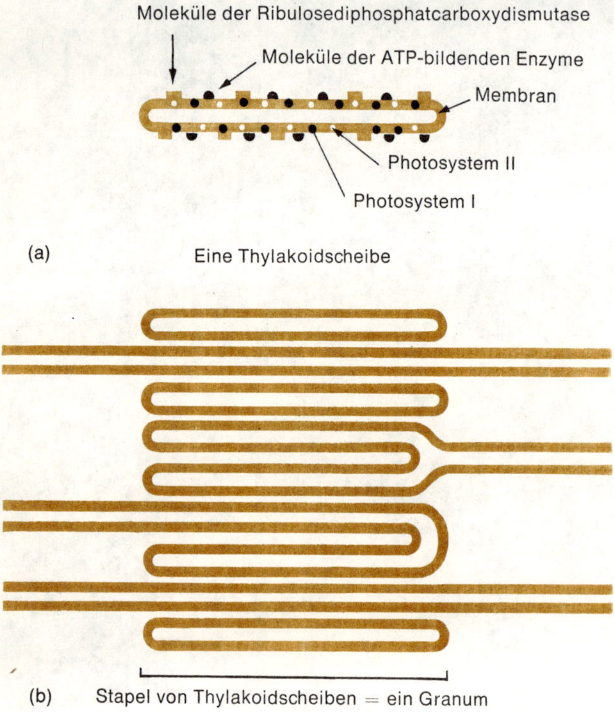

Abb. 47 Schematische Darstellung der Organisation der inneren Membran eines Chloroplasten. a) Anordnung wichtiger Enzyme und der Photosysteme in einer einzelnen Thylakoidscheibe. b) Schema, das die Faltung und Schichtung der inneren Membran zu einem Granum verdeutlicht.

drium sehr ähnlich ist. Die räumliche Anordnung der verschiedenen Pigmente und Elektronenüberträger in der inneren Chloroplastenmembran ist Voraussetzung für ihre katalytische Funktion. Sobald die Grana, selbst mit sehr schonenden Methoden, zerstört werden, erlischt ihre Fähigkeit, photosynthetische Reaktionen zu katalysieren, vollständig.

Wir haben gehört, daß es drei wichtige Hypothesen über den Mechanismus der oxydativen Phosphorylierung in den Mitochondrien gibt (s. S. 105), die Hypothese der chemischen Kopplung, die Hypothese der chemiosmotischen Kopplung und die Konformations-Hypothese. Alle drei Hypothesen werden auch im Hinblick auf den Mechanismus der Photophosphorylierung diskutiert. Dabei stützen jüngste Forschungsergebnisse vor allem die Hypothese der chemiosmotischen Kopplung. Man hat z. B. gefunden, daß sich künstlich ein H^+-Ionengradient, also ein pH-Gradient in der Thylakoidmembran aufbauen läßt, durch den die interne H^+-Ionenkonzentration relativ hoch und die externe Konzentration niedrig gehalten wird. Ein solcher Gradient kann im Dunkeln als Triebkraft für die Synthese von ATP aus ADP und Phosphat dienen. Mit der ATP-Synthese wird der Gradient abgebaut. Man nimmt deshalb an, daß durch einen photoinduzierten Ionentransport ein H^+-Ionengradient in der Membran aufgebaut wird.

Die Chemie und Physik der photosynthetischen Lichtreaktionen und die Beziehung dieser Prozesse zur molekularen Organisation des Chloroplasten gehören heute sicherlich zu den faszinierendsten biologischen Problemen.

Chemische Arbeit der Biosynthese: Polysaccharide und Lipide

Die Biosynthese ist die wichtigste energieverbrauchende Tätigkeit der lebenden Organismen. Sie ist die eigentliche Wesenseigenschaft des Lebens, denn sie bewirkt nicht nur den Aufbau der charakteristischen chemischen Zellkomponenten aus einfachen Bausteinen, sondern auch deren Zusammenlagerung zu Struktureinheiten wie Membransystemen, kontraktilen Elementen, Mitochondrien, Zellkernen und Ribosomen. Die Biosynthese ist ein genetisch programmierter Prozeß, der in einer Hierarchie zunehmender Komplexität, von sehr einfachen Molekülen bis zur Organisation der lebenden Zelle selbst führt (Abb. 48).

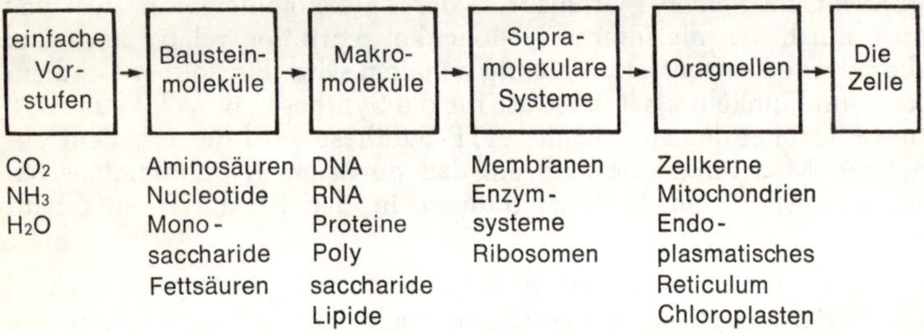

Abb. 48 Die Hauptstufen in der Biosynthese einer Zelle.

Wir wollen uns in diesem Kapitel mit der Dynamik der Biosynthese und ihrem Energiebedarf beschäftigen und einige repräsentative Biosynthesewege, wie die Synthese von Glucose aus einfachen Vorstufen und die Bildung von Glykogen und Phospholipiden aus ihren Bausteinen, genauer behandeln. In den sich anschließenden Kapiteln werden wir dann sehen, wie die noch komplexeren makromolekularen Informationsträger der lebenden Zelle, die Proteine und Nucleinsäuren, aus einfachen Bausteinen synthetisiert werden und wie diese Makromoleküle wiederum zu noch komplexeren Struktureinheiten zusammengelagert werden.

Zellwachstum

Am eindrucksvollsten kann man die Biosynthese von Zellmaterial an wachsenden Organismen verfolgen, denn hier läßt sich die Menge des neu produzierten Zellmaterials durch die zunehmende Zellenzahl, etwa in einer sich vermehrenden Bakterienkultur, oder durch die Gewichtszunahme, z. B. einer wachsenden Ratte, bestimmen. Die

Tabelle 8 Die Biosynthesekapazität einer Bakterienzelle. Eine Zelle von *Escherichia coli* ist etwa 1 x 1 x 3 μ groß, hat ein Volumen von 2,25 μ^3, ein Gesamtgewicht von 10×10^{-13} g und ein Trockengewicht von $2{,}5 \times 10^{-13}$ g. Die angegebenen Biosynthesegeschwindigkeiten sind Mittelwerte, die sich auf einen Teilungsrhythmus von 20 Minuten beziehen. Andere notwendige Vereinfachungen sind in diesem und dem folgenden Kapitel angegeben.

Chemische Komponente	Prozent des Trockengewichts	Ungefähres Molekulargewicht	Anzahl der Moleküle pro Zelle	Anzahl der pro Sekunde synthetisierten Moleküle	Anzahl der pro Sekunde zur Synthese benötigten ATP-Moleküle	Prozent der benötigten Biosynthesegesamtenergie
DNA	5	2 000 000 000	1	0,00083	60 000	2,5
RNA	10	1 000 000	15 000	12,5	75 000	3,1
Protein	70	60 000	1 700 000	1400	2 120 000	88,0
Lipide	10	1 000	15 000 000	12 500	87 500	3,7
Polysaccharide	5	200 000	39 000	32,5	65 000	2,7

Wachstumsgeschwindigkeiten von Zellen können sehr verschieden sein. Ein Extremfall im biologischen Spektrum sind die Bakterien, deren Zellen sich, wie bei *Escherichia coli,* alle zwanzig Minuten verdoppeln können. Das neu synthetisierte Zellmaterial wird allein aus Glucose, Ammoniumsalzen und Mineralien der Nährlösung gebildet. Bakterienzellen können, wie Tab. 8 verdeutlicht, eine erstaunliche Biosynthesearbeit leisten. Da Bakterien normalerweise in einer natürlichen Umwelt leben, auf die sie kaum Einfluß haben und aus der sie nicht entfliehen können, vergrößert ihre Fähigkeit zur raschen Vermehrung ihre Überlebenschance.

Die einzelnen Zellen der höher organisierten Tiere und Pflanzen wachsen wesentlich langsamer. Im tierischen Organismus wächst eine Nervenzelle des Zentralnervensystems nur während der frühen Jugend des Tieres, später teilt sie sich nicht mehr. Muskelzellen wachsen ebenfalls sehr langsam und teilen sich nur selten. Leberzellen teilen sich etwa alle zwei bis drei Monate einmal. Auf der anderen Seite können sich die Zellen der Darmschleimhaut verhältnismäßig rasch vermehren, ihr Teilungsrhythmus läßt sich in Tagen oder sogar Stunden ausdrücken.

Dynamik des Stoffumsatzes in der Zelle

Biosynthesearbeit wird auch von Zellen geleistet, die nicht aktiv wachsen und ihre Masse vermehren. Dies mag paradox erscheinen, in Wirklichkeit unterliegen jedoch viele chemische Komponenten der Zelle einem laufenden dynamischen Umsatz. Proteine, Lipide und andere Zellsubstanzen werden in einem kontinuierlichen Prozeß so auf- und abgebaut, daß sich die Synthese- und Abbaugeschwindigkeiten die Waage halten. Die Geschwindigkeit des Stoffumsatzes in der Zelle kann für die verschiedenen Zellsubstanzen sehr unterschiedlich sein. In der Leberzelle der Ratte z. B., die eine Lebensdauer von etwa zwei bis drei Monaten hat, beträgt die Zeit, in der die Hälfte des zelleigenen Glykogens erneuert wird (d. h. die *biologische Halbwertzeit*) weniger als sechs Stunden, die Halbwertzeit der Phospholipide etwa drei Tage und die der Proteine annähernd sieben bis zehn Tage. Selbst Organellen werden im Zellstoffwechsel laufend auf- und abgebaut. Kürzlich konnte nachgewiesen werden, daß die biologische Halbwertzeit der Mitochondrien in der Leberzelle nur fünf bis zehn Tage beträgt. In den Zellen des sehr schnell wachsenden Schimmelpilzes *Neurospora crassa* können die Mitochondrien sogar in weniger als zwei Stunden aus einfachen Vorstufen aufgebaut werden.

Die Geschwindigkeit des Stoffumsatzes kann auch von Zellart zu Zellart sehr verschieden sein. Während die Proteine in der Leberzelle eine biologische Halbwertzeit von etwa zehn Tagen haben, beträgt ihre Halbwertzeit im Skelettmuskel ungefähr drei Monate. In der Regel gilt, daß sich mit steigender Komplexität und Differenzierung der Zellen, der allgemeine Stoffumsatz verlangsamt; das schließt natürlich nicht aus, daß auch hier einzelne Komponenten sehr rasch umgesetzt werden können.

Die chemische Arbeit der Biosynthese ist auch an der Ausscheidung bestimmter Produkte beteiligt, die von der Zelle sekretiert und in ihrer Umgebung verteilt werden. Im Bindegewebe der höheren Tiere scheiden z. B. die hochspezialisierten *Fibrozyten* in großen Mengen *Kollagen,* ein fasriges, unlösliches Strukturprotein aus. Kollagen ist das im Körper der Säugetiere häufigste Protein, seine Fasern dienen als extrazelluläres Strukturmaterial zur Festigung und Stützung von Geweben und Organen. Auch die *azinösen Zellen* der Bauchspeicheldrüse produzieren und exkretieren Proteine in großer Menge. Sie exkretieren die Enzyme *Trypsin, Chymotrypsin* und *Carboxypeptidase* sowie *Lipase* und *Ribonuclease* in den Dünndarm. Durch diese Enzyme werden die mit der Nahrung aufgenommenen Proteine, Lipide und Nucleinsäuren zu niedermolekularen Verbindungen abgebaut, die vom Blut leicht resorbiert werden können.

Biosynthesegeschwindigkeit und Verteilung der Biosyntheseenergie

Untersuchen wir nun einmal quantitativ, wieviel Energie in Form von ATP benötigt wird, um die wichtigsten molekularen Komponenten der Zelle aus ihren Grundbausteinen zu synthetisieren, damit wir eine Vorstellung von dem Ausmaß und der Geschwindigkeit der Biosynthesereaktionen bekommen und abschätzen können, wieviel ATP-Energie zur Synthese der verschiedenen Makromoleküle aufgewendet werden muß.

In Tab. 8 sind einige Näherungswerte über die wichtigsten chemischen Komponenten einer einzelnen *Escherichia coli*-Zelle zusammengestellt. Die in der Tabelle aufgeführten Molekulargewichte wurden, um weitere Berechnungen zu ermöglichen, etwas vereinfacht als Mittelwerte angegeben. Tatsächlich haben z. B. die in *E.coli* vorkommenden Proteine ein Molekulargewichtsspektrum, das von 13 000 bis zu einem Höchstwert von ewa 1 000 000 reichen kann. Das angegebene mittlere Molekulargewicht von 60 000 ist ein brauchbarer Näherungswert. Ähnlich kommen in *Escherichia coli* mindestens drei verschiedene Ribonucleinsäuren vor, die sich in ihren Molekulargewichten unterscheiden; auch hier ist es durchaus berechtigt, einen Mittelwert von 1 000 000 anzunehmen. Mit Hilfe der Loschmidt-Konstanten ($6{,}02 \times 10^{23}$; Zahl der Moleküle in einem Mol einer Verbindung) läßt sich leicht berechnen, wieviele Moleküle jeder Stoffklasse in einer *E.-coli*-Zelle vorhanden sind. Die Zahl der Moleküle, die pro Sekunde synthetisiert werden, kann man berechnen, wenn man davon ausgeht, daß jede Zelle zwanzig Minuten benötigt, um die Synthese zu vollenden, und die Synthese während dieser zwanzig Minuten linear abhängig von der Zeit verläuft. Wie wir am Ende dieses Kapitels und im nächsten noch sehen werden, läßt sich auch die Zahl der ATP-Moleküle berechnen, die jeweils zur Synthese eines Moleküls der verschiedenen Zellsubstanzen benötigt werden. So sind z. B. acht Moleküle ATP erforderlich, um ein Molekül des Phospholipids Phosphatidylcholin aus seinen fünf Bausteinen Glycerin, Phosphorsäure, Cholin und zwei Molekülen Fettsäure zu synthetisieren. Besonders interessant ist schließlich zu bestimmen, wie sich die ATP-Energie prozentual auf die verschiedenen Biosyntheseprozesse verteilt.

Prüfen wir nun, was sich aus den Daten in Tab. 8 ablesen läßt. Zunächst stellen wir fest, daß die Hauptmasse der organischen Substanz in der Zelle aus Proteinen besteht, die mehr als 50 Prozent des Zelltrockengewichts ausmachen; es folgen die Nucleinsäuren, Lipide und Polysaccharide. Als nächstes fällt die erstaunlich hohe Geschwindigkeit auf, mit der die verschiedenen Zellkomponenten synthetisiert werden. Die eindrucksvollste Biosyntheseleistung ist die Synthese der Proteine, in jeder Sekunde werden etwa 1400 Eiweißmoleküle fertiggestellt. Zwar werden pro Sekunde mehr Phospholipidmoleküle synthetisiert als Proteinmoleküle, die Phospholipide sind jedoch kleine Moleküle, deren Synthese die Knüpfung von nur vier neuen covalenten Bindungen verlangt; d. h. es werden je Sekunde etwa 5600 covalente Bindungen geknüpft. Andererseits finden wir im Durchschnitt in jedem Proteinmolekül mehr als 300 neugeknüpfte covalente Bindungen, so daß bei der Eiweißsynthese in *Escherichia coli* in einer Sekunde $300 \times 1400 = 420\,000$ neue covalente Bindungen entstehen. Darüber hinaus werden die zwanzig verschiedenen, in Proteinen vorkommenden Aminosäuren, bei der Biosynthese nach einem komplizierten genetischen Schlüssel in einer genau festgelegten Folge aneinandergereiht. Wir werden uns mit diesem Prozeß im nächsten Kapitel noch beschäftigen. Vergleichen wir diese Leistung nun einmal mit den Anstrengungen des organischen Chemikers in seinem Labor. Erst kürzlich hat man zum ersten Mal ein Protein mit nichtbiologischen Methoden im Laboratorium synthetisiert. Dieses Protein, die Ribonuclease, besteht aus einer Kette von 129 Aminosäuren, die in einer genau festgelegten Sequenz angeordnet sind. Viele hochbegabte Chemiker und ein aufwendiges Instrumentarium waren nötig, um diese eindrucksvolle Leistung in monatelanger Arbeit zu vollbringen.

Die Daten in Tab. 8 lassen eine weitere wichtige Schlußfolgerung zu. Die Proteinbiosynthese ist in quantitativer Hinsicht bei weitem die wichtigste Syntheseleistung der Zelle. Sie erfordert fast 90 % des für Biosynthesezwecke in *Escherichia coli* verfügbaren ATP, während zum Aufbau von Lipiden, Nucleinsäuren und Polysacchariden nur ein verhältnismäßig geringer Teil der gesamten Biosyntheseenergie verbraucht wird. Weiterhin ist klar, daß die Biosynthesen der verschiedenen Zellkomponenten wirksam kontrolliert und aufeinander abgestimmt sein müssen, damit die verschiedenen Proteine, Lipide, Nucleinsäuren und Polysaccharide im richtigen, für eine *Escherichia coli*-Zelle charakteristischen, molaren Verhältnis zueinander entstehen.

Die in Tab. 8 aufgeführten Daten geben nur die *Minimalbeträge* der für Biosyntheseleistungen in der Zelle benötigten Gesamtenergie an. Bei den Berechnungen wurde vorausgesetzt, daß jedes Protein-, Nucleinsäure-, Lipid- und Polysaccharidmolekül während der zwanzig Minuten dauernden Entwicklungsphase der *Escherichia-coli-* Zelle nur einmal synthetisiert wird. Weiterhin wurde bei der Berechnung des ATP-Bedarfs davon ausgegangen, daß die Zelle bereits mit vorgebildeten Bausteinmolekülen versorgt ist, also z. B. mit Aminosäuren für die Proteinbiosynthese, mit Mononucleotiden für die Nucleinsäuresynthese, mit einfachen Zuckern für die Polysaccharidsynthese und mit Fettsäuren und anderen Vorstufen für die Lipidsynthese. *Escherichia-coli*-Zellen können jedoch auch diese Bausteinmoleküle aus noch einfacheren Vorstufen aufbauen. Sie können z. B. die für Proteinbiosynthesen notwendigen Aminosäuren oder die Nucleotide der Nucleinsäuren aus einfachen Verbindungen, wie Glucose und Ammoniumsalzen, synthetisieren. Die Synthese dieser Bausteinmoleküle erfordert ebenfalls den Einsatz großer ATP-Mengen.

Zusammenfassend können wir sagen, daß die Leistung von Biosynthesearbeit ein äußerst komplizierter und fein abgestimmter Prozeß ist. Die Biosynthese umfaßt das wichtigste biologische Phänomen, die Erhaltung und Weitergabe der genetischen Information, die Umschreibung dieser Information in spezifische Zellkomponenten mit charakteristischen Wirkungsweisen und schließlich die Differenzierung der Zellstrukturen der verschiedenen Organismen.

Nachdem wir nun einiges über Ausmaß und Geschwindigkeit der Biosynthese in der Zelle gehört haben, wollen wir uns jetzt mit der biochemischen Organisation von Biosyntheseprozessen beschäftigen.

Konzept der Biosynthese

Die Biosynthese der verschiedenartigen Zellkomponenten verlangt zwei „Zutaten". 1. Vorstufen, die Kohlenstoffatome, Wasserstoffatome, Stickstoffatome und andere Atome liefern, die für das Biosyntheseprodukt charakteristisch sind. 2. Chemische Energie in Form von ATP oder anderen Energieträgern, die notwendig ist, um die Vorstufen in die covalent verknüpfte chemische Struktur des Biosyntheseproduktes zu überführen.

Beschäftigen wir uns zunächst mit der chemischen Natur der Biosynthesevorstufen und den wichtigsten Biosynthesewegen. Als Beispiel wollen wir die heterotrophen Zellen herausgreifen, dabei bieten sich *Escherichia coli* und die Leberzellen der Säugetiere als besonders gute Beispiele an. Wie alle heterotrophen Zellen müssen auch diese Zellen ihren für Biosynthesezwecke benötigten Kohlenstoff in organisch gebundener Form geboten bekommen. Gewöhnlich beziehen sie den Kohlenstoff in Form von Glucose, obgleich auch andere Nährstoffe, wie etwa Fettsäuren als Kohlenstoffquellen in Frage kommen. Weiterhin brauchen sie eine Stickstoffquelle. *Escherichia coli* kann ihren Stickstoffbedarf mit Ammoniak (NH_3) decken, aus dem sie alle zur Proteinsynthese erforderlichen Aminosäuren aufbauen kann. Die Leberzellen dagegen können nur etwa die Hälfte aller benötigten Aminosäuren aus Ammoniak synthetisieren, der Rest muß bereits vorgebildet aus der Nahrung des Tieres bezogen werden. In der Regel können fast alle heterotrophen Zellen ihre eigenen Zellkomponenten aus zwei hauptsächlichen Nährstoffen aufbauen, aus Glucose und Ammoniak oder Aminosäuren.

Wie kann nun eine Zelle ihre so vielgestaltigen und verschiedenartigen Zellkomponenten aus nur zwei hauptsächlichen Vorstufen aufbauen? Die Antwort liegt im Konzept der zentralen Stoffwechselwege der Zelle begründet. Diese Stoffwechselwege sind so miteinander verbunden, daß die Kohlenstoffatome von Glucose nicht nur zur Synthese von Glykogen, sondern auch zur Synthese von Fettsäuren und der Kohlenstoffskelette der Aminosäuren und Nucleotide verwendet werden können. Abb. 49 veranschaulicht, wie die verschiedenen Stoffwechselwege der Zelle miteinander verbunden sind. Die vielen hundert Enzyme in der Zelle wirken nicht unabhängig voneinander, sondern in vielen miteinander verknüpften Multienzymsequenzen, so daß beim Abbau von Zellkomponenten alle Endprodukte in einen zentralen Stoffwechselweg einfließen und bei der Biosynthese aus einigen wenigen Vorstufen über sich teilende und verzweigende Stoffwechselhauptwege zahlreiche Endprodukte entstehen können.

Abb. 49 zeigt, daß der Abbau und die Biosynthese der Zellkomponenten in drei Hauptstufen verläuft. Wir sehen, daß die Stoffwechselstufe III den zentralen Stoffwechsel repräsentiert, der gemeinsam von den Abbaureaktionen und den Synthesereaktionen benutzt wird. So können aus den relativ wenigen Bausteinmolekülen, die aus der Stoffwechselstufe III stammen, die vielfältigen Zellkomponenten, ein-

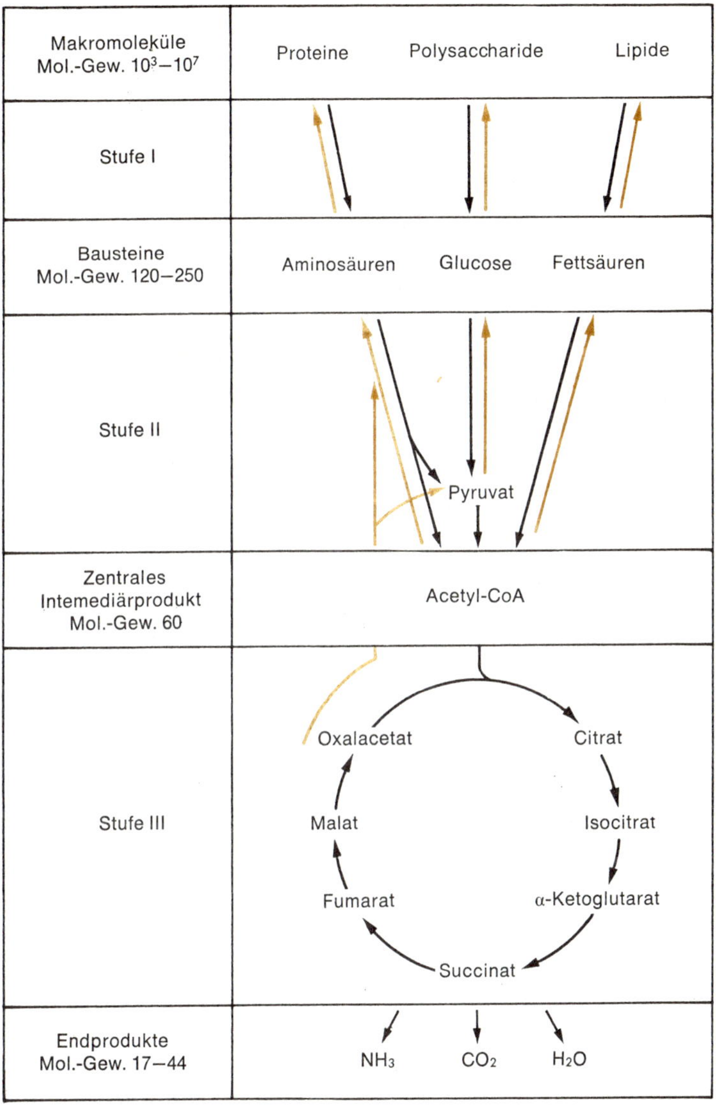

Abb. 49 Die drei Stufen des Intermediärstoffwechsels.

schließlich der vielen hundert Proteine, der zahlreichen verschiedenen Lipide, der vielen Nucleinsäuren und der verschiedenartigen Polysaccharide synthetisiert werden.

Biosynthese von Glucose aus einfachen Vorstufen

Eine andere wichtige Eigenschaft, die in Abb. 49 durch die verschiedenen farbigen Pfeile zum Ausdruck kommt, ist, daß die Abbau- und Synthesewege zwischen zwei gegebenen Punkten, etwa zwischen Glucose und Brenztraubensäure über nicht identische Reaktionsfolgen verlaufen. Diese Zweigleisigkeit der zentralen Stoffwechselrouten ist thermodynamisch notwendig, denn, wie wir wissen, sind Abbaureaktionen mit einer Abnahme an freier Energie verbunden, während Biosynthesen den Einsatz von freier Energie verlangen.

Wir wollen eine der wichtigsten zentralen Stoffwechselrouten herausgreifen, nämlich den Abschnitt zwischen Glucose und Brenztraubensäure und uns ansehen, wie sich hier Abbauweg und Syntheseweg in struktureller und energetischer Hinsicht unterscheiden. Am einfachsten kann man einen solchen Vergleich an einer schematischen Darstellung verdeutlichen (Abb. 50). Wir sehen in dem Schema, daß der Glucoseabbau zu Brenztraubensäure über die uns bereits bekannten Reaktionsschritte der Glykolyse verläuft. Obwohl sieben der glykolytischen Reaktionen frei reversibel sind und in beiden Richtungen benutzt werden können, finden wir drei Reaktionen, die vollkommen irreversibel nur in der Richtung Glucoseabbau ablaufen:

$$\text{ATP} + \text{Glucose} \xrightarrow{\text{Hexokinase}} \text{Glucose-6-phosphat} + \text{ADP}$$

$$\text{ATP} + \text{Fructose-6-phosphat} \xrightarrow[\text{kinase}]{\text{Phosphofructo-}} \text{Fructose-1,6-diphosphat} + \text{ADP}$$

$$\text{Phosphoenolbrenztraubensäure} + \text{ADP} \xrightarrow[\text{kinase}]{\text{Pyruvat-}} \text{Brenztraubensäure} + \text{ATP}$$

Diese Reaktionen sind mit einer hohen Abnahme an freier Energie verbunden, also stark exergonisch und können deshalb nicht in umgekehrter Richtung ablaufen. Sie müssen bei der Biosynthese von Glucose durch andere enzymkatalysierte Reaktionen umgangen werden, *die in Richtung Glucosesynthese exergonisch sind.* So wird die Hexokinasereaktion durch eine von dem Enzym *Glucose-6-phosphatase* katalysierten Reaktion umgangen:

$$\text{Glucose-6-phosphat} + H_2O \rightarrow \text{Glucose} + H_3PO_4 \quad \Delta G^{0\prime} = -3{,}3 \text{ kcal}$$

die Phosphofructokinasereaktion ist durch die Reaktion der *Fructosediphosphatase* ersetzt:

$$\text{Fructose-1,6-diphosphat} + H_2O \rightarrow \text{Fructose-6-phosphat} + H_3PO_4 \qquad \Delta G^{o\prime} = -4{,}0 \text{ kcal}$$

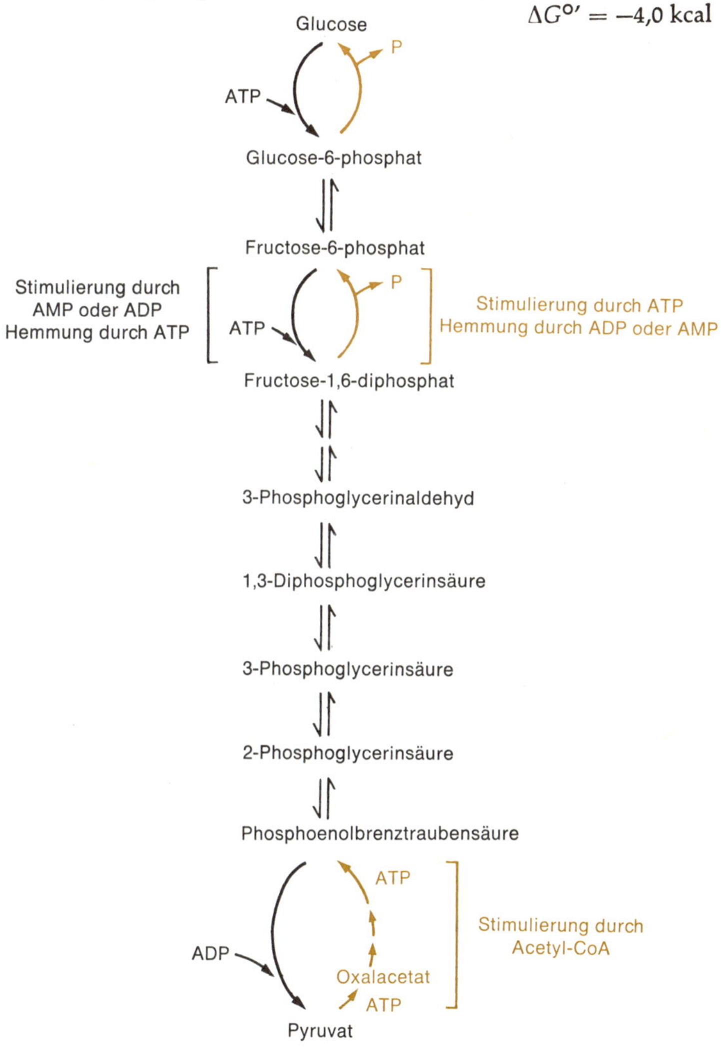

Abb. 50 Voneinander unabhängige Regulation der katabolischen und anabolischen Stoffwechselwege zwischen Glucose und Pyruvat.

Die Pyruvatphosphokinasereaktion wird durch eine ganze Reaktionsfolge ersetzt, mit den beiden folgenden Schlüsselreaktionen:

$$\text{Brenztraubensäure} + \text{ATP} + CO_2 \xrightleftharpoons[\text{Carboxylase}]{\text{Pyruvat-}} \text{Oxalessigsäure} + \text{ADP} + H_3PO_4$$

$$\text{Oxalessigsäure} + \text{GTP} \xrightleftharpoons[\text{Carboxykinase}]{\text{Phosphoenol-pyruvat-}} \text{Phosphoenolbrenztraubensäure} + CO_2 + \text{GDP}$$

Schreiben wir jetzt die Summengleichungen für den Abbau von Glucose zu Pyruvat und ihr Gegenstück, die Synthese von Glucose aus Pyruvat:

Glucoseabbau

$$\text{Glucose} + 2\,\text{ADP} + 2\,\text{P} + 2\,\text{NAD}^+ \rightarrow 2\,\text{Pyruvat} + 2\,\text{ATP} + 2\,\text{NADH} + 2\,H_2O$$

Glucosesynthese

$$2\,\text{Pyruvat} + 4\,\text{ATP} + 2\,\text{GTP} + 2\,\text{NADH} + 6\,H_2O \quad \text{Glucose} + 2\,\text{NAD}^+ + 4\,\text{ADP} + 2\,\text{GDP} + 6\,\text{P}$$

Wir sehen zum einen, daß der Syntheseweg nicht einfach eine Umkehrung des Abbauweges ist, zum anderen, daß sich beide Wege auch in energetischer Hinsicht unterscheiden. Der Abbau von einem Molekül Glucose zu Pyruvat ist mit der Bildung von zwei ATP gekoppelt, während die Glucosesynthese aus Pyruvat den Einsatz von sechs energiereichen Phosphatbindungen kostet, vier von ATP und zwei von GTP. Beide Reaktionsfolgen sind vollkommen irreversibel.

Die beiden gegenläufigen Stoffwechselwege sind noch durch eine weitere wichtige Eigenschaft ausgezeichnet, sie werden in der Zelle unabhängig voneinander reguliert. Wir wissen bereits, daß der entscheidende Kontrollpunkt der Glykolyse, also die Schrittmacherreaktion, die Phosphorylierung von Fructose-6-phosphat zu Fructose-1,6-diphosphat ist. Im Biosyntheseweg gibt es zwei entscheidende Kontrollpunkte. Der eine ist die Reaktion, durch die Fructose-1,6-diphosphat zu Fructose-6-phosphat hydrolysiert wird. Diese Reaktion wird durch die regulatorische *Fructosediphosphatase* katalysiert. Die Aktivität dieses Enzyms wird von ATP als positivem Effektor und AMP oder ADP als negativem Effektor gesteuert. Der andere Kontrollpunkt ist die Umwandlung von Pyruvat zu Oxalessigsäure, die durch Acetyl-

CoA aktiviert wird. Sobald also die Konzentrationen von ATP und Acetyl-CoA in der Zelle einen bestimmten Grenzwert überschreiten, wird der Glucoseabbau gehemmt und die Glucosesynthese stimuliert.

Energetische Aspekte zur Synthese der Makromoleküle aus einfachen Bausteinen

Untersuchen wir jetzt, wie die Zelle ihre Makromoleküle aus den verschiedenen charakteristischen Bausteinen zusammensetzt. Die Synthese der großen, komplexen Makromoleküle aus vielen einfachen Bausteinmolekülen ist ein Vorgang, der mit einer Entropieabnahme verbunden ist. Ein großes Glykogenmolekül z. B., das in einer covalent verknüpften Kette 500 Glucosemoleküle enthält, ist ein höher organisiertes und weniger ungeordnetes System als 500 freie Glucosemoleküle in einer verdünnten wäßrigen Lösung, in der sie sich ungehindert und zufällig verteilen können. Die Synthese von hochmolekularen Proteinen aus zwanzig verschiedenen Aminosäuren ist sogar mit einer noch größeren Zunahme an Ordnung und Abnahme an Entropie verbunden als die Glykogensynthese, denn die einzelnen Aminosäuren werden von der Zelle in einer festgelegten Reihenfolge aneinandergeknüpft. Aus diesen Beispielen wird klar, daß Biosynthesereaktionen in der Zelle nie spontan ablaufen können, da sie immer von einer Entropieabnahme und einer entsprechenden Zunahme an freier Energie begleitet werden. Sie können nur dann ablaufen, wenn sie mit anderen Reaktionen gekoppelt werden, die sie mit der erforderlichen freien Energie versorgen.

Der zweite Umstand, der besondere Beachtung verdient, ist der, daß bei der Synthese der verschiedenen Makromoleküle die Verknüpfung der Bausteinelemente mit der Abspaltung von Wasser verbunden ist. Dies gilt für die Bildung von glykosidischen Bindungen in den Polysacchariden, für die Peptidbindungen der Proteine und für die Phosphodiesterbindungen der Phospholipide und Nucleinsäuren. Alle diese Bindungen müssen im verdünnten, wäßrigen Milieu der Zelle synthetisiert werden. Wir wissen, daß die Hydrolyse einer solchen Bindung mit einer starken Abnahme an freier Energie verbunden ist, entsprechend verlangt ihre Synthese in einem verdünnten, wäßrigen System einen hohen Einsatz an freier Energie.

Wir haben bereits früher gesehen, wie das Prinzip des gemeinsamen Zwischenprodukts es ermöglicht, daß bei der Glykolyse und Atmung Oxydationsenergie in energiereichen Phosphatbindungen von ATP konserviert werden kann. Dieses Prinzip spielt auch bei den Biosynthesereaktionen der Zelle eine Rolle, ja, wir können die Wirkungsweise dieses Prinzips gerade bei der Leistung von chemischer Arbeit unter Verbrauch von ATP-Energie besonders eindrucksvoll verfolgen. Auf Seite 54 haben wir uns bereits mit dem Mechanismus einer sehr einfachen ATP-abhängigen Biosynthesereaktion beschäftigt, der Bildung von Glutamin aus Glutaminsäure und Ammoniak. Bei der enzymatischen Übertragung der Phosphatgruppe von ATP auf Glutaminsäure entsteht Glutamylphosphat. In einer zweiten Reaktion reagiert Glutamylphosphat enzymatisch mit Ammoniak unter Bildung von Glutamin. Das Gleichgewicht dieser Reaktion begünstigt auch in einem verdünnten, wäßrigen System die Bildung von Glutamin:

ATP + Glutaminsäure ⇌ ADP + Glutamylphosphat

Glutamylphosphat + NH_3 ⟶ Glutamin + P

Summe:

ATP + Glutaminsäure + NH_3 ⟶ Glutamin + ADP + P

$\Delta G^{0\prime} = -3{,}9$ kcal

Es wird also die chemische Energie von ATP dazu verwendet, um in einem gekoppelten Prozeß über das gemeinsame Zwischenprodukt Glutamylphosphat (in den oben stehenden Gleichungen schattiert) Glutamin zu synthetisieren. Jeder Biosyntheseprozeß dieser Art, bei dem die Synthese einer neuen Bindung mit dem Verbrauch von ATP gekoppelt ist, hat einen negativen $\Delta G^{0\prime}$-Wert. Dies ist aus thermodynamischen Gründen notwendig, damit die Biosynthese quantitativ ablaufen kann.

Das Prinzip des gemeinsamen Zwischenprodukts finden wir bei allen Biosynthesereaktionen in der Zelle realisiert, durch die Bausteinmoleküle in Kondensationsreaktionen, also unter Freisetzung von H_2O, miteinander verknüpft werden. Allerdings sind die enzymatischen Mechanismen, durch die Polysaccharide, Lipide und Proteine synthetisiert werden, nicht so einfach wie im Fall des Glutamins. Wir müssen in diesem Zusammenhang auf einen anderen, bisher noch nicht erwähnten Mechanismus ATP-abhängiger Reaktionen eingehen. Bisher haben wir bei der Übertragung von ATP-Energie nach dem Prinzip des gemeinsamen Zwischenprodukts immer betont, daß die endständige Phosphatgruppe des ATP auf ein Molekül, das aktiviert oder energiereich gemacht werden soll, übertragen wird. Viele Biosynthesereaktionen, die ATP als Triebkraft verwenden, sind jedoch mit der Abspaltung von zwei endständigen Phosphatgruppen aus dem ATP-Molekül, also mit der Abspaltung von *Pyrophosphat* gekoppelt; als Reaktionsprodukt entsteht dann nicht ADP sondern AMP. Beide Arten der ATP-Spaltung sind in den folgenden Gleichungen einander gegenübergestellt:

Orthophosphat - Spaltung

Ⓐ–Ⓡ–P~P~P (ATP) + H_2O ⟶ Ⓐ–Ⓡ–P~P (ADP) + P (Orthophosphat)

Pyrophosphat - Spaltung

Ⓐ–Ⓡ–P~P~P (ATP) + H_2O ⟶ Ⓐ–Ⓡ–P (AMP) + P~P (Pyrophosphat)

Die Standardänderung der freien Energie ist bei beiden ATP-Hydrolysen ungefähr gleich. Pyrophosphat kann in der Zelle jedoch nicht direkt während der Glykolyse oder Atmung zur Phosphorylierung von ADP verwendet werden. Es muß zunächst durch die *Pyrophosphatase* enzymatisch zu Orthophosphorsäure hydrolysiert werden:

$\Delta G^{\circ\prime} = -7{,}3$ kcal

Die Hydrolyse von Pyrophosphat ist mit einer starken Abnahme an freier Energie verbunden. Pyrophosphat ist also selbst eine energiereiche Phosphatverbindung. Alle Biosynthesereaktionen, in deren Verlauf ATP zu Pyrophosphat und AMP gespalten wird, bewirken damit, daß im Endeffekt *zwei energiereiche* Phosphatbindungen des ATP hydrolysiert werden. Dieser Prozeß liefert den mit ihm gekoppelten Reaktionen zweifellos einen wesentlich stärkeren thermodynamischen Antrieb ($2 \times 7{,}3 = 14{,}6$ kcal/Mol) als das bei Reaktionen der Fall ist, durch die nur eine Phosphatgruppe aus dem ATP-Molekül abgespalten wird. Alle Reaktionen, die mit einer Pyrophosphatspaltung verbunden sind, verlaufen natürlich auch über gemeinsame Zwischenprodukte, nur in einer etwas komplizierteren Weise als bei der Glutaminsynthese. Wir werden gleich sehen, daß die Glykogensynthese und die Synthesen von Lipiden, DNA, RNA und Proteinen, mit der Abspaltung von Pyrosphat aus Nucleosidtriphosphaten gekoppelt sind. Die Pyrophosphatbildung scheint in allen Fällen das chemische Mittel zu sein, durch das sichergestellt wird, daß die Biosynthesen wirklich quantitativ ablaufen.

Verteilung der ATP-Energie über andere Triphosphate

Die Verbindungen ATP, ADP und AMP sind in der Natur universell verbreitet und finden sich in jeder Zelle. Sie sind obligatorische Komponenten im Phosphatgruppentransfer von der energieliefernden Atmung zu den verschiedenartigen energieverbrauchenden Prozessen in der Zelle. Jede Zelle verfügt jedoch noch über andere Phosphatverbindungen, die dem ATP strukturell sehr ähnlich sind und als Schalt- und Verteilerelemente an der Übertragung von energiereichen Phosphatgruppen beteiligt sind. Man kann diese Verbindungen in zwei Gruppen einteilen: Die erste Gruppe setzt sich aus den vier *Ribonucleosid-5'-triphosphaten* zusammen (Abb. 51), die sich vom ATP nur dadurch unterscheiden, daß das Adeninringsystem des ATP gegen das Purin *Guanin* oder die Pyrimidine *Uracil* und *Cytosin* ausgetauscht ist. Sie werden analog zum ATP benannt und abgekürzt: *Guanosintriphosphat* ist *GTP*, *Guanosindiphosphat* ist GDP usw. Zur zweiten Gruppe gehören die vier *2-Desoxyribonucleosid-5'-triphosphate* nämlich: *Desoxyadenosintriphosphat (dATP)*, *Desoxyguanosintriphosphat (dGTP)*, *Desoxythymidintriphosphat (dTTP)* und *Desoxycytidintriphosphat (dCTP)*. Diese Verbindungen sind analog zu den Ribonucleosidtriphosphaten gebaut, enthalten jedoch an Stelle von Ribose den Zucker *2-Desoxyribose:*

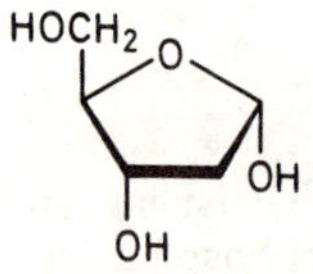

2 - Desoxyribose

Außerdem ist in der Reihe der Desoxyribonucleoside die Base Uracil durch *Thymin* ersetzt; dTTP hat folgende Struktur:

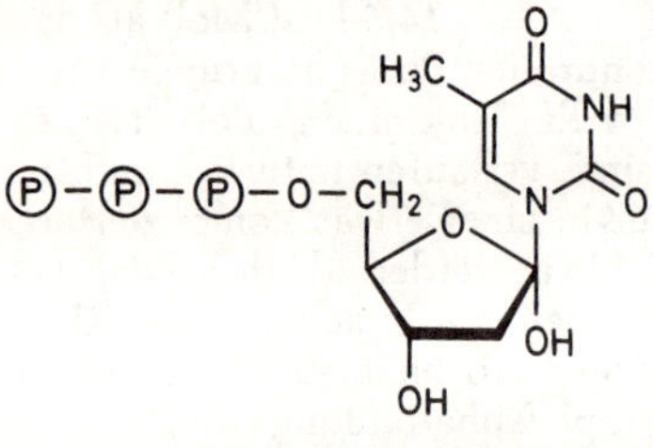

Desoxythymidin - triphosphat

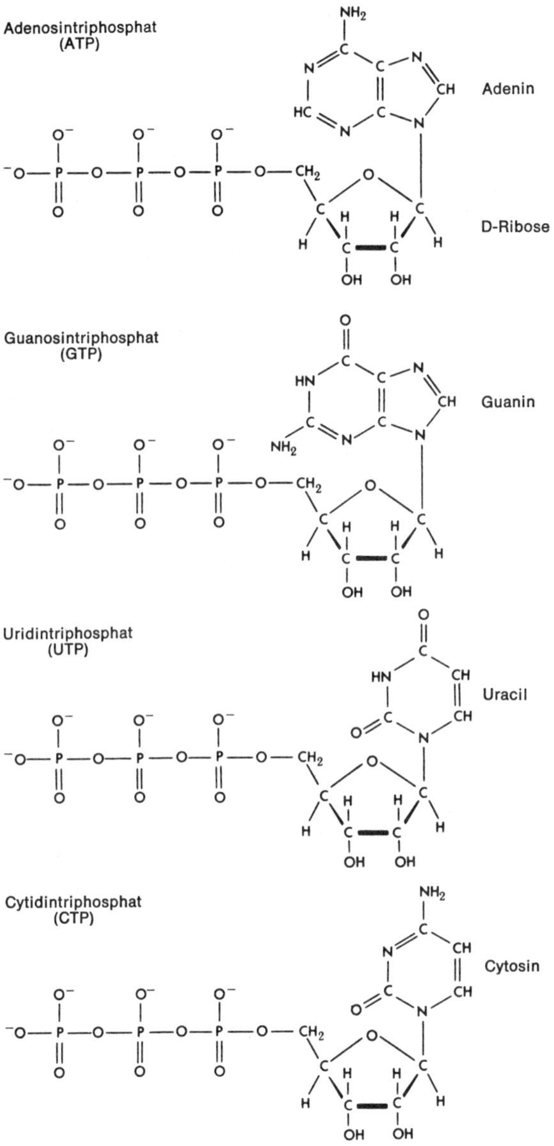

Abb. 51 Die Ribonucleosid-5'-triphosphate.

Adenosintriphosphat (ATP) ist das obligatorische Zwischenprodukt bei der Übertragung von Phosphatbindungsenergie, während den übrigen Nucleosid-5'-triphosphaten und den Desoxyribonucleosid-5'-triphosphaten die Aufgabe zufällt, die ATP-Energie auf die verschiedenen Biosynthesewege zu verteilen (Abb. 52). Diese Verteilung wird möglich, weil die endständige Phosphatgruppe von ATP enzymatisch durch *Nucleosiddiphosphokinasen* auf die 5'-Disphosphate der übrigen Nucleoside übertragen werden kann. Diese Enzyme katalysieren die folgenden reversiblen Reaktionen:

$$
\begin{aligned}
\text{ATP} + \text{GDP} &\rightleftharpoons \text{ADP} + \text{GTP}\\
\text{ATP} + \text{UDP} &\rightleftharpoons \text{ADP} + \text{UTP}\\
\text{ATP} + \text{CDP} &\rightleftharpoons \text{ADP} + \text{CTP}\\
\text{ATP} + \text{dADP} &\rightleftharpoons \text{ADP} + \text{dATP}\\
\text{ATP} + \text{dGDP} &\rightleftharpoons \text{ADP} + \text{dGTP}
\end{aligned}
$$

und so weiter.

Bei den Verbindungen GTP, UTP, CTP und dATP ist ebenso wie bei allen anderen dem ATP analogen Nucleosidtriphosphaten die hydrolytische Abspaltung der endständigen Phosphatgruppe mit derselben

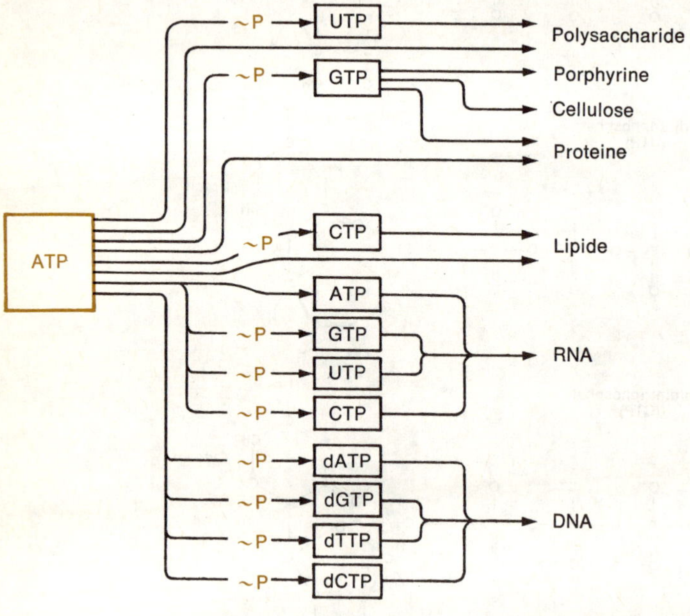

Abb. 52 Die „Kanalisierung" der Phosphatbindungsenergie von ATP in spezifische Biosyntheserouten.

Standardänderung an freier Energie verbunden. Die Gleichgewichtskonstanten der oben aufgeführten Reaktionen haben deshalb einen Wert von ungefähr 1,0. Da nur ADP bei der Glykolyse oder oxydativen Phosphorylierung zu ATP phosphoryliert werden kann, ist das ATP-ADP-System notwendig, um GDP, UDP, CDP u. a. zu phosphorylieren und damit die verschiedenen Kanäle des Energietransports mit Phosphatgruppen zu versorgen. Jedes der verschiedenen Nucleosidtriphosphate beliefert spezifische Biosynthesewege mit Energie (Abb. 52). Uridin-5'-triphosphat (UTP) ist der intermediäre Energielieferant für die Biosynthese der meisten Polysaccharide im tierischen Organismus, Cytidin-5'triphosphat (CTP) ist spezifischer Energielieferant für die Reaktionen der Lipidbiosynthese, während GTP der Proteinbiosynthese und anderen Synthesen Energie zuführt. Letztlich stammen jedoch in jedem Fall die energiereichen Phosphatgruppen, die bei den verschiedenen Biosynthesereaktionen oder anderen energieabhängigen Prozessen, wie dem aktiven Transport oder der Muskelkontraktion verbraucht werden, aus dem ATP (Abb. 52). Sehr wahrscheinlich spielt das ATP bei der biologischen Energieübertragung deshalb eine zentrale Rolle, weil es als erstes Nucleosid-5'-triphosphat in präbiologischer Zeit entstand und in den ersten primitiven Organismen als Energieüberträger selektiert wurde.

Biosynthese von Glykogen aus Glucose

Wir wollen uns nun mit den energetischen und enzymatischen Aspekten der Biosynthesen der wichtigsten chemischen Zellkomponenten beschäftigen. Am besten beginnen wir mit den Polysacchariden. Die Polysaccharide bestehen aus langen Ketten einfacher Zuckermoleküle, die durch glykosidische Bindungen zusammengehalten werden. Ihre Molekulargewichte können 10 Millionen erreichen. Unter den besonders verbreitet vorkommenden Polysacchariden finden wir die *Amylose,* den Hauptbestandteil der Stärke, die als Glucosespeicherform in den höheren Pflanzen vorkommt. Das Gegenstück zur Stärke ist im tierischen Organismus das Polysaccharid *Glykogen.* Amylose und Glykogen setzen sich aus zahlreichen Glucosemolekülen zusammen, die 1,4-glykosidisch miteinander verknüpft sind. Beide Polysaccharide enthalten außer Glucose keine anderen Bausteine. Amylose besteht aus langen unverzweigten, schraubenartig aufgewundenen Ketten, während Glykogen eine hochverzweigte Struktur hat (Abb. 53). Ein weiteres wichtiges Polysaccharid ist die *Cellulose,* eine unlösliche faserartige Verbindung, die in der Pflanze als Gerüstsubstanz eine ähnliche Funktion erfüllt wie das Kollagen im tierischen Organismus. Weiterhin wäre die *Hyaluronsäure* zu nennen, die zu einer Gruppe von viscosen, klebrigen Polysacchariden, den *Muco-*

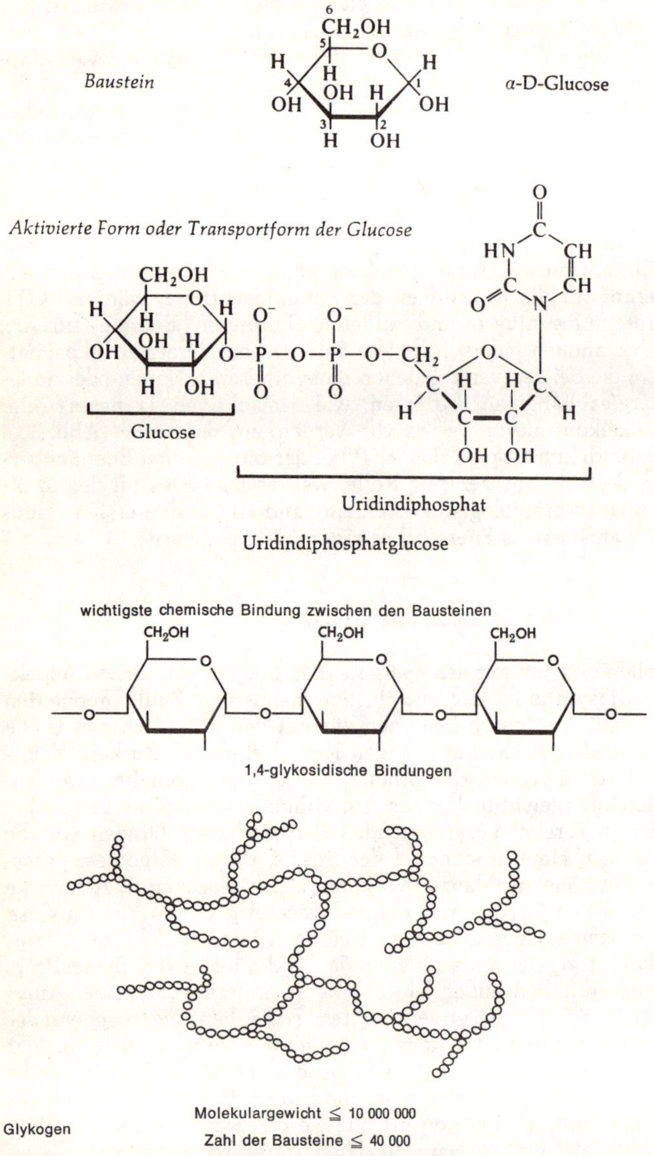

Abb. 53 Die Elemente der Glykogenbiosynthese.

polysacchariden gehört, die man häufig als schleimige Zellauflagerungen oder als extrazelluläres Material zwischen den Zellen des Bindegewebes findet.

Um uns das Prinzip klarzumachen, nach dem die meisten Polysaccharide biosynthetisiert werden, wollen wir uns die Struktur und enzymatische Synthese des Glykogens etwas genauer ansehen. In Abb. 53 ist die Stukturformel von Glucose, dem Baustein des Glykogens, wiedergegeben, die 1,4-glykosidische Bindung zwischen zwei Glucosemolekülen verdeutlicht und der Bau des Glykogengerüsts schematisch darstellt. Glykogen wird in einem sich vielfach wiederholenden Prozeß synthetisiert, durch den jeweils ein Glucosemolekül an das wachsende Kettenende des entstehenden Glykogenmoleküls angehängt wird. Um ein Glucosemolekül an die Glykogenkette anzuhängen, sind sechs aufeinanderfolgende Reaktionen nötig. Jede dieser Reaktionen wird durch ein spezifisches Enzym katalysiert. Die vollständige Reaktionsfolge ist in Tab. 9 zusammengestellt. Zunächst wird Glucose durch ATP zu Glucose-6-phosphat phosphoryliert und damit energiereicher gemacht. Das in der folgenden Reaktion entstehende Glucose-1-phosphat reagiert mit Uridintriphosphat (UTP) zu einem aktivierten Glucosederivat, der *Uridindiphosphatglucose,* kurz *UDP-Glucose* genannt (Abb. 53). Diese Verbindung ist eine Transportform von Glucose oder ein Glucoseüberträger, vergleichbar mit ATP als spezifischem Phosphatgruppenüberträger. Im nächsten Reaktionsschritt, der durch das Enzym *Glykogensynthetase* katalysiert wird, reagiert die UDP-Glucose mit dem freien Ende einer bereits vorhandenen Glykogenkette, die aus *n* Glucoseresten besteht. Das Glucosemolekül wird an das freie Ende der Glykogenkette angehängt, so daß sich die Kette um eine Glucoseeinheit verlängert und freies UDP zurückbleibt. Durch enzymatische Übertragung einer Phosphatgruppe von ATP wird UDP wieder zu UTP regeneriert. Für jede Glucoseeinheit, die zu der Glykogenkette addiert wird, muß der gesamte Reaktionszyklus wiederholt werden.

Auf zwei wichtige Einzelheiten müssen wir noch näher eingehen. Die erste ist, daß Glucose-1-phosphat vor der Knüpfung der glykosidischen Bindung durch UTP in ihr UDP-Derivat überführt werden muß. Bei dieser Reaktion kann UTP durch kein anderes Nucleosidtriphosphat ersetzt werden. Die Biosynthese der meisten anderen wichtigen Polysaccharide und Zuckerderivate im tierischen Gewebe, wie z. B. Hyaluronsäure, benötigen ebenfalls UDP als Überträger der Monosaccharidbausteine. Bei der Cellulosesynthese in der höheren Pflanze kann GDP als Überträger fungieren.

Der zweite wichtige Punkt ist, daß für jede glykosidische Bindung, die synthetisiert wird, *zwei* Moleküle ATP zu ADP und Phosphat abgebaut werden. Ein ATP wird bei der Phosphorylierung von Glu-

Tabelle 9 Die enzymatischen Reaktionsschritte bei der Biosynthese von Glykogen.

1. Glucose + ATP $\xrightarrow{\text{Hexokinase}}$ Glucose-6-phosphat + ADP
2. Glucose-6-phosphat $\xrightarrow{\text{Phosphoglucomutase}}$ Glucose-1-phosphat
3. Glucose-1-phosphat + UTP $\xrightarrow[\text{Pyrophosphorylase}]{\text{UDP-Glucose-}}$ UDP-Glucose + Pyrophosphat
4. UDP-Glucose + Glykogen$_n$ $\xrightarrow[\text{Synthetase}]{\text{Glykogen-}}$ Glykogen$_{n+1}$ + UDP
5. ATP + UDP $\xrightarrow[\text{diphosphokinase}]{\text{Nucleosid-}}$ ADP + UTP
6. Pyrophosphat + H_2O $\xrightarrow{\text{Pyrophosphatase}}$ 2 Phosphat

Summe: Glucose + 2 ATP + Glykogen$_n$ → 2 ADP + 2 P + Glykogen$_{n+1}$

cose zu Glucose-6-phosphat gespalten, das andere bei der Rephosphorylierung von UDP zu UTP. Für die Hydrolyse von 2 Mol ATP zu ADP und P ergibt sich $\Delta G^{o\prime}$ mit $2 \times -7{,}3 = -14{,}6$ kcal, während $\Delta G^{o\prime}$ für die Synthese einer glykosidischen Bindung im Glykogenmolekül einen Wert von etwa + 4,4 kcal hat. Die thermodynamische Triebkraft für jedes Mol Glucose, das glykosidisch verknüpft wird, errechnet sich also mit $-14{,}6 + 4{,}4 = -10{,}2$ kcal. Wir sehen damit, daß das Reaktionsgleichgewicht ganz zugunsten der Glykogensynthese verschoben ist. Der hohe Energieverlust mag ein wenig teurer als notwendig erscheinen, es ist jedoch der Preis, den die Zelle zahlen muß, wenn sie Glykogen in einem verdünnten, wäßrigen System synthetisieren will. Die Synthese eines Glykogenmoleküls, das aus 10 000 Glucoseeinheiten besteht, erfordert den Einsatz von 20 000 ATP-Molekülen und macht notwendig, daß die sechs an der Synthese beteiligten Enzyme ihren Zyklus 10 000 mal wiederholen.

Andere Polysaccharide, wie Amylose, Cellulose und Hyaluronsäure werden aus einfachen Zuckern über ganz ähnliche Reaktionsfolgen, die ebenfalls Zuckernucleoside als Zwischenprodukte benötigen, synthetisiert.

Biosynthese eines Lipids aus seinen Bausteinen

Wir wollen uns nun mit der Biosynthese eines typischen Lipids beschäftigen. Die Stoffklasse der Lipide umfaßt wesentlich kleinere Moleküle als die der Polysaccharide. Ihre Molekulargewichte liegen selten über 1000. Ihre Biosynthese ist jedoch komplizierter als die des Glykogens, denn in den meisten Lipiden finden wir mehr als einen chemischen Bindungstyp, während die Glucoseeinheiten im Glykogen durch nur einen Bindungstyp zusammengehalten werden.

Die einfachsten Lipide sind die *Neutralfette* oder *Triglyceride,* die als Reservefette in verschiedenen Geweben vorkommen. Ihre Bausteine sind Glycerin und drei Moleküle langkettiger Fettsäuren (Abb. 54). Etwas komplizierter gebaut und in ihrer Funktion wichtiger sind die *Phospholipide,* die wichtige Strukturelemente der Zellmembranen sind. Abb. 54 zeigt die Strukturformel eines typischen Phospholipids. Seine Bausteine sind zwei Fettsäuren (*Palmitinsäure* und *Ölsäure*), ein Molekül Phosphorsäure und die beiden Alkohole *Glycerin* und *Äthanolamin.* Dieses Lipid ist das *Phosphatidyläthanolamin,* das in tierischen Geweben sehr verbreitet vorkommt. Wir sehen, daß das Phosphatidyläthanolamin zwei aliphatische Esterbindungen zwischen den Fettsäuren und Glycerin enthält und eine Phosphodiesterbrücke,

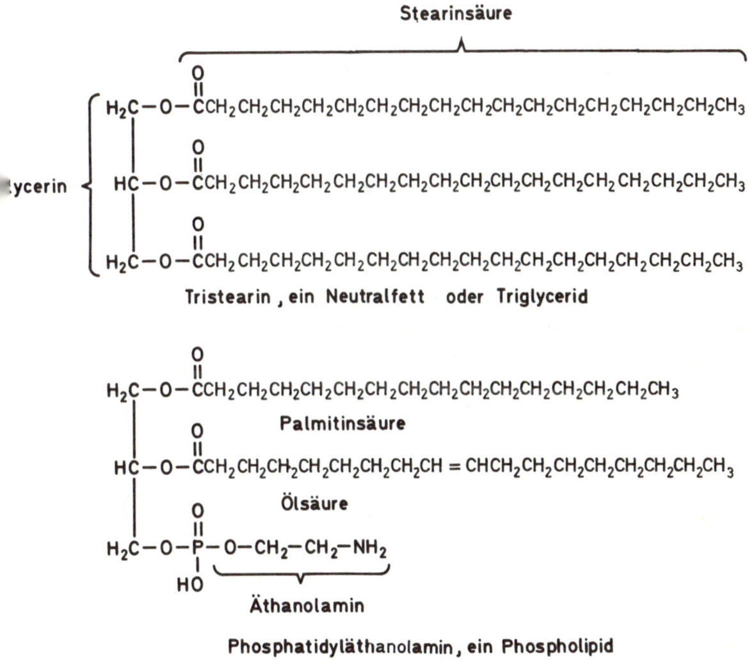

Abb. 54 Zwei typische Lipide.

Palmitoyl - CoA

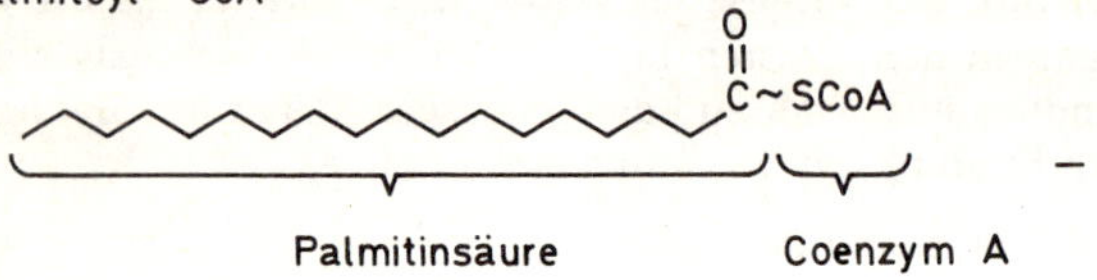

3 - Phospho - glycerin

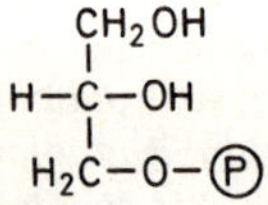

Cytidindiphosphat - diacylglycerin

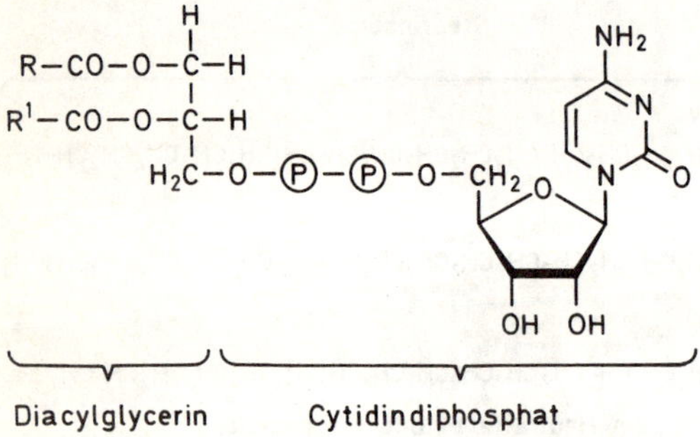

Abb. 55 Die aktivierten Bausteine der Phospholipidbiosynthese.

die die beiden verschiedenen Alkohole verbindet. Jede dieser Bindungen wird durch ein spezifisches Enzym geknüpft.

In der ersten Phase der Biosynthese von Phosphatidyläthanolamin werden die Fettsäuren und Glycerin in ATP-abhängigen Reaktionen aktiviert. In der zweiten Phase werden dann die aktivierten Bausteinmoleküle zum vollständigen Phospholipidmolekül zusammengefügt. Die Strukturen der aktivierten Bausteinmoleküle sind in Abb. 55 wiedergegeben, die Reaktionsgleichungen für ihre Synthesen sind in Tab. 10 aufgeführt. Insgesamt erfordert die Phospholipidbiosynthese 15 enzymatische Einzelschritte. In ATP-abhängigen Reaktionen werden die Fettsäuren durch Veresterung mit Coenzym A und Glycerin durch Veresterung mit Phosphorsäure aktiviert. Die aktivierten Bausteinmoleküle werden dann unter Bildung von *Phosphatidinsäure (3-Phosphodiacylglycerin)* zusammengesetzt. Dieses Molekül wird nun in einer Reaktion mit CTP zu dem Nucleotidderivat *Cytidindiphosphatdiacylglycerin* aktiviert. Cytidinnucleotide sind bei der Phosphatidsynthese die spezifischen Überträger von Phosphatidinsäureresten ganz entsprechend wie Uridinnucleotide bei der Polysaccharidsynthese als die spezifischen Überträger der Monosaccharidreste fungieren.

Im Hinblick auf die Energetik dieser Reaktionen sind zwei Punkte erwähnenswert. Die ersten beiden Gleichungen in Tab. 10 zeigen, daß die Fettsäureaktivierung mit einer *Pyrophosphatspaltung* von ATP gekoppelt ist. Das in beiden Reaktionen entstehende Pyrophosphat muß später zu Orthophosphorsäure hydrolysiert werden. Die Bildung der beiden energiereichen Fettsäurederivate verlangt also den Einsatz

Tabelle 10 Die enzymatischen Reaktionsschritte bei der Synthese von Phosphatidyläthanolamin.

Aktivierung der Fettsäuren

RCOOH + ATP + CoA–SH → R–CO–SCoA + AMP + Pyrophosphat

R′COOH + ATP + CoA–SH → R′CO–SCoA + AMP + Pyrophosphat

2 AMP + 2 ATP → 4 ADP

2 Pyrophosphat + 2 H_2O → 4 Phosphat

Aktivierung von Glycerin

Glycerin + ATP → Glycerin-3-phosphat + ADP

Bildung von CDP-Diacylglycerin

RCO-SCoA + Glycerin-3-phosphat → Monoacylglycerin-3-phosphat + CoA–SH

R′CO–SCoA + Monoacylglycerin-3-phosphat → Diacylglycerin-3-phosphat + CoASH

Diacylglycerin-3-phosphat + CTP → CDP–Diacylglycerin + Pyrophosphat

Pyrophosphat + H_2O → 2 Phosphat

Verknüpfung mit Äthanolamin

CDP–Diacylglycerin + Serin → Phosphatidylserin + CMP

Phosphatidylserin → Phosphatidyläthanolamin + CO_2

ATP + CMP → ADP + CDP

ATP + CDP → ADP + CTP

Summe: RCOOH + R′COOH + Glycerin + Serin + 7 ATP →

Phosphatidyläthanolamin + 7 ADP + 6 Phosphat + CO_2

von je zwei energiereichen Phosphatbindungen. Außerdem muß das bei der Fettsäureaktivierung entstehende Adenosin-5'-monophosphat (AMP) in zwei Reaktionsschritten zu ATP rephosphoryliert werden. In der ersten Reaktion wird AMP unter Verbrauch von ATP durch das Enzym *Adenylatkinase* zu ADP phosphoryliert:

$$\text{AMP} + \text{ATP} \rightleftharpoons \text{ADP} + \text{ADP}$$

Das ADP kann dann durch die Glykolyse oder die oxydative Phosphorylierung wieder zu ATP regeneriert werden. Auch das aus CTP entstehende CMP wird, wie aus Tab. 10 zu ersehen ist, in zwei Reaktionsschritten zu CTP rephosphoryliert.

Wenn wir nun alle Substrate und Reaktionsprodukte der 15 Einzelreaktionen, die durch insgesamt 11 verschiedene Enzyme katalysiert werden, addieren und dann kürzen, was auf beiden Seiten erscheint, erhalten wir die in der Tabelle geschriebene Summengleichung. Wir sehen, daß bei der Synthese von einem Molekül Phosphatidyläthanolamin insgesamt sieben Moleküle ATP zu ADP und Phosphat gespalten werden. Wenn wir uns nun nochmals Tab. 8 ansehen, aus der zu entnehmen ist, daß eine *Escherichia coli*-Zelle pro Sekunde 12 500 Lipidmoleküle synthetisiert, so müssen wir sagen, daß die lebende Zelle in chemischer Hinsicht äußerst fleißig ist, denn die Synthese eines Lipidmoleküls benötigt, wie wir jetzt wissen, 15 Reaktionsschritte, so daß in einer *Escherichia coli*-Zelle annähernd $15 \times 12\,500 = 187\,000$ Enzymreaktionen pro Sekunde ablaufen müssen, nur um die 12 500 Lipidmoleküle zu synthetisieren.

Prüfen wir nun noch, mit welcher Energieänderung die vollständige Biosynthese eines Moleküls Phosphatidyläthanolamin aus seinen Bausteinen verbunden ist. Exakte Daten für die individuellen Reaktionsschritte stehen zwar nicht zur Verfügung, die Berechnung eines brauchbaren Näherungswertes für die Gesamtenergieänderung ist jedoch möglich. Die Energiezufuhr beträgt für die Synthese der beiden aliphatischen Esterbindungen jeweils etwa 3,5 kcal/Mol, für die Esterbindung zwischen Phosphorsäure und Äthanolamin ebenfalls ungefähr 3,5 kcal/Mol und für die Esterbindung zwischen Glycerin und Phosphorsäure etwa 6,5 kcal/Mol. Insgesamt verlangt also die Synthese von Phosphatidyläthanolamin eine Energiezufuhr von ca. 17 kcal/Mol. Durchgeführt wird die Biosynthese unter Verbrauch von sieben Mol ATP also $7 \times 7{,}3 = 51{,}1$ kcal/Mol. Der Wirkungsgrad der Phosphatidyläthanolaminsynthese ergibt damit einen Näherungswert von:

$$(17{,}0 \,/\, 51{,}1)\, 100 = 33\,\%$$

In fast jeder Zelle kommen zehn oder mehr verschieden gebaute Lipide vor. Jedes dieser Lipide benötigt einen festgelegten Satz von

Bausteinen, die bei der Biosynthese in der vorbestimmten Weise durch spezifische Enzyme zusammengesetzt werden. Weiterhin werden die verschiedenen Lipidarten in konstanten molaren Verhältnissen zueinander synthetisiert. Wir sehen damit, daß selbst die Biosynthese dieser kleinen Moleküle in der Zelle ein komplizierter und fein abgestimmter Prozeß ist.

ATP-Umsatz während der aktiven Biosynthese

Unter den in Tab. 8 zusammengestellten Daten finden sich Angaben über die Anzahl der ATP-Moleküle, die bei der Biosynthese der einzelnen chemischen Zellkomponenten verbraucht werden. Die angegebenen Zahlen stellen Näherungswerte dar. Die Biosynthese eines Phospholipidmoleküls verbraucht etwa sieben ATP, die eines Polysaccharids etwa 2000 ATP, die eines Proteins etwa 1500 ATP, die eines RNA-Moleküls etwa 6000 ATP und die eines DNA-Moleküls annähernd 120 000 000 Moleküle ATP. In einer *Escherichia coli*-Zelle werden also pro Sekunde mindestens 2 500 000 Moleküle ATP zu ADP und Phosphorsäure abgebaut, um die Biosynthese der wichtigsten Zellkomponenten zu gewährleisten.

Eine *Escherichia coli*-Zelle enthält etwa 5 Millionen ATP-Moleküle, eine Zahl, die gerade für zwei Sekunden Biosynthesearbeit ausreichen würde. Im Zustand des Stoffwechselfließgleichgewichts einer *Escherichia coli*-Zelle muß demnach die Halbwertzeit der endständigen Phosphatgruppe von ATP in dem Bereich von ein bis zwei Sekunden liegen. Unter Fließgleichgewichtsbedingungen wird die in einer Zelle bestehende ATP-Konzentration durch zwei starke gegenläufige Prozesse bestimmt, dem Verbrauch von ATP und seiner Regenerierung. Sobald im Fließgleichgewicht der Zelle der Spiegel der ATP-Konzentration absinkt, weil verstärkt Biosynthesearbeit geleistet wird, oder andere ATP-verbrauchende Prozesse beschleunigt arbeiten, wird die Geschwindigkeit der Atmung und damit auch der ATP-Bildung durch die Kontrollfunktion der allosterischen Enzyme, die die Geschwindigkeiten von Glykolyse und Atmung regulieren, automatisch angekurbelt. Umgekehrt wird bei einer Erhöhung des im Fließgleichgewicht bestehenden Konzentrationsspiegels von ATP – bedingt etwa durch eine vorübergehende Verminderung der Biosynthesearbeit – die Atmungsgeschwindigkeit und damit die Geschwindigkeit der ATP-Resynthese gedrosselt. Die lebende Zelle ist bemüht, zu jeder Zeit das Fließgleichgewicht nicht nur von ATP, sondern aller Zellkomponenten, die wie Lipide, Polysaccharide und auch Proteine einem stetigen Umsatz unterliegen, konstant zu halten.

Stoffwechsel-Fließgleichgewicht und Entropiebildung

Wir kommen nun zu einer sehr wichtigen Frage. Welche Bedeutung hat der Zustand des Fließgleichgewichts, in dem alle Zellkomponenten existieren und in dem die Geschwindigkeit ihrer Synthese exakt durch die Geschwindigkeit ihres Abbaus ausbalanciert ist?

Da jede lebende Zelle ein offenes System ist, das sich mit seiner Umgebung nicht in einem thermodynamischen Gleichgewicht befindet, lassen sich die Energieänderungen der Zelle am besten mit Hilfe der Grundsätze der „Thermodynamik offener Systeme", einer Erweiterung der klassischen Gleichgewichtsthermodynamik (s. S. 39) analysieren. In der Thermodynamik offener Systeme hat das Fließgleichgewicht die gleiche Bedeutung wie das Gleichgewicht in der klassischen Thermodynamik. Kurz gesagt, das Fließgleichgewicht ist der am höchsten geordnete, wirkungsvollste und rationellste Zustand eines offenen Systems. Wir können auch sagen: Das Fließgleichgewicht ist charakteristisch für alle gleichmäßig laufenden Maschinen. Dies beruht darauf, daß die Geschwindigkeit der Entropiebildung in einem offenen System im Zustand des Fließgleichgewichts ihren kleinsten Wert hat. Dieses wichtige thermodynamische Prinzip wurde mit folgenden Worten kommentiert:

„Diese bemerkenswerte Schlußfolgerung . . . wirft ein neues Licht auf die ‚Weisheit der lebenden Organismen'. Leben ist ein stetiger Kampf gegen das Bestreben in irreversiblen Prozessen Entropie zu erzeugen. Die Synthese großer informationsreicher Makromoleküle, die Bildung verwickelter Zellstrukturen, die Entwicklung von Organisation — alle diese Faktoren sind mächtige antientropische Kräfte. Da es jedoch keine Möglichkeit gibt, dem Wärmetod des Universums, der nach dem zweiten Hauptsatz der Thermodynamik alle Naturereignisse betrifft, zu entkommen, wählen die lebenden Organismen den Weg des geringsten Übels — sie erzeugen Entropie mit minimaler Geschwindigkeit, indem sie ein Fließgleichgewicht aufrechterhalten."[1]

---

[1] *A. Katchalsky:* Non-equilibrium Thermodynamics. Modern Science and Technology. Hrsg. R. Colbern. Van Nostrand, New York 1965, S. 194.

Biosynthese von DNA, RNA und Proteinen

Im vorstehenden Kapitel haben wir uns etwas genauer mit den Biosynthesen der Lipide und Polysaccharide, zwei wichtigen Komponenten der lebenden Zelle, beschäftigt. Da es sich bei diesen Stoffklassen um verhältnismäßig einfache Moleküle handelt, konnten wir uns ganz auf die thermodynamischen Prinzipien und enzymatischen Reaktionsweisen konzentrieren, die den Biosynthesen der meisten Zellsubstanzen zugrunde liegen.

Wenn wir uns jetzt mit den Biosynthesen der Nucleinsäuren und Proteine befassen, müssen wir einem Aspekt Rechnung tragen, den wir bisher nicht berührt haben, nämlich der Speicherung und Übertragung von Information. Die Nucleinsäuren besitzen die Fähigkeit, genetische Information zu speichern, zu vervielfältigen und zu übertragen; die Proteine können diese Information realisieren.

Wir werden feststellen, daß die Biosynthesen der Nucleinsäuren und Proteine weit komplizierter sind als die der Polysaccharide und Lipide. Das liegt nicht daran, daß die chemischen Bindungen, die die Bausteinmoleküle in den Nucleinsäuren und Proteinen zusammenhalten, schwieriger zu synthetisieren sind, sondern beruht darauf, daß diese Bausteinmoleküle in einer ganz spezifischen Reihenfolge in die kettenartigen Makromoleküle eingebaut werden müssen. Wir werden weiter sehen, in welcher Weise die Phosphatbindungsenergie von ATP eingesetzt wird, um die chemischen Bindungen zwischen den Bausteinmolekülen zu knüpfen und gleichzeitig die Genauigkeit zu gewährleisten, mit der sie in ihrer spezifischen Reihenfolge angeordnet werden.

Die Elemente im Fluß der genetischen Information

Zur Orientierung wollen wir zunächst die Hauptphasen im Fluß der genetischen Information in der Zelle skizzieren. An der Übertragung der genetischen Information sind drei wichtige molekulare Elemente beteiligt, die *Desoxyribonucleinsäure* (DNA), die *Ribonucleinsäure* (RNA) und die *Proteine*. Diese Elemente wirken so zusammen, daß der Fluß der genetischen Information unter normalen Bedingungen von der DNA der Elternzelle zur DNA der Tochterzellen führt und in einer gegebenen Zelle von der DNA über die RNA zum Protein verläuft, so wie das in dem Schema wiedergegeben ist:

Elternzelle	DNA → RNA → Protein
	↓
erste Generation	DNA → RNA → Protein
	↓
zweite Generation	DNA → RNA → Protein
	↓

Diese Beziehung wird oft als das *zentrale Dogma* der molekularen Biologie bezeichnet. Es ist zuerst in den fünfziger Jahren als Arbeitshypothese von CRICK formuliert worden und konnte in mehr als zehn Jahren tiefgehender experimenteller Forschung bestätigt werden.

Wir wollen uns jetzt mit diesem Konzept etwas mehr vertraut machen und einige wichtige Begriffe definieren.

Der eigentliche Träger der genetischen Information in der Zelle ist die Desoxyribonucleinsäure (DNA), die fast ausschließlich im Zellkern vorkommt. Die DNA enthält die gesamte zur exakten Vervielfältigung der Zelle erforderliche Information. Sie besteht aus einem sehr langen kettenartigen Molekül, das in einer spezifischen Sequenz aus vier verschiedenen Bausteinen, den Desoxyribonucleotiden aufgebaut ist. Wenn sich eine Zelle teilt, dienen die elterlichen DNA-Stränge als Schablone für die enzymatische Synthese der Tochterstränge aus einfachen Bausteinen. Dabei wird sichergestellt, daß jede der Tochterzellen DNA-Stränge erhält, die in ihrer Sequenz mit der elterlichen DNA völlig übereinstimmen. Diesen Prozeß, der die zuverlässige Weitergabe der genetischen Information von einer Generation auf die nächste gewährleistet, nennt man *Replikation*.

Die genetische Information im DNA-Molekül wird letztlich bei der Proteinsynthese gebraucht, um die charakteristische Sequenz der Aminosäuren zu spezifizieren. Die DNA wird jedoch bei der Proteinsynthese nicht unmittelbar als Schablone verwendet, sie ist im übertragenen Sinne die kostbare Originalschablone, die im Zellkern, wie in einem Safe aufbewahrt wird. Von diesem Original werden von Zeit zu Zeit Arbeitsschablonen abgeschrieben, die dann bei der Proteinsynthese als Matrizen dienen. Die Arbeitsschablonen, über die die genetische Information vom Zellkern zu den Ribosomen transportiert wird, sind spezialisierte RNA-Moleküle, die *Messenger-RNA* (Boten-RNA) genannt werden. Auch die Messenger-RNA besteht aus langen, kettenartigen Molekülen. Sie enthalten ihre vier Bausteine, die Ribonucleotide, in einer Reihenfolge, die der Sequenz der Desoxyribonucleotide des DNA-Stranges, von dem die RNA „abgeschrieben" wurden, genau komplementär ist.

Die Synthese der Messenger-RNA bezeichnet man als *Transskription,* sie läuft im Zellkern unmittelbar an dem DNA-Strang ab, der transskribiert (abgeschrieben) wird. Natürlich muß die Transskription mit einer ebenso hohen molekularen Präzision und Sorgfalt erfolgen, wie die DNA-Replikation, denn nur dann ist gesichert, daß jede Zelle ihr charakteristisches, ererbtes Erscheinungsbild (ihren Phänotypus) erhält.

In der letzten großen Phase der Informationsübertragung dienen schließlich die in der Struktur der RNA-Moleküle verschlüsselten

Code-Elemente als Matrizen für die Synthesen der zahlreichen verschiedenen Proteine, die letztlich die charakteristische Größe, Form, Struktur und Leistung einer jeden Zelle bestimmen. Proteine sind wie Nucleinsäuren kettenartige Moleküle, die aus covalent verknüpften Bauelementen, den zwanzig verschiedenen Aminosäuren, zusammengesetzt sind. Bei der Proteinsynthese muß die aus vier Symbolen bestehende Sprache der DNA und der ihr entsprechenden RNA in die aus zwanzig Buchstaben bestehende Sprache der Proteine übersetzt werden. Man bezeichnet deshalb diese Phase der Informationsübertragung als *Translation* (Übersetzung).

Wir wollen uns nun mit den molekularen Strukturen der Hauptelemente des genetischen Systems beschäftigen und sehen, wie diese Elemente aus einfachen Vorstufen synthetisiert werden.

Struktur der DNA

Vier verschiedene Desoxyribonucleotide bilden die Bausteine der DNA (Abb. 56). Sie unterscheiden sich in ihrer Struktur nur durch die Stickstoffbasen. Im Vergleich zu den früher besprochenen Ribonucleotiden (s. Abb. 51) fehlt ihnen die Hydroxylgruppe am C-Atom 2 der Ribose. In den DNA-Molekülen sind die Nucleotidbausteine zu langen Ketten vereinigt (Polynucleotide). Wie Abb. 57 verdeutlicht, werden dabei die Nucleotideinheiten durch Phosphodiesterbrücken zwischen den 5′-C-Atomen und den 3′-C-Atomen aufeinanderfolgender Nucleotide zusammengehalten. Das covalente Rückgrat der DNA besteht also aus einer alternierenden Folge von Phosphat- und Desoxyriboseeinheiten, von denen die verschiedenen Basen in ihrer charakteristischen Sequenz als Seitenketten abgehen. Die genetische Botschaft des DNA-Moleküls ist in der spezifischen Sequenz dieser Basen entlang der Kette verschlüsselt. Eine Teilsequenz wäre z. B.: A-T-G-T-C-A-G-C-T. Es leuchtet ein, daß eine unermeßliche Zahl verschiedener Basensequenzen denkbar ist, vor allem wenn man berücksichtigt, daß die meisten DNA-Moleküle mit Millionen von Nucleotideinheiten sehr lang sein können.

1953 schlossen Watson und Crick aus röntgendiffraktometrischen Analysen, daß die DNA unter biologischen Bedingungen die Struktur einer Doppelhelix (Doppelschraube) hat, in der zwei DNA-Stränge schraubenartig so umeinandergewunden sind, daß die beiden Moleküle in entgegengesetzter Richtung verlaufen und die Basen beider Stränge in komplementärer Weise zueinander passen (Abb. 58). Der Durchmesser der DNA-Doppelhelix beträgt 20 Å, der axiale Abstand zwischen zwei benachbarten Basenpaaren 3,4 Å. Eine vollständige Windung der Helix umfaßt zehn Basenpaare. Wie das Modell in Abb. 58 verdeutlicht, lassen sich in der Struktur der Doppelhelix eine große und eine kleine Rinne erkennen. Das Molekül der Doppelhelix wird in lateraler Richtung durch Wasserstoffbrückenbindungen zwischen den nur in dieser Weise zusammenpassenden Basenpaaren zusammengehalten (Abb. 59) und in vertikaler Richtung durch hydrophobe Wechselwirkungen zwischen den übereinandergeschichteten Basen stabilisiert. Die Anordnung der flachen wasserunlöslichen Basen zu Sta-

2'- Desoxy - adenosin - 5'-monophosphorsäure (Desoxyadenylsäure ; dAMP)

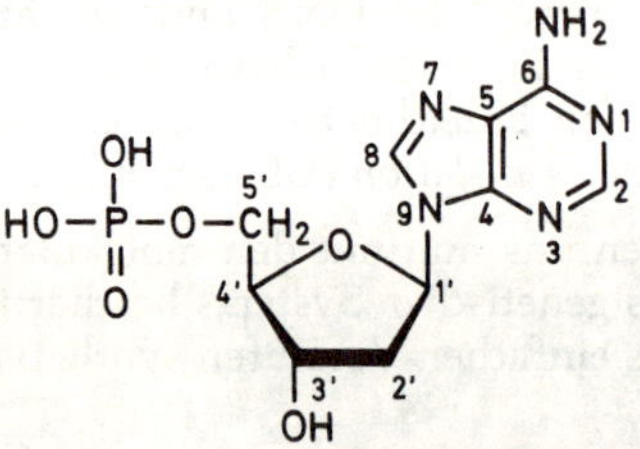

Aden

2'- Desoxy - guanosin - 5'-monophosphorsäure (Desoxyguanylsäure ; dGMP)

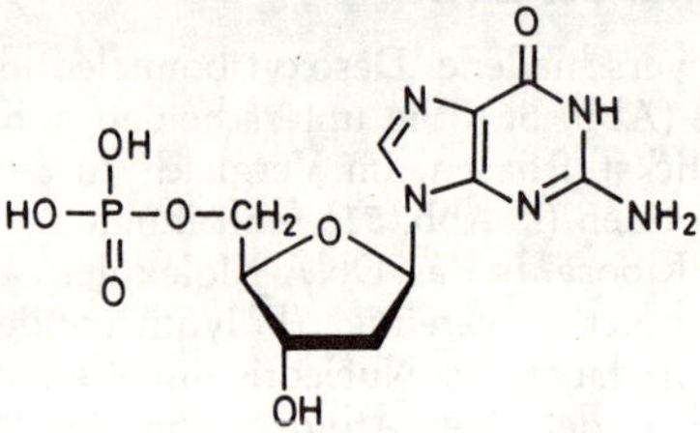

Guan

2'- Desoxy - thymidin - 5'-monophosphorsäure (Desoxythymidylsäure ; dTMP)

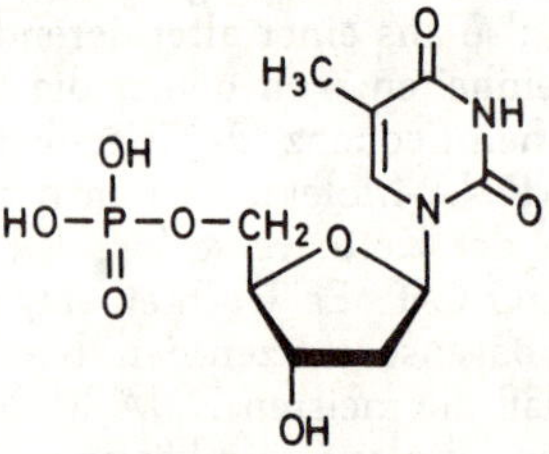

Thym

2'- Desoxy - cytidin - 5'-monophosphorsäure (Desoxycytidylsäure ; dCTP)

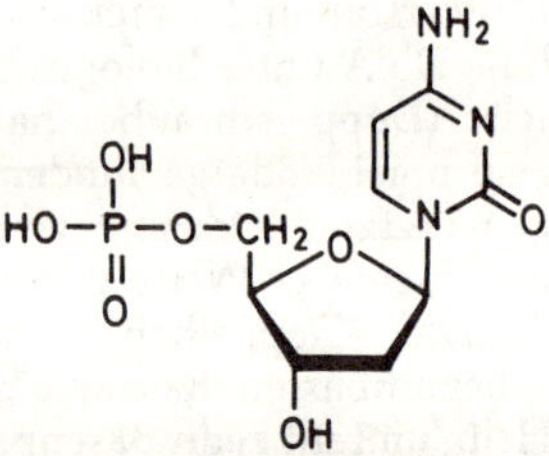

Cytos

Abb. 56 Die Desoxyribonucleotidbausteine der DNA.

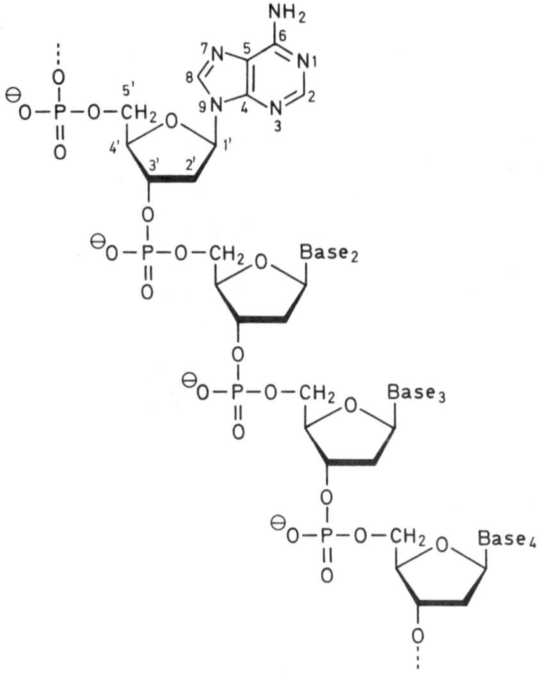

Abb. 57 Die covalente Rückgradstruktur der DNA.

peln folgt aus dem Bestreben der umgebenden Wassermoleküle, ihren entropiereichsten Zustand zu finden. Dadurch werden die DNA-Stränge in eine sterische Konformation gezwungen, in der die hydrophoben Basen im Molekülinneren der Doppelhelix vor dem Wasser verborgen sind.

Da nur je zwei Basen in komplementären Basenpaaren zueinanderpassen, enthalten die beiden Stränge der DNA-Doppelhelix exakt dieselbe Information. Die beiden komplementären Basenpaare sind Adenin und Thymin (A-T) sowie Cytosin und Guanin (C-G). Wie Abb. 59 zeigt, werden die beiden Basenpaare auf Grund ihrer komplementären Struktur durch Wasserstoffbrückenbindungen zusammengehalten. Die so verbundenen Basenpaare passen genau in den zentralen, axialen Hohlraum der DNA-Doppelhelix. Andere Basenpaarungen sind nicht möglich, weil sich entweder keine stabilen Wasserstoffbrücken ausbilden können, oder weil sie räumlich nicht in die Doppelschraube passen. Das folgende Schema verdeutlicht, daß die Nu-

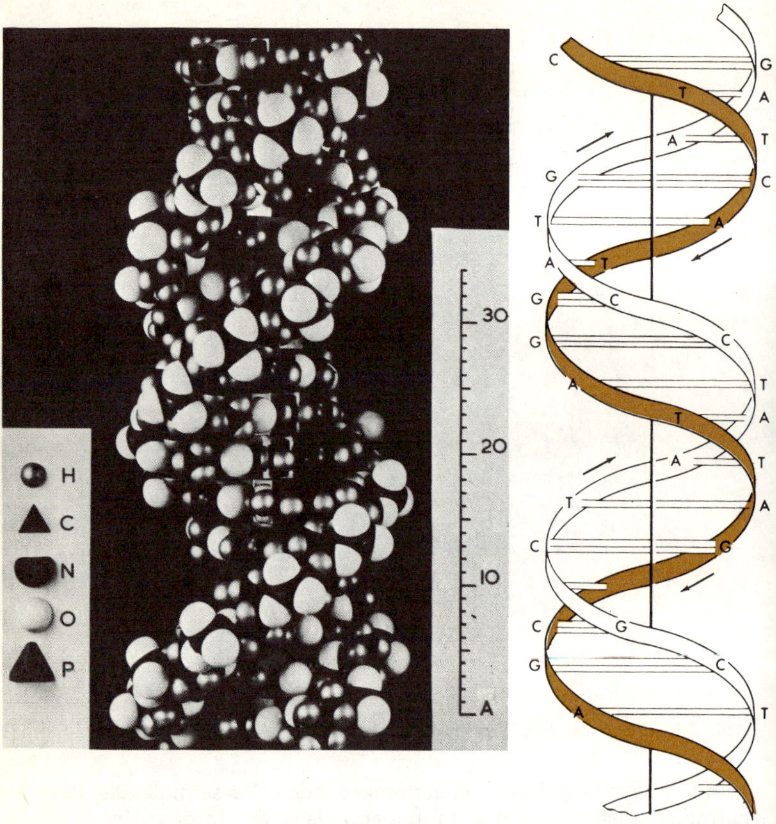

Abb. 58 Ein Molekülmodel der DNA-Doppelhelix (links). (Freundlicherweise von M. H. F. WILKINS, Kings College, London, zur Verfügung gestellt.) Auf der rechten Seite ist die DNA-Doppelhelix in einer schematischen Darstellung wiedergegeben, die die Basenpaarung in der Doppelschraube (A = T und G ≡ C) erkennen läßt. Die gegenläufige Polarität der beiden Stränge wird durch die Pfeile angezeigt.

cleotidsequenzen der beiden Stränge in der DNA-Doppelhelix nicht identisch, sondern komplementär sind:

```
5'-Ende                                         3'-Ende

          —A—T—G—T—C—A—A—G—C—T—
           ||  ||  |||  ||  |||  ||  ||  |||  |||  ||
          —T—A—C—A—G—T—T—C—G—A—

3'-Ende                                         5'-Ende
```

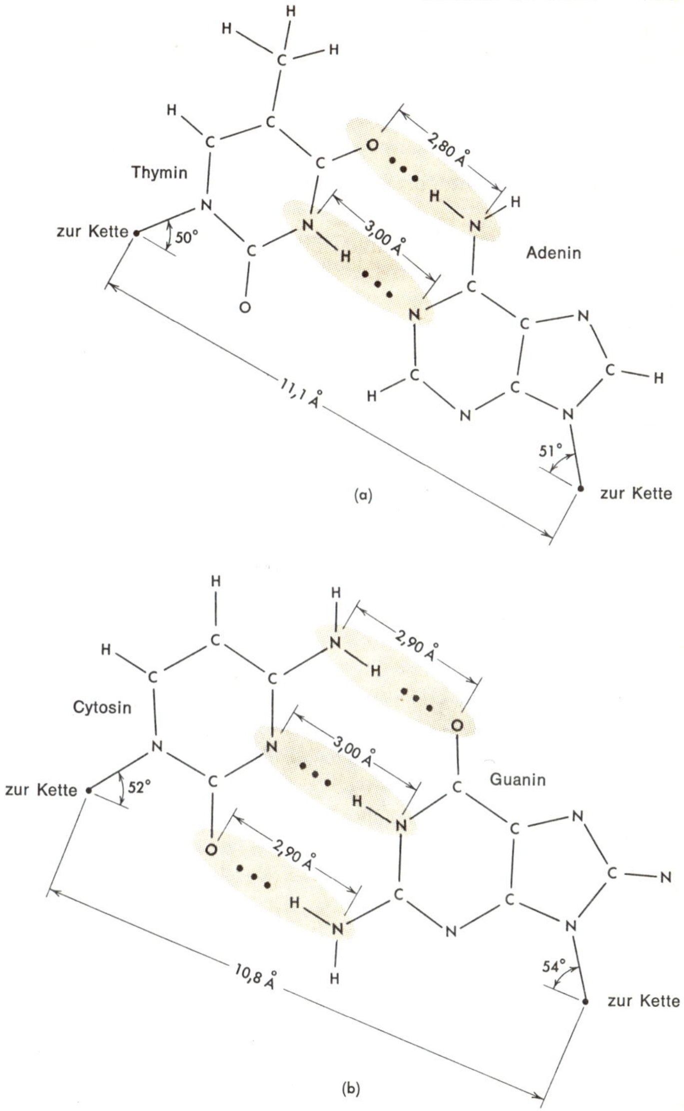

Abb. 59 Die Basenpaare der DNA. a) die komplementär zueinander passenden Basen Adenin und Thymin, b) das Basenpaar Cytosin und Guanin. Da zwischen Guanin und Cytosin drei Wasserstoffbrücken gebildet werden, ist dieses Basenpaar stabiler als das Adenin-Thyminpaar mit nur zwei Wasserstoffbrücken.

Die Bezeichnungen „5'-Ende" und „3'-Ende" markieren das Kettenende, das an der endständigen Desoxyriboseeinheit eine freie Hydroxylgruppe in 5'- bzw. 3'-Position enthält.

Struktur von Chromosomen, Genen und Codons

Betrachten wir jetzt einmal die Größe von DNA-Molekülen in Relation zu den grundlegenden funktionellen Einheiten des genetischen Erbguts, den Chromosomen und Genen. Dabei sollten wir zwischen prokaryotischen Zellen, wie z. B. dem Bakterium *Escherichia coli* und eukaryotischen Zellen unterscheiden. In der prokaryotischen Zelle steckt die gesamte genetische Information in einem einzelnen Chromosom, das aus einem riesigen DNA-Molekül besteht. Das *Escherichia coli*-Chromosom hat das Gewicht von 2 800 000 000 Dalton (ein Dalton entspricht dem Gewicht eines Wasserstoffatoms). Die vollständige Doppelhelix hat eine Länge von ca. 1,2 mm und enthält etwa 4 200 000 Basenpaare. Außerdem hat das *Escherichia coli*-Chromosom keine gestreckte Gestalt mit zwei Enden, sondern stellt eine endlose, geschlossene, durchgehend covalent verknüpfte Schleife dar. Wahrscheinlich haben die Chromosomen aller Zellen normalerweise eine solche endlose Ringstruktur. In den eukaryotischen Zellen der höheren Organismen ist die DNA auf einige oder zahlreiche Chromosomen verteilt, wobei jedes Chromosom aus einem sehr langen, vermutlich ringförmigen DNA-Molekül besteht. Je höher ein Organismus in der phylogenetischen Skala steht, je mehr Information er also benötigt, um seine Replikation zu spezifizieren, um so mehr DNA enthalten seine Zellen.

Jedes Chromosom enthält viele Gene. So umfaßt das einzelne *Escherichia coli*-Chromosom mindestens 3000 Gene. Das Gen wird in der modernen molekularen Nomenklatur als der Abschnitt auf einem Chromosom definiert, der die Synthese einer Polypeptidkette eines Proteins oder eines Moleküls bestimmter Ribonucleinsäuren, nämlich der Transfer-RNA und der ribosomalen RNA, über die wir später noch sprechen werden, codiert. Da die Polypeptidketten der verschiedenen Proteine sehr unterschiedlich lang sind, kann auch die Größe der Gene erheblich variieren. Die meisten Gene haben eine Länge von 300 bis 900 Nucleotideinheiten, daneben existieren jedoch auch sehr kleine Gene mit nur 75 und sehr große Gene mit bis zu 5000 Nucleotideinheiten. Wir können uns die lange DNA-Kette eines Chromosoms funktionell in Segmente unterteilt denken, von denen jedes die Synthese eines spezifischen Polypeptids codiert, ein solches Segment nennt man auch ein *Cistron*. Weiterhin sind die Gene auf dem Chromosom an spezifischen Stellen lokalisiert. Mit Hilfe bestimmter genetischer Kartierungmethoden lassen sich die Gensequenzen der Chromosomen bestimmen.

DNA-Moleküle enthalten noch kleinere funktionelle Einheiten, die *Codons*. Die Codons sind, wie ihr Name zum Ausdruck bringt, die Codewörter der Gene. Jedes Codon spezifiziert eine einzelne Aminosäure einer Polypeptidkette, deren Aminosäurensequenz in einem Gen verschlüsselt ist. Aus genetischen und biochemischen Untersuchungen wissen wir heute, daß jedes Codon aus drei aufeinanderfolgenden Nucleotidresten der DNA-Kette besteht. Eine solche Nucleotiddreiergruppe nennt man häufig auch *Code-Triplett*. Da die DNA vier verschiedene Nucleotide enthält, die sich zu insgesamt 64 Dreiergruppen mit unterschiedlichen Basenfolgen arrangieren lassen, gibt es in der „Sprache" der Gene 64 mögliche Codons. Die Codons sind im Gen in einer Sequenz angeordnet, die mit der Aminosäurensequenz des Proteins korrespondiert, ohne daß „Interpunktionsnucleotide" verwendet werden. So spezifiziert ein Gen mit insgesamt 450 Nucleotiden, also 450/3 = 150 Codons, die Aminosäurensequenz einer Polypeptidkette, die aus 150 Aminosäureresten aufgebaut ist.

Bei der Transskription des Codes von einer DNA in eine RNA wird jedes Nucleotid nach dem Prinzip der Basenpaarung, wie wir es bei der DNA-Doppelhelix gesehen haben, abgelesen.

Replikation der DNA

Das WATSON-CRICK-Modell zur Replikation der DNA fordert, daß die beiden komplementären Stränge des Elternchromosoms so repliziert werden, daß zwei Tochtermoleküle der Doppelhelix entstehen, die je einen elterlichen DNA-Strang und einen aus Mononucleotidbausteinen neu synthetisierten Strang enthalten. Dieses Prinzip, man nennt es *semikonservative Replikation*, ist experimentell gesichert (Abb. 60). Weiterhin konnte nachgewiesen werden, daß die Replikation des ringförmigen *Escherichia coli*-Chromosoms gewöhnlich an einem „Wachstumspunkt" beginnt, an dem sich die beiden Stränge der elterlichen Doppelhelix trennen und die neuen Stränge gebildet werden. Dieser Wachstumspunkt wandert normalerweise bei jeder Zellteilung des Bakteriums einmal vollständig um das ringförmige Chromosom herum. Dies geschieht abhängig von der Zusammensetzung des Nährmediums und den Wachstumsbedingungen alle 20 bis 60 Minuten einmal. Als Ergebnis entstehen zwei neue ringförmige Doppelhelix-Moleküle, die bei der Zellteilung auf die beiden Tochterzellen verteilt werden. Zum Verständnis des molekularen Mechanismus der Replikation müssen wir folgende Fragen klären: a) Wie werden die Mononucleotidbausteine in die neuentstehende Kette ein-

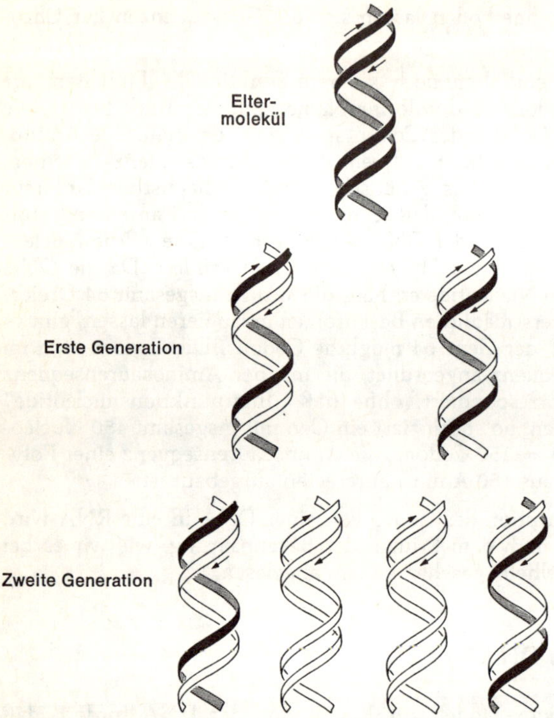

Abb. 60 Schematische Darstellung der semikonservativen Replikation der DNA. Die weißen Stränge in der ersten und zweiten Generation sind neu gebildete DNA-Stränge.

gebaut? b) Wie kommt die exakte komplementäre Basensequenz in dem neu synthetisierten Strang zustande? Wie gelingt die gleichzeitige Synthese der beiden neuen Stränge, obgleich die zwei Stränge der elterlichen DNA in entgegengesetzten Richtungen verlaufen?

KORNBERG und seine Mitarbeiter entdeckten das in jeder Zelle vorkommende Enzym *DNA-Polymerase,* das man heute als das wichtigste an der DNA-Synthese beteiligte Enzym ansieht. Die aus *Escherichia coli* in reiner Form isolierte DNA-Polymerase katalysiert die Synthese der Phosphoesterbindungen zwischen aufeinanderfolgenden Nucleotidresten, wenn der Reaktionsansatz die 5′-Triphosphate der vier Desoxyribonucleoside, also dATP, dGTP, dTTP und dCTP, sowie Mg^{++}-Ionen enthält. Die Strukturformel von dATP ist in Abb. 61 wiedergegeben. Bei der Synthese einer neuen Esterbindung spaltet

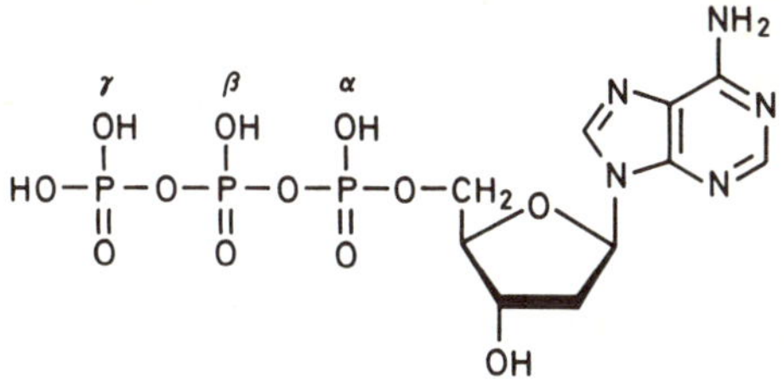

Abb. 61 Desoxyadenosin-5'-triphosphat (dATP).

das Enzym aus dem Nucleosidtriphosphat die beiden endständigen Phosphatgruppen als Pyrophosphat ab und verknüpft gleichzeitig die am Nucleotid verbliebene Phosphatgruppe mit der 3'-Hydroxylgruppe des endständigen Nucleotidrestes der wachsenden DNA-Kette. Die Kette wird also in 5' → 3'-Richtung verlängert. Das Enzym kann neue Nucleotidreste nur am 3'-Ende der DNA anknüpfen. Wir können nun die Gleichung für den Einbau eines Nucleotidrestes schreiben:

$$\mathrm{dNTP} \xrightleftharpoons{\mathrm{Mg^{++}}} (\mathrm{dNMP})_{\mathrm{DNA}} + \mathrm{PP}$$

Dabei symbolisieren dNTP ein Desoxyribonucleosidtriphosphat, dNMP eine Mononucleotideinheit der DNA und PP Pyrophosphat. Die Reaktion ist wie geschrieben reversibel. Das entstehende Pyrophosphat wird anschließend durch die Pyrophosphatase in einer stark exergonischen Reaktion mit einem $\Delta G^{o\prime}$-Wert von – 7,3 kcal gespalten:

$$\mathrm{PP} + \mathrm{H_2O} \rightarrow 2\,\mathrm{P}$$

Wir erhalten damit für den Gesamtprozeß, durch den eine Nucleotideinheit an die DNA-Kette angehängt wird, folgende Summengleichung:

$$\mathrm{dNTP} + \mathrm{H_2O} \rightarrow (\mathrm{dNMP})_{\mathrm{DNA}} + 2\,\mathrm{P}$$

Diese Reaktion ist mit einem $\Delta G^{o\prime}$-Wert von mindesten – 7,3 kcal stark exergonisch. Zur Knüpfung einer Esterbindung zwischen zwei Nucleotideinheiten werden im Endeffekt zwei energiereiche Phosphatbindungen verbraucht.

Die DNA-Polymerase benötigt allerdings, bevor sie eine neue Nucleotideinheit an die DNA-Kette anknüpfen kann, noch eine andere Komponente, die wir in der oben stehenden Gleichung nicht spezifiziert haben, nämlich einen bereits fertigen DNA-Strang, der dem Enzym als Matrize oder Muster (Template) dient. An dieser Matrize wird der neue DNA-Strang so synthetisiert, daß eine komplementäre Kopie des Matrizenstranges entsteht. Mit anderen Worten: Überall dort, wo in der Matrize ein Adeninrest erscheint, wird in die neu entstehende DNA-Kette ein Thyminnucleotid eingebaut, überall da, wo in der Matrize Guanin zu finden ist, wird in den neuen Strang ein Cytosinnucleotid eingebaut und umgekehrt. Weiterhin konnte nachgewiesen werden, daß als Endprodukt der DNA-Polymerasereaktion nicht eine einsträngige DNA, sondern eine DNA-Doppelhelix entsteht. Ein Strang in dieser Doppelhelix entspricht der unveränderten Matrize, der andere dem neu synthetisierten DNA-Strang. Wir kennen damit die beiden Hauptfaktoren, die die DNA-Synthese zu einem vollkommen irreversiblen Prozeß machen. Der erste ist die Hydrolyse von Pyrophosphat, der zweite die thermodynamische „Zugkraft", die durch das Bestreben des neusynthetisierten DNA-Stranges entsteht, mit dem Matrizenstrang die stabile Struktur der Doppelhelix zu bilden. Die genaue Replikation der DNA wird also durch das Wirken wichtiger thermodynamischer Prinzipien garantiert.

Neuere Forschungsergebnisse lassen erkennen, daß der neue DNA-Strang nicht in einem Zuge synthetisiert wird, sondern in kurzen Abschnitten, die weniger als 1000 Nucleotidreste umfassen. Diese von der Polymerase synthetisierten Kettenabschnitte werden dann durch ein anderes Enzym, die *DNA-Ligase,* miteinander verknüpft. Man nimmt an, daß durch diesen Vorgang, der uns zunächst unnötig kompliziert erscheinen mag, eine simultane Replikation der beiden elterlichen DNA-Stränge möglich ist (Abb. 62). Die DNA-Polymerase synthetisiert zunächst an einem Abschnitt des einen elterlichen DNA-Stranges einen neuen Komplementärstrang (Abb. 62A) und „springt" dann auf den anderen elterlichen Strang über und repliziert diesen in umgekehrter Richtung (also immer in 5'→3'-Richtung) (Abb. 62B). Wenn dieser „haarnadelartige" Abschnitt fertiggestellt ist, wird er an der Stelle, an der die beiden elterlichen DNA-Stränge auseinanderweichen, enzymatisch gespalten (Abb. 62C). Die beiden proximalen Enden der beiden Stränge werden anschließend durch die DNA-Ligase mit den distalen Enden des nächsten von der Polymerase gebildeten Kettenabschnittes verknüpft (Abb. 62 D, E). Man glaubt, daß auf diese Weise die DNA-Polymerase, die nur in 5'→3'-Richtung wirken kann, die beiden entgegengesetzt verlaufenden DNA-Stränge gleichzeitig replizieren kann.

Kürzlich hat man entdeckt, daß unter bestimmten Bedingungen DNA auch an einer RNA-Matrize synthetisiert werden kann. Man kennt bestimmte Viren, die keine DNA, sondern nur RNA enthalten und die normale Säugetierzellen in Krebszellen umstimmen können. Diese Umstimmung ist vererbbar. Man hat nun in diesen Viren einen spezifischen Typ der DNA-Polymerase gefunden, der Desoxyribonucleo-

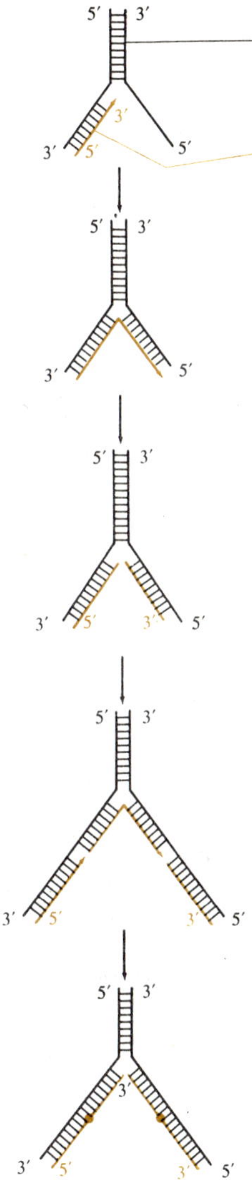

A — Elterliche Doppelhelix mit antiparallelen Strängen

Ein neuer Strang wächst in 5′ → 3′-Richtung an dem antiparallelen Matrizenstrang

B — Der neue Strang springt auf den anderen elterlichen Strang über und wächst unter Bildung einer „Haarnadelkurve" weiter

C — Der neue Strang wird an dem Y gespalten

D — Die DNA-Polymerase beginnt an dem ersten elterlichen Strang einen neuen Abschnitt, springt erneut auf den anderen Strang über und repliziert weiter, bis sie auf den bereits synthetisierten vorausgegangenen Abschnitt trifft

E — Der neue Strang wird an dem Y gespalten; die DNA-Ligase verbindet die Abschnitte der neusynthetisierten Stränge an den gekennzeichneten Punkten

Abb. 62 Replikation der beiden DNA-Stränge durch DNA-Polymerase und DNA-Ligase.

sidtriphosphate als Substrate benötigt, aber nicht DNA, sondern die im Virus vorkommende RNA als Matrize verwendet. Die neugebildete von der Viren-RNA „abgeschriebene" DNA scheint in die zelleigene DNA des infizierten Säugetiers eingebaut zu werden. Bei der Zellteilung wird die neue DNA mit repliziert, so daß alle Nachkommen der infizierten Zelle die Virusgene enthalten. Diese Entdeckung hilft uns die Entstehung krebsartiger Zellen aus gesunden Zellen zu verstehen und ist außerdem der erste Nachweis eines rückläufigen Flusses der genetischen Information von der RNA zur DNA.

Messenger-RNA und der Prozeß der Transskription

In der Zelle kommen drei wichtige Ribonucleinsäuren vor, die Messenger-RNA (m-RNA), die Transfer-RNA (t-RNA) und die ribosomale RNA (r-RNA). Im Vergleich zu den anderen Ribonucleinsäuren tritt die m-RNA mengenmäßig zurück, sie macht nur einen geringen Prozentsatz der Gesamt-RNA in der Zelle aus. Sie zeichnet sich jedoch durch eine zumeist sehr hohe Umsatzgeschwindigkeit aus, d. h. sie wird rasch synthetisiert und ebenso rasch wieder abgebaut. Alle drei Ribonucleinsäuren haben, abgesehen von zwei wichtigen Unterschieden, das gleiche Grundgerüst wie die DNA. Der eine Unterschied ist, daß die Desoxyribose der DNA in der RNA durch den Zucker D-Ribose ersetzt ist, der zweite besteht in der Basenzusammensetzung. Die vier Hauptbasen der Ribonucleinsäuren sind Adenin, Guanin, Cytosin und Uracil; letzteres ist in der DNA durch Thymin vertreten. Wie bei der DNA sind die Nucleotideinheiten auch bei der RNA durch 3′, 5′-Phosphodiesterbindungen miteinander verknüpft.

Die Messenger-RNA unterscheidet sich noch in anderer Hinsicht von der DNA. Ihre Moleküle sind einsträngig und bilden keine Doppelhelix. In ihrer Größe können die m-RNA-Moleküle beträchtlich variieren, die kürzesten Moleküle bestehen aus etwa 300 Nucleotideinheiten, die längsten aus mehr als 3000. Die m-RNA-Moleküle entsprechen in ihrer Länge einem einzelnen Gen oder einer Gruppe von benachbarten Genen. Eine Gengruppe, der eine m-RNA entspricht, nennt man ein *Operon.* Die Basensequenz der m-RNA ist der des entsprechenden Gens komplementär.

Die Transskription der genetischen Botschaft, die in der spezifischen Basensequenz der DNA verschlüsselt ist, vollzieht sich analog zur Replikation der DNA-Stränge in einem enzymatischen Prozeß. Ein im Zellkern vorhandenes Enzym, die *DNA-abhängige RNA-Polymerase,* katalysiert die Synthese der m-RNA aus den vier Ribonucleosidtriphosphaten ATP, GTP, UTP und CTP (siehe Strukturformeln in Abb. 51). Zu dieser Synthese wird ein DNA-Strang als Matrize benötigt, ohne Matrize findet keine RNA-Synthese statt. Wie bei der DNA-Synthese wird aus jedem reagierenden Mononucleosid-5'-triphosphatmolekül Pyrophosphat abgespalten, das anschließend zu zwei Molekülen Orthophosphat hydrolysiert wird. Diese Reaktionen lassen sich wie folgt schreiben:

$$NTP \rightleftharpoons (NMP)_{RNA} + PP$$

$$PP + H_2O \rightarrow 2\,P$$

$$\text{Summe: } NTP + H_2O \rightarrow (NMP)_{RNA} + 2\,P$$

Beim Einbau eines Mononucleotidrestes in das RNA-Molekül werden also zwei energiereiche Phosphatbindungen verbraucht. Bei jedem Reaktionsschritt wird das Nucleosidtriphosphat ausgewählt, dessen Base in sterisch komplementärer Weise zu der entsprechenden Base der DNA-Matrize paßt. Komplementär sind sich immer G und C, sowie A in der DNA und U in der m-RNA bzw. T in der DNA und A in der m-RNA. Obgleich die RNA-Polymerase eine doppelsträngige DNA als Matrize benötigt, wird immer nur einer der beiden Stränge transskribiert. Die einsträngige m-RNA bildet bei der Transskription mit dem Matrizen-Strang der DNA eine Doppelhelix, die man als DNA-RNA-Hybrid bezeichnet. Das Bestreben dieses Hybrids, sich selbst durch Wasserstoffbrücken zwischen den komplementären Basen und den hydrophoben Wechselwirkungen zwischen den übereinander liegenden Basen zu stabilisieren, liefert eine zusätzliche thermodynamische „Zugkraft", die neben dem Antrieb durch die Pyrophosphathydrolyse die Genauigkeit der Transskription garantiert.

Die neu synthetisierte RNA wird schließlich durch einen noch unbekannten Mechanismus von der DNA-Matrize „abgeschält" und aus dem Zellkern zu den Ribosomen in das Cytoplasma transportiert. Viele Befunde lassen erkennen, daß es spezielle „Stop- und Startsignale" für die RNA-Polymerase gibt, denn die verschiedenen Gene eines Chromosoms können zu verschiedenen Zeiten und mit unterschiedlicher Geschwindigkeit transskribiert werden.

Die covalente Struktur der Proteine

Die letzte Phase im Fluß der genetischen Information ist die Übersetzung (Translation) der von der m-RNA übertragenen genetischen Botschaft in die Aminosäurensequenz der Proteine, die man als die Instrumente ansehen kann, die diese Botschaft realisieren. Wir wollen uns zunächst mit der covalenten Struktur der Proteine beschäftigen. Dabei sollen uns vor allem die Beziehungen zwischen der Proteinstruktur und den vielfältigen Funktionen der Proteine interessieren, sowie die Artspezifität der Proteinstruktur.

Proteine sind große Moleküle. Sie sind aus sich wiederholenden Bausteinen, den Aminosäuren aufgebaut, die covalent zu langen Ketten verknüpft sind, die Polypeptide genannt werden. Man kennt zwanzig verschiedene in Proteinen vorkommende Aminosäuren; ihre Namen, Strukturformeln und Abkürzungen sind in Abb. 63 wiedergegeben. Alle diese Aminosäuren haben gemeinsam, daß sie am α-Kohlenstoffatom eine Carboxylgruppe und eine Aminogruppe tragen, sie unterscheiden sich jedoch in ihren verschiedenartigen Seitenketten (R). Die folgende Strukturformel kennzeichnet den allgemeinen Bau einer Aminosäure:

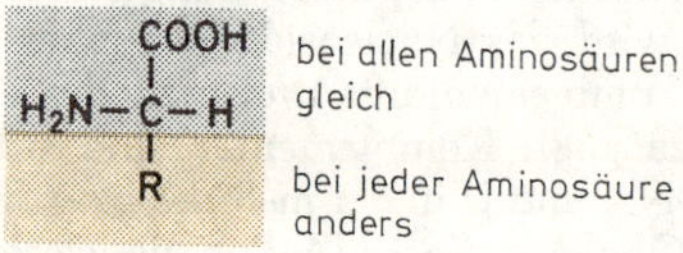

Wie man aus Abb. 63 entnehmen kann, unterscheiden sich die Seitenketten der Aminosäuren in ihrer Größe, Form und Polarität. Einige sind stark polar und können beim pH-Wert der Zelle elektrische Ladungen tragen, wie z. B. die Seitenketten von Glutaminsäure und Lysin. Diese Seitenketten sind wasserlöslich oder hydrophil (wasserliebend). Andere Aminosäuren, wie Isoleucin und Phenylalanin haben unpolare Seitenketten, die in ihrer Konsistenz ölig oder hydrophob (wasserhassend) sind.

Zwei Aminosäuren können durch eine Peptidbindung, die die α-Aminogruppe der einen Aminosäure mit der α-Carboxylgruppe der anderen verbindet, covalent verknüpft werden. Zwei in dieser Weise verbundene Aminosäuren bezeichnet man als Dipeptid. Wenn weitere Aminosäuren angehängt werden, kommt man zu Tripeptiden, Tetrapeptiden, Pentapeptiden und bei sehr langen Ketten schließlich zu Polypeptiden (Abb. 64). Es ist klar, daß aus den zwanzig Aminosäuren zahlreiche Peptide gebildet werden können, die sich in der Zahl und Sequenz der Aminosäuren unterscheiden. Außerdem nimmt mit der Länge der Polypeptidkette die Zahl der möglichen Aminosäurensequenzen zu.

Die meisten Polypeptidketten der Proteine enthalten 100 bis 300 Aminosäuren und haben entsprechend Molekulargewichte von 10 000 bis 36 000. Kleine Proteine, wie die Enzyme *Ribonuclease* und *Cytochrom c* sowie das Transportprotein *Myoglobin*, mit Molekulargewichten von 12 600, 13 400 bzw. 16 900, enthalten nur eine Polypeptidkette, während die meisten größeren Proteine aus mehreren

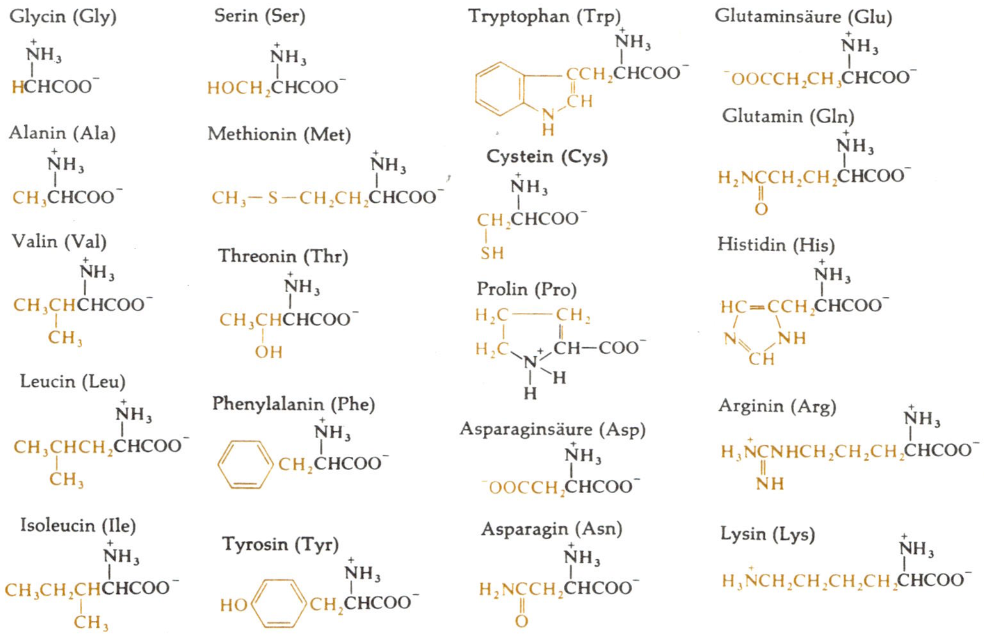

Abb. 63 Die zwanzig normalerweise in Proteinen vorkommenden Aminosäuren. Die Seitenketten oder Aminosäurereste sind farbig gedruckt. Alle Aminosäuren sind in ihrer ionisierten Form, die bei pH 7,0 vorherrscht, wiedergegeben. Die allgemein übliche Dreibuchstabenabkürzung der Aminosäuren ist in Klammern angegeben.

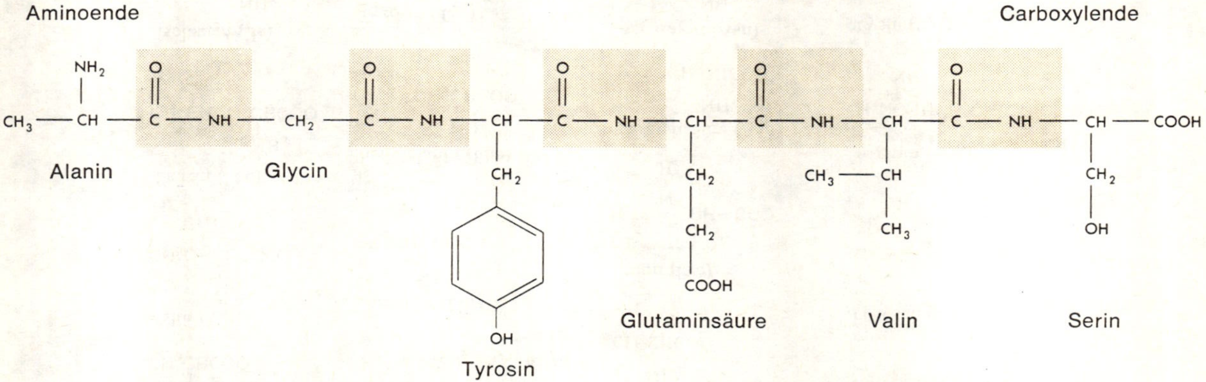

Abb. 64 Ein Hexapeptid. Sein Name: Alanylglycyltyrosylglutamylvalylserin ergibt sich aus der Aminosäurensequenz, die vom Aminoende des Peptids aus gelesen wird. Die Peptidbindungen sind farbig markiert. Die Aminosäurenreste bilden in regelmäßigen Abständen Seitenketten.

Polypeptiden aufgebaut sind. So enthält z. B. *Hämoglobin,* das sauerstoffübertragende Protein der roten Blutkörperchen, vier Polypeptidketten. Jede dieser Ketten setzt sich aus etwa 150 Aminosäuren zusammen. Das Molekulargewicht des Hämoglobins liegt bei 64 500.

Jede Zelle enthält Hunderte, wenn nicht Tausende verschiedener Proteine, die sich alle in ihren Aminosäurensequenzen unterscheiden. Jedes dieser Proteine hat in der Zelle eine andere spezifische Funktion. Zu den wichtigsten Proteinen gehören die mehr als 1000 in ihren katalytischen Aktivitäten verschiedenen Enzyme. Jedes Enzym hat ein charakteristisches Molekulargewicht und eine genetisch festgelegte Aminosäurensequenz. Andere spezialisierte Proteine erfüllen als Struktureiweiß bestimmte Stützfunktionen wie etwa das Kollagen im Bindegewebe, das Hüllprotein der Viren, die Strukturproteine der Zellmembranen und die kontraktilen Proteine im Muskel.

Noch in einer anderen Hinsicht lassen sich Proteine unterscheiden. Alle in einer Organismenart vorkommenden Proteine sind für diese Art spezifisch und lassen sich chemisch von den homologen Proteinen anderer Arten unterscheiden. Als *homologe Proteine* bezeichnet man Proteine, die in verschiedenen Organismen dieselbe Funktion erfüllen. Das Enzym Cytochrom *c* z. B. kommt in Wirbeltieren, Insekten, höheren Pflanzen, Pilzen, Hefen und Bakterien vor und katalysiert in allen diesen Organismen die gleiche Oxydations-Reduktions-Reaktion. Zwar ähneln sich die Cytochrome der verschiedenen Organismen in chemischer Hinsicht sehr, sie lassen sich jedoch aufgrund größerer oder kleinerer Unterschiede in ihrer Aminosäurensequenz voneinander unterscheiden.

In sehr sorgfältigen analytischen Untersuchungen ist es gelungen, die vollständigen Aminosäurensequenzen vieler Proteine aufzuklären. Als ein Beispiel ist in Tab. 11 die Aminosäurensequenz des Myoglobins aus dem Walfischsperma aufgeführt. Das Protein hat ein Molekulargewicht von 16 900 und enthält in einer Polypeptidkette 153 Aminosäuren. Sequenzanalysen von homologen Proteinen verschiedener Organismen (z. B. von Cytochrom *c* aus verschiedenen Pflanzen- und Tierarten) haben ergeben, daß man die Aminosäuren eines Proteins in zwei Klassen unterteilen kann. In einigen Positionen der Polypeptidkette finden sich bei allen Organismen dieselben Aminosäuren. Diese Aminosäuren scheinen zur Aufrechterhaltung der charakteristischen Funktion des Proteins unersetzlich zu sein. Im Gegensatz dazu können an anderen Stellen der Polypeptidkette die Aminosäuren von Art zu Art variieren. Man kann aus diesen Befunden den Schluß ziehen, daß bestimmte Aminosäuren an spezifischen Positionen der Polypeptidkette zur Funktionserhaltung des Proteins unerläßlich sind, während andere wiederum für eine bestimmte Organismenart charakteristisch sind. Die Aminosäurensequenz der Proteine hat also eine doppelte biologische Bedeutung.

Aus diesen Überlegungen wird verständlich, daß die Proteinsynthese in der Zelle mit einer hohen Genauigkeit ablaufen muß, nicht nur damit die Fähigkeit der Proteine, die ihnen eigene Funktion auszuführen, aufrechterhalten wird, sondern auch um die Individualität der Art zu erhalten. Außerdem verbraucht die Proteinsynthese, zumindest bei den Bakterien und anderen rasch wachsenden Zellen, bis zu 90 Pro-

Tabelle 11 Die Aminosäuresequenz des Myoglobins aus Walsperma*. Die verwendeten Aminosäurensymbole sind in Abb. 63 erklärt.

Aminoende

Val · Leu · Ser · Glu · Gly · Glu · Try · Gln · Leu · Val · Leu · His · Val · Try · Ala · Lys · Val
1 2 3 4 5 6 7 8 9 10 11 12 13 14 15 16 17

Glu · Ala · Asp · Val · Ala · Gly · His · Gly · Gln · Asp · Ileu · Leu · Ileu · Arg · Leu · Phe · Lys · Ser · His · Pro
18 19 20 21 22 23 24 25 26 27 28 29 30 31 32 33 34 35 36 37

Glu · Thr · Leu · Glu · Lys · Phe · Asp · Arg · Phe · Lys · His · Leu · Lys · Thr · Glu · Ala · Glu · Met · Lys · Ala
38 39 40 41 42 43 44 45 46 47 48 49 50 51 52 53 54 55 56 57

Ser · Glu · Asp · Leu · Lys · Lys · His · Gly · Val · Thr · Val · Leu · Thr · Ala · Leu · Gly · Ala · Ileu · Leu · Lys
58 59 60 61 62 63 64 65 66 67 68 69 70 71 72 73 74 75 76 77

Lys · Lys · Gly · His · His · Glu · Ala · Glu · Leu · Lys · Pro · Leu · Ala · Gln · Ser · His · Ala · Thr · Lys · His
78 79 80 81 82 83 84 85 86 87 88 89 90 91 92 93 94 95 96 97

Lys · Ileu · Pro · Ileu · Lys · Tyr · Leu · Glu · Phe · Ileu · Ser · Glu · Ala · Ileu · Ileu · His · Val · Leu · His
98 99 100 101 102 103 104 105 106 107 108 109 110 111 112 113 114 115 116

Ser · Arg · His · Pro · Gly · Asn · Phe · Gly · Ala · Asp · Ala · Gln · Gly · Ala · Met · Asn · Lys · Ala · Leu · Glu
117 118 119 120 121 122 123 124 125 126 127 128 129 130 131 132 133 134 135 136

Leu · Phe · Arg · Lys · Asp · Ileu · Ala · Ala · Lys · Tyr · Lys · Glu · Leu · Gly · Tyr · Gln · Gly
137 138 139 140 141 142 143 144 145 146 147 148 149 150 151 152 153

Carboxylende

* Freundlicherweise von Dr. Allen B. Edmundson, Argonne National Laboratory, zur Verfügung gestellt.

zent der in der Zelle verfügbaren Biosyntheseenergie (s. Tab. 8). Aus diesen Gründen können wir in der Proteinsynthese den vielleicht wichtigsten, aber auch kompliziertesten Biosyntheseprozeß der Zelle sehen.

Proteinsynthese

In der ersten Phase der Proteinsynthese werden die zwanzig verschiedenen Aminosäuren unter Verbrauch von ATP aktiviert und in Derivate, die sogenannten *Aminoacyl-Transfer-Ribonucleinsäuren*, überführt. Diese Derivate haben zwei Funktionen zu erfüllen. Erstens sind es energiereiche Verbindungen, die als Überträger oder Donatoren von Aminoacylgruppen

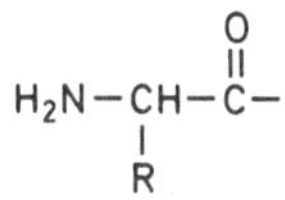

fungieren. Zweitens dienen sie bei der Translation der 4-Buchstabensprache der Nucleinsäuren in die 20-Buchstabensprache der Proteine als „Übersetzer".

Zu der im Cytoplasma der Zelle ablaufenden Aminosäureaktivierung werden zwanzig verschiedene aminosäureaktivierende Enzyme benötigt; je eines dieser Enzyme ist für eine der zwanzig Aminosäuren spezifisch. Bei der Aktivierungsreaktion reagiert jede Aminosäure unter Bildung einer energiereichen Esterbindung mit ihrem spezifischen Überträger, bei dem es sich um eine spezialisierte RNA, die *Transfer-RNA* (t-RNA) handelt. Die Transfer-Ribonucleinsäuren haben verhältnismäßig kleine Moleküle, mit Molekulargewichten von 23 000 bis 30 000 und 75 bis 90 Nucleotideinheiten. Die Nucleotide enthalten zum Teil Derivate der normalen Purine und Pyrimidine. Die Struktur der Transfer-Ribonucleinsäuren läßt sich durch das „Kleeblattmodell" in Abb. 65 kennzeichnen. Jede t-RNA besitzt einen endständigen Adenylsäurerest, der als Bindungspartner für die Aminosäure dient, und ein zweites spezifisches Zentrum, das aus einem Nucleotidtriplett, dem *Anticodon* besteht. Für jede Aminosäure existiert mindestens eine spezifische t-RNA, die meisten Aminosäuren haben sogar mehrere Transfer-Ribonucleinsäuren, an die sie gebunden werden können. So konnten in Hefezellen für die Aminosäure Leucin fünf verschiedene Transfer-Ribonucleinsäuren nachgewiesen werden. Die verschiedenen Transfer-Ribonucleinsäuren werden durch das 3-Buchstabensymbol der Aminosäure (s. Abb. 63), für die sie spezifisch sind, gekennzeichnet, z. B. t-RNA$_{Ala}$, t-RNA$_{Lys}$ oder

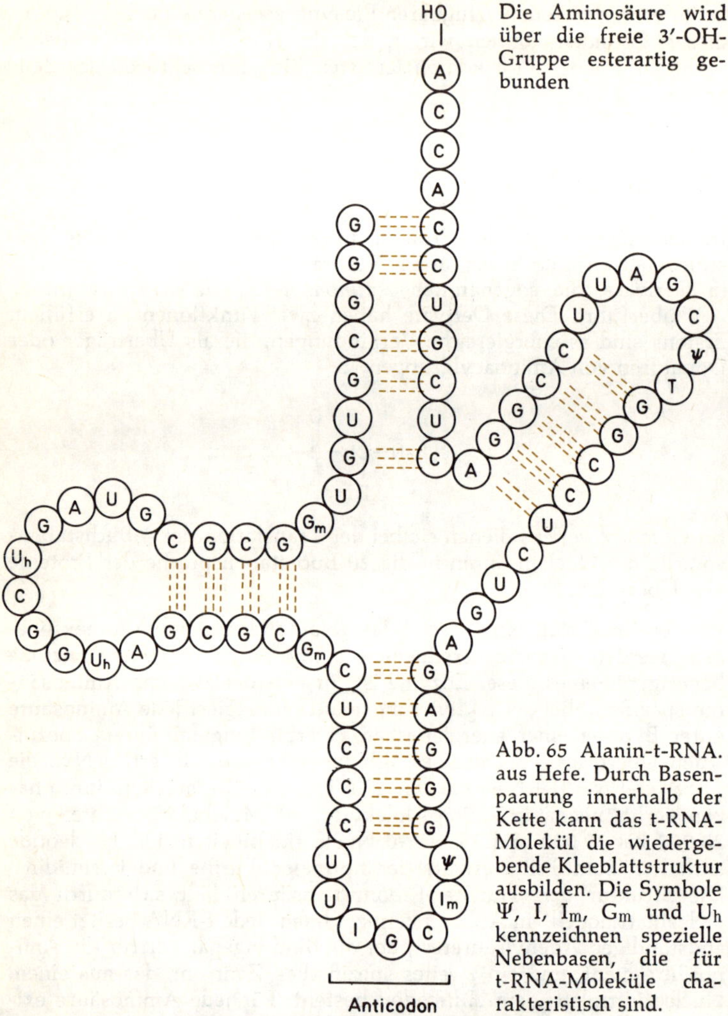

Abb. 65 Alanin-t-RNA. aus Hefe. Durch Basenpaarung innerhalb der Kette kann das t-RNA-Molekül die wiedergebende Kleeblattstruktur ausbilden. Die Symbole Ψ, I, I_m, G_m und U_h kennzeichnen spezielle Nebenbasen, die für t-RNA-Moleküle charakteristisch sind.

t-RNA_{Glu}. Wir sehen also, daß es für jede Aminosäure ein spezifisches aktivierendes Enzym und mindestens eine spezifische t-RNA gibt, an die die Aminosäure enzymatisch gebunden wird. Die Aktivierung der Aminosäure Alanin läßt sich durch die folgende Gleichung ausdrücken:

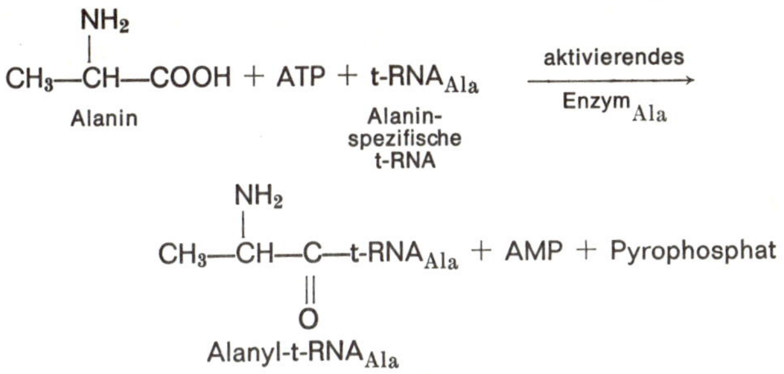

Bei dieser Reaktion wird aus dem ATP Pyrophosphat abgespalten, das anschließend enzymatisch zu zwei Molekülen Orthophosphat hydrolysiert wird:

$$\mathrm{PP} + \mathrm{H_2O} \xrightarrow{\text{Pyrophosphatase}} 2\,\mathrm{P}$$

Bei der Knüpfung der covalenten Bindung zwischen der Aminosäure und ihrer t-RNA werden also zwei energiereiche Bindungen von ATP verbraucht. Die neu gebildete chemische Bindung ist eine Esterbindung zwischen der Carboxylgruppe der Aminosäure und einer Hydroxylgruppe des endständigen Adenylsäurerestes der t-RNA. Die freie Energie der Hydrolyse beträgt bei dieser Bindung unter Standardbedingungen –6,5 kcal, es handelt sich also um eine energiereiche Bindung. Die Struktur des terminalen Teils der Alanyl-t-$\mathrm{RNA_{Ala}}$ ist in Abb. 66 wiedergegeben.

Ganz entsprechend werden alle zwanzig Aminosäuren enzymatisch durch Esterbindung mit ihren Transfer-Ribonucleinsäuren verknüpft. Für jede Aminosäure wird ein anderes aktivierendes Enzym benötigt.

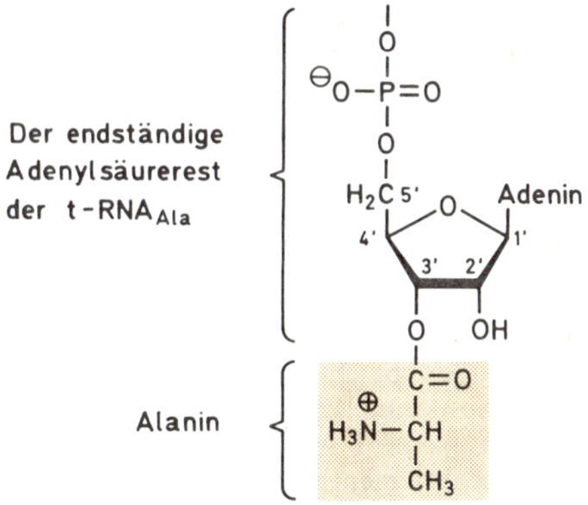

Abb. 66 Die Bindung zwischen einer Aminosäure und ihrer entsprechenden t-RNA.

Die Transfer-Ribonucleinsäuren übertragen Aminosäuren in ganz ähnlicher Weise wie Uridinnucleotide Zucker und Coenzym A Acylreste übertragen. Die aktivierten Aminosäuren können nun zu Peptidketten vereinigt werden. Wir werden gleich sehen, wie bei diesem Vorgang die t-RNA als „Übersetzer" dafür sorgt, daß die Aminosäuren in der richtigen Sequenz aneinandergehängt werden.

In der nächsten Phase der Proteinsynthese werden die Messenger-RNA aus dem Zellkern und die mit ihren Transfer-Ribonucleinsäuren verknüpften Aminosäuren an der Oberfläche der Ribosomen, an denen die Synthese der Peptidketten stattfindet, zusammengebracht.

Ribosomen sind granuläre Elemente im Cytoplasma jeder Zelle. Sie lassen sich mit Hilfe der Ultrazentrifuge leicht aus Zellextrakten isolieren. Die Ribosomen aus prokaryotischen Zellen, etwa aus *Escherichia coli,* kommen frei im Cytoplasma vor; sie haben ein Partikelgewicht von etwa 2,8 Millionen und einen Durchmesser von ungefähr 180 Å. Die Ribosomen der eukaryotischen Zellen sind mit einem Partikelgewicht von 4,2 Millionen etwas größer, sie sind außerdem zum größten Teil an die Membran des endoplasmatischen Retikulums gebunden. Ansonsten sind sich die Ribosomen aus prokaryotischen und eukaryotischen Zellen sehr ähnlich.

Die Ribosomen aus *Escherichia coli* bestehen zu etwa 35 % aus Protein und zu 65 % aus einer Ribonucleinsäure, die sich in drei Fraktionen zerlegen läßt, die nach ihren Sedimentationsgeschwindigkeiten in der Ultrazentrifuge als 23 S-, 16 S- und 5 S-ribosomale RNA bezeichnet werden. Das Symbol S steht für die *Svedbergeinheit,* in der die Sedimentationsgeschwindigkeit ausgedrückt wird. Die Ribosomen bestehen aus einer kleinen und einer großen Untereinheit. Die kleine Untereinheit (Molekulargewicht 1 000 000) enthält ein Molekül 16 S-r-RNA und zwanzig verschiedene Peptidketten. Die große Untereinheit (Molekulargewicht 1 800 000) enthält ein Molekül 23 S- und ein Molekül 5 S-r-RNA, sowie 30 Polypeptidketten. Die beiden Untereinheiten sind während der Proteinsynthese vereinigt, trennen sich jedoch, sobald die Synthese einer Peptidkette beendet ist. Der strukturelle Aufbau eines Ribosoms ist in Abb. 67 wiedergegeben.

Bei der Biosynthese einer Peptidkette lagert sich zunächst die m-RNA, die das Peptid spezifiziert, so an die kleine Ribosomenuntereinheit an, daß ihr erstes Codon (Startcodon) an einem spezifischen Ort der Ribosomenuntereinheit, den man *Peptidyl-* oder *P-Zentrum* nennt, postiert ist. Dann wird die Starter-Aminoacyl-t-RNA, über die wir später noch sprechen werden, an das erste Codon der m-RNA gebunden. Die Aminoacyl-t-RNA kann erkannt, selektiert und gebunden werden, weil ihr Anticodon-Triplett dem Codon der gebundenen m-RNA komplementär ist. Die Bindung zwischen Codon und Anticodon

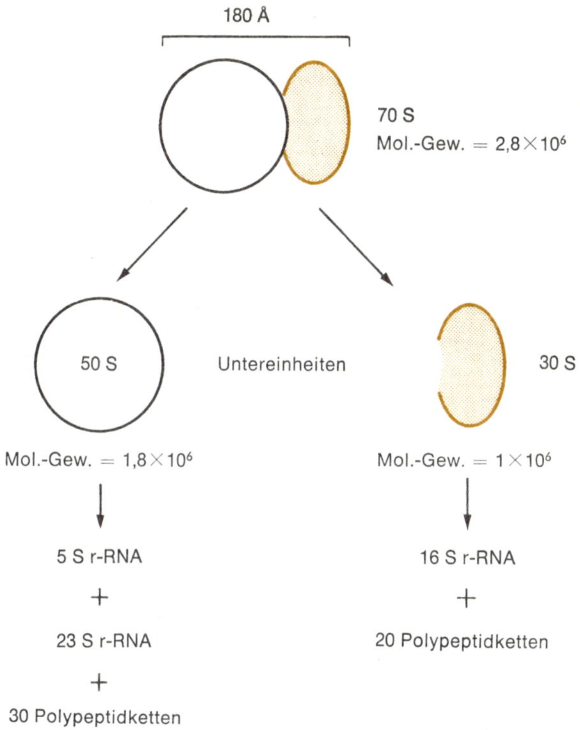

Abb. 67 Die Struktur von *Escherichia coli*-Ribosomen.

beruht auf den Wasserstoffbrücken zwischen den komplementären Basenpaaren. Bei der Selektion und Bindung der t-RNA spielt die am anderen Ende der t-RNA hängende Aminosäure keine Rolle, die Spezifität der Aminoacyl-t-RNA liegt allein in ihrem Anticodon. Erst wenn die Starter-Aminoacyl-t-RNA an das Codon der m-RNA gebunden ist, kann sich die kleine Ribosomenuntereinheit mit der großen Untereinheit in einem Komplex vereinigen. In diesem Komplex kann nun durch schrittweise Kettenverlängerung die Polypeptidkette synthetisiert werden. Bei der Kettenverlängerung werden die Aminosäuren immer an die Carboxylgruppe der bereits gebundenen Aminosäuren angehängt, so daß die Synthese der Peptidkette beim Aminoende beginnt und mit dem Carboxylende aufhört (Abb. 68).

Die schrittweise Verlängerung der Polypeptidkette um eine Aminosäureeinheit vollzieht sich in drei Hauptphasen. Zunächst wird die zum nächsten Codon der m-RNA passende Aminoacyl-t-RNA ausgewählt und im sognannten *Aminoacylzentrum* oder *A-Zentrum* mit ihrem Anticodon an das komplementäre Codon der m-RNA gebunden. Bei diesem Prozeß wird ein Molekül GTP an das Ribosom ge-

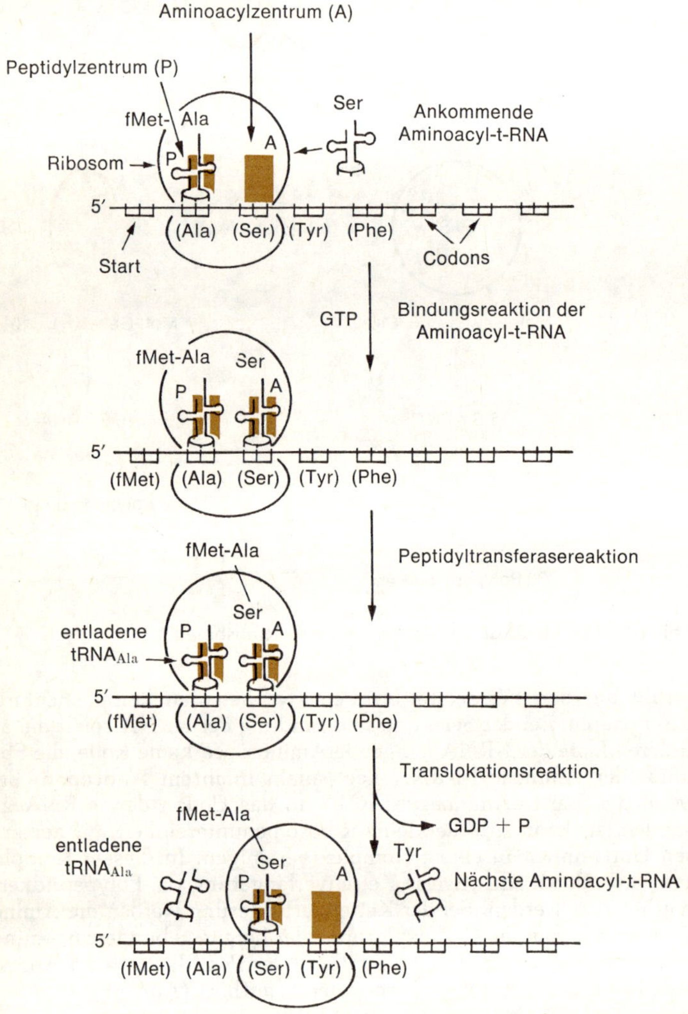

Abb. 68 Die drei Hauptschritte bei der Verlängerung einer Peptidkette. (Aus A. L. Lehninger: Biochemistry. Worth Publishers, New York 1970.)

bunden. In der zweiten Phase wird die Peptidbindung zwischen der Starteraminosäure im P-Zentrum und der zweiten Aminosäure im A-Zentrum geknüpft. Katalysiert wird diese Reaktion durch das Enzym *Peptidyltransferase*, das die Starteraminosäure auf die freie Aminogruppe der neuen Aminosäure überträgt. Als Produkt entsteht ein Dipeptid, das mit seiner Carboxylgruppe an die t-RNA der zweiten Aminosäure gebunden ist. Die nun entladene t-RNA der Starteraminosäure verbleibt zunächst noch im P-Zentrum.

In der dritten Phase der Kettenverlängerung wird die Dipeptidyl-t-RNA aus dem A-Zentrum in das P-Zentrum verlagert; damit wird das A-Zentrum für die nächste Aminoacyl-t-RNA frei. Gleichzeitig rutscht die m-RNA am Ribosom um ein Codon weiter. Dieser Translokationsprozeß ist mit der Hydrolyse von einem Molekül GTP zu GDP und Phosphat gekoppelt. Bei der Verlagerung der Peptidyl-t-RNA vom A-Zentrum zum P-Zentrum wird die im P-Zentrum zurückgelassene, entladene t-RNA verdrängt und aus dem ribosomalen Komplex entlassen. Das freie A-Zentrum kann nun eine dritte Aminoacyl-t-RNA aufnehmen. Der dreiphasige Zyklus muß für jede Aminosäure, die zu der Peptidkette addiert wird, wiederholt werden. Nach jeder eingebauten Aminosäure muß das m-RNA-Molekül mit der wachsenden Peptidkette um ein Codon weiter an dem Ribosom vorbeigeschoben werden. Die m-RNA und die Peptidkette „gleiten" dabei durch die Rinne zwischen den beiden Ribosomenuntereinheiten. Jeder Vorschub ist mit der Hydrolyse von einem Molekül GTP gekoppelt.

Zum Schluß, wenn die Peptidkette ihrer Vollendung entgegengeht, signalisieren besondere *„Stop"-Codons (Terminator-Codons)* das Ende der Synthese. Nach dem Signal wird die fertiggestellte Polypeptidkette durch ein spezifisches Enzym aus dem ribosomalen Komplex freigesetzt. Gleichzeitig zerfällt das Ribosom wieder in seine Untereinheiten.

In der intakten Zelle kann ein Messenger-RNA-Molekül von vielen Ribosomen gleichzeitig als Matrize verwendet werden. An jedem Ribosom entsteht dann völlig unabhängig eine Peptidkette. So kann z. B. die m-RNA, die den Code für die Polypeptidketten des Hämoglobins enthält, in jungen noch nicht ausgewachsenen roten Blutkörperchen fünf Ribosomen gleichzeitig als Matrize dienen. Eine solche Gruppe von Ribosomen, die gleichzeitig an der Translation eines m-RNA-Moleküls beteiligt sind, nennt man *Polyribosom* oder *Polysom*.

Überprüfen wir jetzt einmal die Energiebilanz der Proteinsynthese. Bei der Synthese einer Polypeptidkette mit 100 Aminosäureeinheiten müssen die 100 Aminosäuren zunächst durch Bindung an ihre spezifischen Transfer-Ribonucleinsäuren aktiviert werden. Dazu sind

100 ATP-Moleküle erforderlich, die den Prozeß mit der Energie von insgesamt 200 energiereichen Phosphatbindungen versorgen. Für jede Aminosäure, die in die Peptidkette eingebaut wird, muß die m-RNA mit der Polypeptidkette um ein Codon am Ribosom vorwärtgeschoben werden. Dabei wird bei jedem Translokationsschritt ein Molekül GTP zu GDP und Phosphat hydrolysiert. Wir benötigen also insgesamt 300 energiereiche Phosphatbindungen, um ein Polypeptid aus 100 Aminosäuremolekülen aufzubauen. Da die Synthese einer Peptidbindung einen Mindestbetrag von 5,5 kcal verlangt, auf der anderen Seite jedoch drei energiereiche Phosphatbindungen von ATP und GTP $3 \times 7{,}3 = 21{,}9$ kcal liefern, scheint bei der Synthese der Peptidbindung sehr viel Energie vergeudet zu werden. In Wirklichkeit ist diese Energie jedoch nicht vergeudet, sondern sie ist der Preis, den die Zelle zahlen muß, um sicherzustellen, daß die Proteinsynthese quantitativ abläuft und damit zugleich die Garantie gegeben ist, daß die Translation der genetischen Information in die Aminosäurensequenz des Peptids mit hoher Genauigkeit erfolgt.

Der genetische Code

Wir kommen jetzt zu der Frage, wie die aus den zwanzig Aminosäuren gebildete „Sprache“ der Proteine in der aus den vier Basen zusammengesetzten „Sprache“ der DNA verschlüsselt ist. Man vermutete schon früh, daß eine Folge von mindestens drei Basen notwendig sei, um eine der Aminosäuren zu verschlüsseln, denn wenn man aus den vier Basen Zweiergruppen bilden würde, wären nur $4^2 = 16$ verschiedene Kombinationen möglich – zu wenig also, um die zwanzig Aminosäuren zu verschlüsseln. Kombiniert man dagegen die vier Basen in Dreiergruppen, so sind $4^3 = 64$ unterschiedliche Basenfolgen möglich, also mehr als genug, um die zwanzig Aminosäuren zu verschlüsseln. Man wußte allerdings früher noch nicht, ob zwei aufeinanderfolgende Nucleotid-Codegruppen durch ein „Komma“ voneinander getrennt werden. Erst gegen Ende der fünfziger Jahre konnte dann in genetischen Experimenten bewiesen werden, daß der genetische Code kommafrei ist. Dies bedeutet, daß die Codons für die zwanzig Aminosäuren durch ein richtiges Raster abgelesen werden müssen.

Die Identifizierung der Tripletts, die als Codewörter die verschiedenen Aminosäuren verschlüsseln, wurde durch zwei Entdeckungen von Nirenberg und seinen Mitarbeitern möglich. So fanden Nirenberg und Matthaei, daß aus *Escherichia coli* isolierte Ribosomen nicht nur natürliche m-RNA als Matrize akzeptieren, sondern auch synthetische Polyribonucleotide mit bekannter Basensequenz. Sie verwendeten

z. B. ein nur aus Uridylsäureresten aufgebautes Polyribonucleotid, also eine Polyuridylsäure (Poly-U) als Matrize und fanden, daß an *Escherichia coli*-Ribosomen mit dieser Matrize ein Polypeptid gebildet wird, das nur aus Phenylalaninresten aufgebaut ist. Wurde in einem entsprechenden Versuch Polyadenylsäure als Messenger verwendet, so entstand ein nur aus Lysinresten aufgebautes Polypeptid. Mit dieser Entdeckung war es möglich, die Basen jedes Codons zu ermitteln; allerdings konnte noch keine exakte Aussage über die genaue Basenfolge gemacht werden. In einer zweiten großen Entdeckung fanden NIRENBERG u. LEDER nun, daß *Escherichia coli*-Ribosomen in Abwesenheit einer Energiequelle auch einfache Trinucleotide binden können und daß anschließend die passende Aminoacyl-t-RNA angelagert wird. Wenn z. B. das Trinucleotid UUU von den Ribosomen gebunden wird, kann auch die phenylalaninspezifische t-RNA_{Phe} angelagert werden, jedoch keine andere Aminoacyl-t-RNA. Mit Hilfe synthetischer Trinucleotide bekannter Basenzusammensetzung und -folge gelang es den Arbeitsgruppen um NIRENBERG und KHORANA in erstaunlich kurzer Zeit die Identität der Triplett-Codewörter für alle Aminosäuren aufzuklären. Diese Leistung ist sicher einer der größten Fortschritte in der Geschichte der modernen Naturwissenschaften. Das vollständige Lexikon der Codewörter ist in Tab. 12 zusammengestellt.

Wir sehen, daß es für die meisten Aminosäuren mehr als ein Codewort gibt, jedoch kein Codewort für mehr als eine Aminosäure gilt. Wenn eine Aminosäure mehrere Codewörter hat, sind gewöhnlich die beiden ersten Buchstaben identisch. So beginnen z. B. die Codewörter für Alanin (GCU, GCC, GCA, GCG) alle mit den beiden Nucleotiden GC. Man nimmt deshalb an, daß die zwei ersten Buchstaben die Hauptspezifität der Tripletts ausmachen. Das in Tab. 12 aufgeführte Lexikon der Codewörter scheint universell für alle Organismen zu gelten. Seine Gültigkeit konnte für den Menschen, *Escherichia coli* und verschiedene Amphibien, Pflanzen und Viren bewiesen werden.

Zwei wichtige Fragen bleiben noch zu beantworten. Wie erkennen die Ribosomen das Starter-Codon, mit dem der Code für eine Peptidkette beginnt? Wie wissen die Ribosomen, wann sie die Synthese eines Polypeptids abbrechen müssen? Es ist klar, daß die Ribosomen beim Fehlen eines Signals, das anzeigt, an welcher Stelle der Code für eine bestimmte Polypeptidkette beginnt, die Übersetzung an einem zufälligen Punkt auf der m-RNA beginnen würden. Die synthetisierten Polypeptidketten wären dann defekt oder unvollständig. Umgekehrt würden beim Fehlen eines Stopsignals, das den Abbruch der Kettenverlängerung anzeigt, die Polypeptidketten ununterbrochen weiter verlängert werden, bis schließlich das Ende der m-RNA erreicht wäre. Erinnern wir uns dabei, daß ein m-RNA-Molekül den Code für mehrere Polypeptide enthalten kann.

Tabelle 12 Lexikon der genetischen Codewörter für die Aminosäuren. Die Codons werden in 5′ → 3′-Richtung gelesen. Die Nicht-Sinn-Codons (nonsense codons), von denen man jetzt weiß, daß sie bei der Peptidkettenverlängerung als „Stopsignal" fungieren, sind farbig wiedergegeben.

	U		C		A		G	
	UUU	Phe	UCU	Ser	UAU	Tyr	UGU	Cys
	UUC	Phe	UCC	Ser	UAC	Tyr	UGC	Cys
U								
	UUA	Leu	UCA	Ser	UAA	Ochre	UGA	
	UUG	Leu	UCG	Ser	UAG	Amber	UGG	Trp
	CUU	Leu	CCU	Pro	CAU	His	CGU	Arg
	CUC	Leu	CCC	Pro	CAC	His	CGC	Arg
C								
	CUA	Leu	CCA	Pro	CAA	Gln	CGA	Arg
	CUG	Leu	CCG	Pro	CAG	Gln	CGG	Arg
	AUU	Ile	ACU	Thr	AAU	Asn	AGU	Ser
	AUC	Ile	ACC	Thr	AAC	Asn	AGC	Ser
A								
	AUA	Ile	ACA	Thr	AAA	Lys	AGA	Arg
	AUG	Met	ACG	Thr	AAG	Lys	AGG	Arg
	GUG	Val	GCU	Ala	GAU	Asp	GGU	Gly
	GUU	Val	GCC	Ala	GAC	Asp	GGC	Gly
G								
	GUC	Val	GCA	Ala	GAA	Glu	GGA	Gly
	GUA	Val	GCG	Ala	GAG	Glu	GGG	Gly

Wie das Startsignal für eine Polypeptidkette gegeben wird, ist noch nicht völlig klar. Man konnte jedoch nachweisen, daß in der prokaryotischen Zelle die Synthesen aller Polypeptidketten mit *N-Formylmethionin,* einem Derivat der Aminosäure Methionin beginnen. In der eukaryotischen Zelle scheinen die Polypeptide mit Methionin zu beginnen.

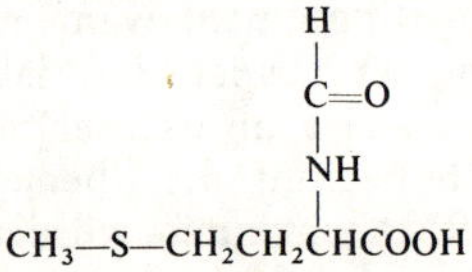

N-Formylmethionin

Mehr ist über das *Stop-Signal* für den Abbruch der Peptidkettenverlängerung bekannt. Als man die genetischen Codewörter für die verschiedenen Aminosäuren entschlüsselte, stieß man auf drei Tripletts die keine der zwanzig Aminosäuren spezifizierten. Es sind die Codons UAA, UAG und UGA. Die beiden ersten wurden *„ochre"* und *„amber"* genannt. Für lange Zeit bezeichnete man diese drei Tripletts als *Nonsense-Codons (Nicht-Sinn-Codons);* heute wissen wir, daß diese Codons die Signale für den Abbruch der Peptidkettenverlängerung geben. Sobald sie erreicht werden, wird die Verlängerung der Peptidkette beendet und das Peptidmolekül aus dem ribosomalen Komplex entlassen.

Zusammenlagerung der Zellstruktur

Wir wissen jetzt, wie die chemischen Hauptkomponenten der Zelle unter Verbrauch von ATP-Energie aus einfachen Vorstufen aufgebaut werden. Wir kommen nun zur abschließenden Phase der Biogenese, in der die Proteine, Nucleinsäuren, Lipide und anderen Biomoleküle zu supramolekularen Systemen, wie Membranen und Enzymkomplexen, zu Organellen wie Mitochondrien und endoplasmatischem Reticulum und damit schließlich zur ausdifferenzierten lebenden Zelle mit der ihr eigenen, genetisch festgelegten Ausstattung, zusammengelagert werden.

In diesem Kapitel wollen wir zunächst die Beziehung zwischen Information und Entropie behandeln. Dabei werden wir erfahren, daß die Zusammenlagerung der hochgeordneten dreidimensionalen Zellstruktur aus ungeordnet verteilten Vorstufen ein Prozeß ist, der mit einer sehr starken Entropieabnahme verbunden ist. Weiterhin soll uns das Hauptproblem dieses Kapitels beschäftigen, nämlich die Frage, wie die eindimensionale oder lineare Information der Basensequenz der DNA in die dreidimensionale Struktur der lebenden Zelle übersetzt wird.

Information und ihre Messung

Die Idee der Information und die Möglichkeiten der Informationsmessung, -speicherung und -kommunikation haben sich zu einem völlig neuen Gebiet der Naturwissenschaften entwickelt. Dieses Gebiet, die *Informationstheorie*, ist eine Erweiterung der Thermodynamik und der Wahrscheinlichkeitstheorie. Ihre theoretischen Grundsätze macht man sich bei der Konstruktion von Computern und bei der Nachrichtenübermittlung zunutze, und sie werden mit Erfolg zur Analyse von Struktur und Funktion der lebenden Organismen herangezogen. Nach der Informationstheorie ist die grundlegende quantitative Maßeinheit für Information das *„binary digit"* oder abgekürzt das *„bit"*. Der Informationsgehalt einer Botschaft läßt sich in der Wahrscheinlichkeit einer Folge binärer Auswahlschritte oder bits ausdrücken. Wenn z. B. eine Person aus einem Stapel von sechzehn Karten eine bestimmte Karte auswählen muß, um einen Preis zu gewinnen, so ist die Wahrscheinlichkeit (P_0), daß sie beim ersten Mal gleich die richtige auswählt 1 : 16. Nehmen wir jedoch einmal an, unsere Person wählt im ersten Versuch die richtige Karte, weil sie von jemandem, der die genaue Position der Karte kennt, die notwendige Information erhält. In diesem Fall ist die Wahrscheinlichkeit (P) die richtige Karte zu wählen 1,0. Das Verhältnis der Wahrscheinlichkeiten

(P/P_0) ist also 16. Wir können nun den Informationsgehalt der Botschaft, die unserer Person zugeleitet wurde, bestimmen. Er ergibt sich auf Grund folgender Beziehung:

$$I = {}^2\log \frac{P}{P_0}$$

I ist die *Information* in *bits* und ^{2}log der Logarithmus zur Basis 2. Da $2^4 = 16$, ergibt der Logarithmus mit der Basis 2 für P/P_0 ($= 16$) einen Wert von 4. Es ist also $I = 4$; mit anderen Worten, die Botschaft hat einen Informationsgehalt von 4 bits. Dies bedeutet, daß vier korrekte binäre Auswahlschritte notwendig sind, um die richtige Karte zu wählen. Soll eine bestimmte Karte aus einem Stapel von zweiunddreißig Karten gewählt werden, so sind $^2\log 32 = 5$ bits Information notwendig, um sofort die richtige Wahl treffen zu können. Da man einfache numerische Information dieser Art in einer Folge binärer Ja-Nein-Wahlen ausdrücken kann, läßt sie sich leicht, wie auf einem Tonband, in linearer Form verschlüsseln.

Informationsgehalt der Zelle

Man hat oft versucht, den Informationsgehalt der linearen Basensequenz einer DNA oder der Aminosäurensequenz eines Proteins, in einer Rechnung, wir wir sie eben durchgeführt haben, zu ermitteln. Diese Versuche waren jedoch wenig erfolgreich, da es bis heute nicht möglich ist, den Informationsgehalt einer DNA oder eines Proteins in einfachen binären Einheiten auszudrücken. Das hängt unter anderem damit zusammen, daß die zwanzig verschiedenen in einem Protein vorkommenden Aminosäuren für die Struktur des Proteins mehr als eine Bedeutung haben. Außerdem kann die Information einer gegebenen Aminosäureeinheit auf verschiedenen Ebenen, die erst im Verband mit einer längeren Aminosäurensequenz signifikant werden, zum Ausdruck kommen. Immerhin, trotz vieler grober Vereinfachungen, hat man abgeschätzt, daß eine einzelne *Escherichia coli*-Zelle über einen enormen Informationsgehalt verfügt. Man erhielt grobe Schätzwerte, die 10^{12} bits weit überschreiten können.

Wir wollen uns in etwas anschaulicherer und verständlicherer Weise eine Vorstellung von dem gewaltigen Informationsgehalt einer *Escherichia coli*-Zelle vermitteln. In Abb. 69 ist die imaginäre Basensequenz einer DNA-Kette, die aus 1500 Basenpaaren besteht und ein Molukulargewicht von 1 000 000 hat, aufgeführt. Stellen wir uns nun einmal vor, wir sollten in der gleichen Schriftgröße die Basensequenz des ganzen *Escherichia coli*-Chromosoms aufschreiben. Das Chromosom besteht aus einem einzelnen DNA-Molekül mit etwa 4 700 000

Basenpaaren und einem Molekulargewicht von 2 800 000 000. Wenn wir die Basensequenz dieses Moleküls in der gleichen Weise, wie dies in Abb. 69 geschehen ist, zu Papier bringen wollten, müßten wir etwa 3000 Seiten, das entspricht rund 13 Bänden des vorliegenden Buches, beschreiben. Die 13 Bände würden etwa 2500 g wiegen, im Gegen-

CATCGAGCGCGCGAGAGCGCGATCGCGACCGCGACCGA
ACGCGAGCGACCGAATCGCGAGAGCCAGCGAGCGAATT
AGCTAGCGAGCGCGAGAGAGCGCGATAGAGCTATATCG
ATCGAGCGAGAGCGCGAGATCGAGATAGCGATATAGCC
AGCGCGATAGCGCGAGAAAGCGCGAGATATAGACTAGC
AGGCGCGCGAGAGCGGATATAGCGCGATAGCTATAGCG
ACGAGAGAGCGAGAAAGCGGAGATATAGCGATAGCTTT
GACTCGATCGATCGATCTCGCGGAGACTCGAGCTATGCT
CTGACTAGCTAGCGATATCGCGATAGCGATCGAGATCTT
GCAATAGCAGAACTCGCGATCAACATCTCTAGAGACTCT
AACCGGTTAAAGACCCTTAAGGCCCTTTAAGGCCTTAAA
TTAGAGCTAGGACTCTAACTCTCGACTCATAGAGCGCGC
AAACTCGGAATCACGAGGCAGAATTAAGGCGCGAGTCA
AGCTCTAGAGACTTCGAGACTCTAGCGCTAGCTCGATCG
TAGCTCGATCGTTCGCGTGATATAGCGCGCGATATAGCC
CGAGCTCGAGCGCTAGGGCGCGAGCGCGAGAGATCTCT
AGCTAGCTAGCTAGCGCGATATTGCGCGAATATAGCATT
TGCTAGCGCTATCGCGATACAGCGCGAGATCTCTAGCGT
AGCGCTATAGCGCTATAGCGCGATATATAGCCGATATCA
GCTATATAGAGACACACAGATAGAGCGCGCGAGAGCTG
GCGCCGAATAAGAGACACATAGACTAGCTACAGAGAGA
TCTATATATAATACATATATAGATAGATAGATAGAGAGT
TAGCTAGATCGTGCTATCTCTTAGAGAGCTAGTAGAGGT
GCGAATTCGAGAGACCTAGCGAGAGCTACGAGAGTATG
CACGCGATAAAGCGCTATAGAGCGCGAACGCGAGCTCG
GAGAATTTGAAGAGACCATAAAGCCGAGAACGACTCGG
TCGGAAGGATATAGAGATCTCAGAGCGCGATAGAGCGC
ACTGACTGACCGCGCTATATAGCGCGAGATCTCGATATT
ATTAGCGCGAATATCGCGCGAATAAATTGGCCATTACGT
CTCCTGGAACGCTAATGCAGGCTAGCGATAGGTCCTTAT
GAGAGCTCGGGCTAGTCGGATCGAGCTAGAGATCGAGC
GCTAGCTAGCTAAAGCTCCAGAGCAAATAGAGACGAGG
CGATCCGAGATCGCGATCGCATCGAAGCTAGCTAGCTTT
ATCGATAGCTAGCTAGCTAGCCCTAGACTGTCTAGATAG
ATATGTATTCTAGCTAGCAAGCAAGAGATCGATCTATGA
GCTAGATCTAGCTCTTCGCCTAGACTTGATCTAGATCTTT
TATAGCGAGAACGAATATCGCAAAGCGAAAGCGAGCGC
ATCTCGATCTATCGAGCGTATTCCCATATATCTAGAGTTT
TCGTCGATAGCATCGATACTTAGCGCGTTAGCAGAGCTA
TAGCTATATCTCTATTTCTTGCTAGAGATAGTTCTAGAGT

Abb. 69 Die imaginäre Basensequenz eines DNA-Abschnittes mit einem Molekulargewicht von etwa 1 000 000.

satz zu dem *Escherichia coli*-Chromosom mit einem Gewicht von ca. 10^{-14} g. In der gleichen Weise würden wir rund 6500 Bände unseres Buches brauchen, um die Basensequenz der DNA einer menschlichen Zelle aufzuschreiben.

Prüfen wir nun einmal die Geschwindigkeit, mit der die Information einer einzelnen *Escherichia coli*-Zelle, die sich unter guten Bedingungen alle zwanzig Minuten einmal teilt, weitergegeben werden kann. Der Replikationsmechanismus der *Escherichia coli*-Zelle kann die in 13 Bänden kleingedruckt aufgeschriebene genetische Information in nur 20 Minuten lesen und exakt kopieren, das sind pro Sekunde mehr als 2,5 Seiten.

Entropie und Information

Wenn man sagt, daß die lebende Zelle über eine gewaltige Informationsmenge verfügt, so heißt das mit anderen Worten, daß die Zelle hochgeordnet und entropiearm ist. Wie aber läßt sich Information mit Energieeinheiten wie Entropie, mit denen die Wissenschaft der Thermodynamik arbeitet, quantitativ in Beziehung setzen?

Diese Frage tauchte erstmals im Zusammenhang mit einem interessanten und viel diskutierten naturwissenschaftlichen Paradoxon auf, dem sogenannten Maxwellschen Dämon. Der britische Physiker James Clerk Maxwell machte einmal ein Gedankenexperiment, zu dessen Lösung er seinen „Dämon" brauchte. Es ging um folgendes Problem: Wenn ein Gas die Möglichkeit hat, durch eine enge Öffnung von einem Behälter in einen zweiten, leeren Behälter zu strömen, so wäre nach dem zweiten thermodynamischen Hauptsatz zu erwarten, daß die Gasmoleküle sich von selbst durch Diffusion gleichmäßig über beide Behälter verteilen und damit die Entropie in dem System vergrößern würden (Abb. 70). Maxwell postierte nun einen gedachten Dämon an der engen Verbindung zwischen den beiden Behältern und ließ ihn eine reibungslos arbeitende Falltür bedienen. Dieser Dämon sollte jedes schnelle oder „heiße" Gasmolekül, das sich der Öffnung näherte, in den leeren Behälter durchlassen, die Öffnung aber verschließen, sobald sich ein langsames oder „kaltes" Molekül näherte. Auf diese Weise würden nur die heißen Moleküle in den anfangs leeren Behälter gelangen, während die kalten zurückblieben. Durch diesen Prozeß würde die Entropie oder Uonordnung des Systems verringert, ohne daß sich die Gesamtenergie des Systems änderte (Abb. 70). Damit aber stünde der Prozeß im Widerspruch zum zweiten Hauptsatz der Thermodynamik. Maxwell erklärte, daß ein solcher Prozeß, obgleich in der Praxis nie beobachtet, theoretisch durchaus existieren könnte, denn der Dämon würde keine Arbeit leisten, sondern die heißen Moleküle einfach nur auswählen.

Lange Zeit schien es keine vernünftige Erklärung zu geben. Im Jahre 1929 wies SZILARD jedoch darauf hin, daß der Maxwellsche Dämon über eine Information verfügen müsse, um die heißen Moleküle auswählen zu können. Er postulierte, daß die zur Auswahl der Moleküle notwendige Information der Entropieabnahme während des Selektionsprozesses, bei dem nur die heißen Moleküle in den leeren Be-

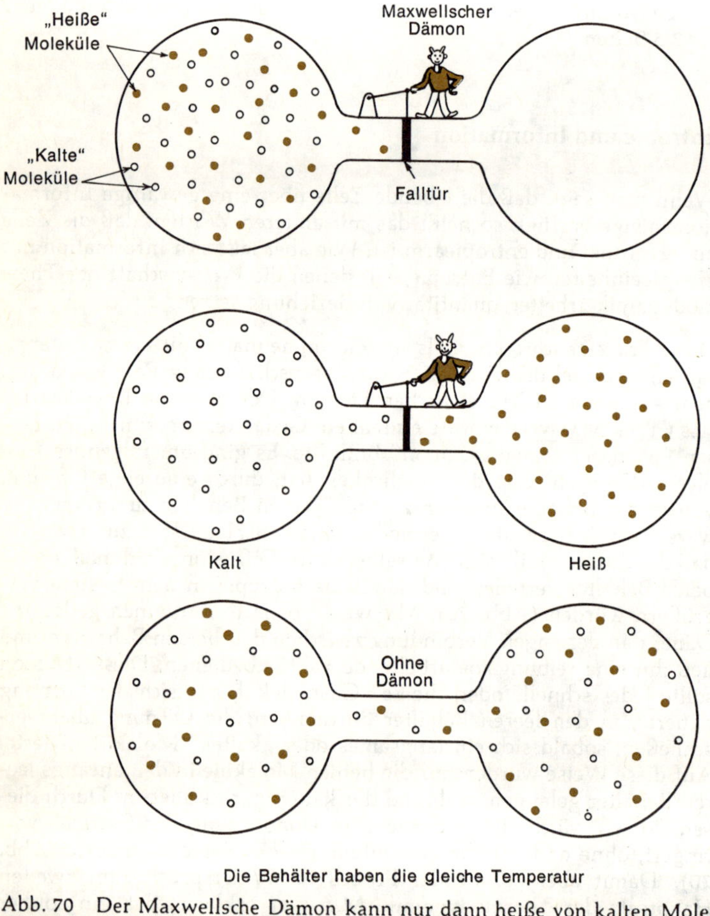

Abb. 70 Der Maxwellsche Dämon kann nur dann heiße von kalten Molekülen trennen, wenn er über eine Information verfügt.

hälter gelangen, energetisch äquivalent sei. Aus dieser Grundidee konnte eine zahlenmäßige Beziehung zwischen Information und Entropie abgeleitet werden. Um die Entropie in einem System um 1,0 kcal/Mol · Grad zu reduzieren, ist eine Informationsmenge von 10^{23} bits nötig. Es ist heute noch nicht möglich, eine ähnliche quantitative Beziehung zwischen den genetischen Codeelementen und Entropieeinheiten abzuleiten. Gleichgültig wie diese Beziehung zahlenmäßig aussehen mag, sicher ist, daß der Entropiegehalt der lebenden Zelle verhältnismäßig gering ist. Weiterhin muß die Bildung einer Zelle aus einfachen Vorstufen von einer starken lokalen Entropieabnahme begleitet werden.

Programmierung der Zellstruktur

Das spontane Wachstum der Zelle auf Kosten einfacher Bausteinmoleküle ist vom thermodynamischen und statistischen Standpunkt aus gesehen ein in hohem Maße unwahrscheinliches Geschehen. Man muß deshalb annehmen, daß dem Zellwachstum und der Zellvermehrung ein vereinfachendes Prinzip zugrunde liegt, das die Reduplikation der Zelle zu einem höchst wahrscheinlichen, ja unvermeidlichen Vorgang macht, vorausgesetzt die Elternzelle verfügt über ein spezifisches Programm ihrer Entwicklung. Ein solches Programm ist notwendig, um sicherzustellen, daß alle an der Synthese der Zelle beteiligten enzymkatalysierten Reaktionen und physikalischen Prozesse so in einer einmaligen Folge ablaufen, daß jeder Reaktionsschritt unvermeidlich den nächsten einleitet und nur *ein* mögliches Produkt der Reaktionsfolge entstehen kann: eine intakte, lebende Zelle.

Diese Überlegungen machen deutlich, daß die DNA als Programmiersystem der geregelten Reduplikation der ganzen Zelle dienen muß. Sie muß nicht nur spezifizieren, welche Proteinmoleküle gebildet werden, sondern auch wieviele und in welcher Reihenfolge. Sie muß die dreidimensionale Konfiguration eines jeden Proteins bestimmen und seine spezifische biologische Funktion. Weiterhin muß die DNA das Programm für die Zusammenlagerung bestimmter Proteinmoleküle zu organisierten Gruppen oder supramolekularen Komplexen, wie Multienzymkomplexen, Membranen und Ribosomen, enthalten. Schließlich muß die DNA die Bildung der Zellorganellen und die Zusammenlagerung aller Elemente zu einer vollständigen Zelle dirigieren. Um noch einen Schritt weiterzugehen, die DNA muß auch festlegen, ob eine Zelle im einen Fall zu einer Nervenzelle und im anderen zu einer Nierenzelle werden soll.

Wir kennen heute noch für keine Zelle die Einzelheiten dieser von der DNA dirigierten Geschehnisse. Es lassen sich jedoch zwei erste, wichtige Prinzipien erkennen, die der Zellentwicklung zugrunde liegen. Sie sind in den Antworten der folgenden Fragen begründet: Wie wird die lineare oder eindimensionale Information der DNA in die dreidimensionale Information der Zelle umgesetzt? In welcher Weise wird Energie transformiert, um aus einer eindimensionalen Botschaft dreidimensionale Ordnung zu schaffen? Wir wollen an diese Fragen herangehen, indem wir zu den Proteinen und der Festlegung ihrer Struktur zurückkehren.

Dreidimensionale Struktur der Proteine

Auf S. 183 verließen wir die neusynthetisierte Polypeptidkette mit ihrer genetisch festgelegten Aminosäurensequenz, nachdem sie sich aus dem ribosomalen Komplex gelöst hatte. In dieser Form ist das Polypeptid jedoch noch kein fertiges Protein, denn wir wissen heute, daß jedes Protein neben seiner charakteristischen Aminosäurensequenz auch eine spezifische dreidimensionale Konfiguration hat, zu der seine Peptidkette aufgefaltet ist. Diese spezifisch gefaltete Raumstruktur eines Proteins ist für seine biologische Funktion unerläßlich. Von ihr hängt z. B. die katalytische Aktivität eines Enzyms ab. Wenn man eine Enzymlösung auf 100° C erhitzt oder mit einem Überschuß an Säuren oder Laugen versetzt, wird das Enzymprotein zu einer ungeordnet verknäuelten Polypeptidkette entfaltet. Man nennt diesen Vorgang *Denaturierung*. Durch die Denaturierung verliert das Enzym seine katalytische Aktivität, obgleich seine covalente Polypeptidkette mit ihrer spezifischen Aminosäurensequenz völlig intakt bleibt. Die biologische Aktivität eines Proteinmoleküls setzt also eine festgelegte dreidimensionale Gruppierung seiner Polypeptidkette(n) voraus.

Nach der Art ihrer dreidimensionalen Struktur unterteilt man die Proteine in zwei Hauptgruppen, die *Faserproteine (Skleroproteine)* und die *globulären Proteine*. Die Faserproteine sind wasserunlösliche Stütz- und Gerüstproteine, man findet sie als Hauptkomponenten in Haaren, Nägeln, Federn und Sehnen. Zu den Faserproteinen gehören das *α-Keratin* der Haare, das *β-Keratin* der Seide und das *Kollagen* im Bindegewebe. In allen Faserproteinen sind die Polypeptidketten regelmäßig, in einer Richtung verlaufend, schraubig aufgewunden oder gefaltet. So hat das Keratin der Haare die charakteristische Struktur einer α-Helix, während im *Fibroin*, dem Gerüstprotein der Seide, die Polypeptidketten in einer zick-zack-verlaufenden Anordnung, der β-Konfiguration, vorliegen.

Die globulären Proteine sind in ihrer Form annähernd kugelig. Sie sind wasserlöslich und diffundieren leicht. Praktisch alle bekannten Enzyme gehören zu den globulären Proteinen. Die langen Polypeptidketten sind in den globulären Proteinen so gefaltet, daß eine sphärische Konformation erreicht wird. Eines der wichtigsten Ergebnisse bei der modernen Strukturanalyse globulärer Proteine mit Hilfe der Röntgenkristallographie ist der Befund, daß die Polypeptidketten nicht einfach in zufälliger Weise aufgefaltet und zu einem amorphen Ball verknäuelt werden, sondern daß die Polypeptidketten exakt und spezifisch zu einer starren und stabilen Struktur gefaltet sind. Die einzelnen Moleküle eines gegebenen Proteins sind in ihrer sterischen Konformation völlig identisch.

In Abb. 71 ist die vom britischen Molekularbiologen KENDREW aufgrund röntgendiffraktometrischer Analysen rekonstruierte dreidimensionale Struktur des globulären Proteins Myoglobin wiedergegeben.

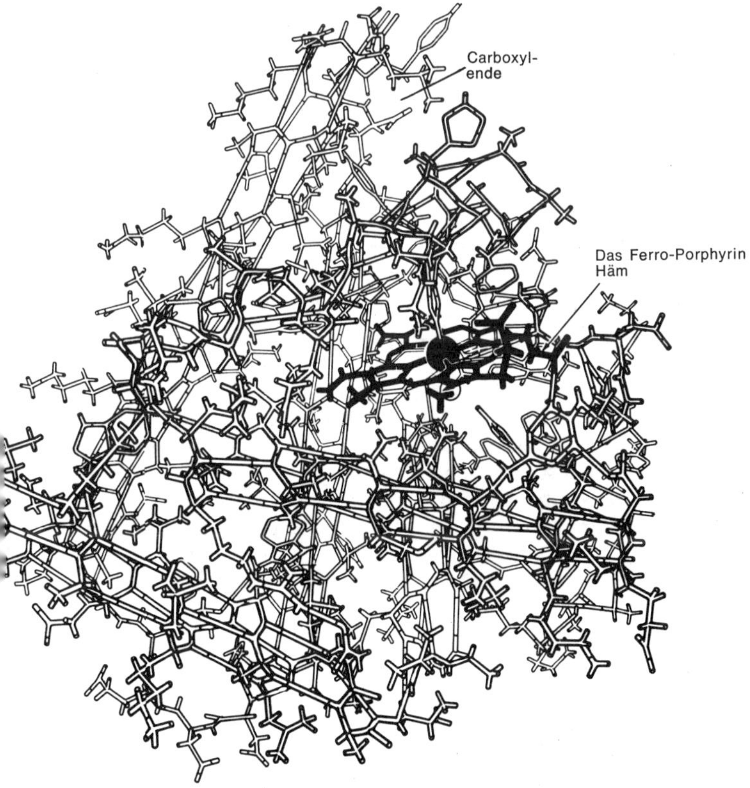

Abb. 71 Die dreidimensionale Struktur von Myoglobin aus Walsperma. (J. C. KENDREW, Scientific American, Dezember 1961.)

Beachten wir, wie komplex das Rückgrat und die Seitenketten des Polypeptids zu der kugeligen Konformation des Moleküls, das in seinem Innern kaum freien Raum hat, aufgefaltet und eingerollt sind. Diese Anordnung mag irregulär und amorph erscheinen, sie ist jedoch bis in die kleinste Einzelheit spezifisch. Ein natives Myoglobinmolekül ist exakt in der gleichen Weise gefaltet wie das nächste. Außerdem wissen wir aus der Röntgenstrukturanalyse vieler Proteine, daß bei jedem globulären Protein die Peptidketten zu einer anderen charakteristischen Konformation aufgefaltet sind. Die spezifische biologische Aktivität jedes dieser Proteine wird durch die Konformation seiner Peptidkette(n) bestimmt.

Die Bildung der dreidimensionalen Struktur

Neuere Forschungsarbeiten lassen erkennen, daß die spezifische dreidimensionale Struktur globulärer Proteine, d. h. die spezifische Art und Weise, in der ihre Polypeptidketten gefaltet sind, eine automatische Folge ihrer Aminosäurensequenz ist. Wir haben uns bereits die Aminosäurensequenz des Myoglobins angesehen (Tab. 11). Die lineare oder eindimensionale Sequenz enthält die Information für die in Abb. 71 wiedergegebene charakteristische dreidimensionale Konformation des Myoglobins. Wie kann nun eine eindimensionale Aminosäurensequenz eine dreidimensionale Konformation spezifizieren?

Die Antwort ist bei den Seitenketten der zwanzig verschiedenen Aminosäuren zu suchen. Wir wir bereits wissen, unterscheiden sich diese Seitenketten in ihrer Größe, Form, Polarität und elektrischen Ladung (Abb. 63). Sie sind in der Polypeptidkette so eng nebeneinander angeordnet, daß sie leicht miteinander in Wechselwirkung treten können, dabei wird eine gegebene Seitenkette ihre unmittelbar benachbarten Seitenketten entweder anziehen oder abstoßen. Wenn z. B. eine Lysinseitenkette, die bei pH 7,0 eine positive Ladung trägt (s. Abb. 63) neben einer negativ geladenen Glutaminsäureseitenkette steht, so werden sich beide anziehen. Zwei benachbarte Lysinseitenketten hingegen werden sich abstoßen. Solche Wechselwirkungen zwischen benachbarten Seitenketten versetzen das Rückgrat der Peptidkette in einen mechanisch gespannten Zustand und zwingen es in eine Konfiguration, in der diese Spannung aufgehoben ist. Ähnlich wird das Rückgrat der Polypeptidkette unter dem Einfluß benachbarter Valin- und Isoleucinseitenketten, die besonders sperrig sind, in eine Konfiguration gebogen, in der der Einfluß der beiden Seitenketten kompensiert ist. Ganz besonders wichtig sind Seitenkettenwechselwirkungen, bei denen Wasserstoffbrücken zwischen zwei Aminosäuren, die einige Einheiten voneinander entfernt stehen, aus-

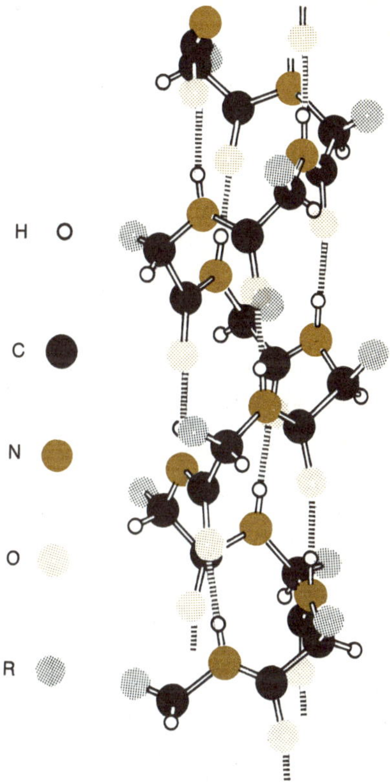

Abb. 72 Die a-Helix. (Nachgezeichnet aus L. PAULING: The Nature of the Chemical Bond, 3. Aufl. Cornell Univ. Press. Ithaca, N. Y. 1960.)

gebildet werden. Diese Wechselwirkungen können das Rückgrat der Polypeptidkette in die schraubige Konfiguration der α-Helix zwingen (Abb. 72). Dabei werden die aufeinanderfolgenden Windungen durch Wasserstoffbrücken zusammengehalten. Die α-Helix ist charakteristisch für Strukturproteine vom α-Keratintyp.

Die Wechselwirkungen der Aminosäurenseitenketten untereinander und zwischen den Seitenketten und dem umgebenden Wasser führen dazu, daß sich das Rückgrat der Polypeptidkette aufwindet und auffaltet. In dieser Weise entsteht Schritt für Schritt die charakteristische Raumstruktur des Polypeptids.

Die Auffaltung des Polypeptids in seine spezifische Konformation erfolgt ohne Beteiligung enzymatischer Prozesse. Die Polypeptidkette faltet sich ganz spontan und automatisch, weil die Seitenketten der aufeinanderfolgenden Aminosäureeinheiten und das Rückgrat der Peptidkette ihre stabilsten Positionen anstreben. Anders ausgedrückt, die Polypeptidkette stabilisiert sich in ihrem Gleichgewichtszustand, in dem ihre freie Energie im Minimum ist.

Es mag zunächst paradox erscheinen, daß die Polypeptidkette ihre spezifische, biologisch aktive und sehr komplex gestaltete Raumstruktur spontan und automatisch ausbilden soll, vor allem weil bei diesem Vorgang die Polypeptidkette aus einem verhältnismäßig ungeordneten und damit entropiereichen Zustand in einen geordneteren, entropieärmeren Zustand übergeht. Wir haben gelernt, daß chemische und physikalische Prozesse immer mit einer Erhöhung der Entropie verbunden sind. Die spontane Faltung der Polypeptidkette verstößt jedoch *keineswegs* gegen den zweiten Hauptsatz der Thermodynamik. Wir erinnern uns, daß der zweite Hauptsatz besagt, daß bei jedem Prozeß die Entropie des *Universums* zunehmen muß. Nun ist die Auffaltung der Peptidkette (die wir in der Ausdrucksweise der Thermodynamik als System bezeichnen können) zwar mit einer Verringerung der Entropie verbunden, dieser Entropieabnahme steht jedoch in der Umgebung des Systems eine starke Entropiezunahme gegenüber, so daß die Gesamtentropie im System plus seiner Umgebung (d. h. im Universum) zunimmt. Hieraus folgt, daß die Faltung der Polypeptidkette von irgendeinem Prozeß begleitet werden muß, der für die Entropiezunahme in der Umgebung verantwortlich ist. Dieser externe Prozeß betrifft die Wassermoleküle im Milieu, das die Peptidkette umgibt. In ihrem ungefalteten Zustand kann die Peptidkette die umgebenden Wassermoleküle an ihren hydrophoben Aminosäureseitenketten „immobilisieren". Die Wassermoleküle werden dadurch in einem geordneten, entropiearmen Zustand gehalten. Dieser Zustand ist jedoch instabil. Da die Polypeptidkette flexibel ist, faltet sie sich spontan so auf, daß die Wassermoleküle, welche die hydrophoben Seitenketten umgeben, in einen ungeordneteren entropiereicheren Zustand zurückkehren können. Im gefalteten Polypeptid sind die hydrophoben Seitenketten im Inneren des Moleküls vor dem Wasser verborgen, während nur die hydrophilen Seitenketten an der Oberfläche des Moleküls verbleiben. Die wichtigste treibende Kraft für die spontane Auffaltung der Polypeptidkette besteht also in der Tendenz der umgebenden Wassermoleküle, einen Zustand zu erreichen, in dem ihre Entropie im Maximum ist. Diesen Zustand haben die Wassermoleküle erreicht, wenn sie untereinander maximal durch Wasserstoffbrücken gebunden sind. Um es bildlich auszudrücken, die Wassermoleküle mögen sich gegenseitig mehr als die hydrophoben Seitenketten des Polypeptids. Die Entropieabnahme bei der Auffaltung der Polypeptidkette wird also von einer parallellaufenden Entropiezunahme im umgebenden wäßrigen Milieu reichlich ausgeglichen.

Fassen wir zusammen: Die eindimensionale Information der DNA wird in die eindimensionale Information der Messenger-RNA umgeschrieben und diese wiederum in die eindimensionale Information der Aminosäurensequenz der Polypeptidkette übersetzt. Die Polypeptidkette ist jedoch im Gegensatz zur DNA und m-RNA in der eindimensionalen Form nicht beständig, sie stabilisiert sich durch Auffaltung in einer dreidimensionalen, informationsreichen Konformation.

Höher geordnete dreidimensionale Struktureinheiten

Anhand der schematischen Darstellungen in Abb. 73 wollen wir uns nun ansehen, wie eine Aminosäurensequenz auch die Ausbildung von höher geordneten dreidimensionalen Struktureinheiten dirigieren kann. Wir haben bereits gehört, daß viele Proteine mehr als eine Polypeptidkette enthalten können; tatsächlich trifft dies auf fast alle globulären Proteine zu. Das *Hämoglobin* (mit einem Molekulargewicht von 64 500) z. B. enthält vier Polypeptidketten. Jede dieser vier Ketten hat eine eigene komplizierte dreidimensionale Struktur, die dem Bau der einzelnen Polypeptidkette des Myoglobins sehr ähnlich ist. Dies ist verständlich, denn die beiden Proteine Hämoglobin und Myoglobin haben die gleiche wichtige biologische Funktion, sie binden und transportieren molekularen Sauerstoff. Die einzelnen Peptidketten des Hämoglobins kommen in der Zelle jedoch nie in freier Form vor, sondern es sind immer vier Polypeptidketten zu einem Aggregat, dem globulären Hämoglobinmolekül vereinigt. Wenn man die vier Peptidketten voneinander trennt und dann wieder mischt, lagern sie sich automatisch erneut zum vollständigen und funktionstüchtigen Hämoglobinmolekül zusammen. Aus Abb. 73 können wir entnehmen, daß zwischen den Untereinheiten und dem aggregierten Protein ein Gleichgewicht besteht. Dieses Gleichgewicht liegt ganz auf der Seite des Hämoglobins. Man nimmt an, daß durch die Aminosäurensequenz der vier Polypeptidketten des Hämoglobins nicht nur die dreidimensionale Struktur jeder einzelnen Kette spezifiziert, sondern auch die automatische Zusammenlagerung der vier Untereinheiten zum vollständigen Hämoglobinmolekül festgelegt wird. Spezifische Seitenketten an den Oberflächen der vier globulären Polypeptidketten haben durch die Aminosäurensequenz festgelegte komplementäre, unpolare Stellen, die genau aneinanderpassen. Die thermodynamische Triebkraft, welche die Untereinheiten zwingt, vereinigt zu bleiben, ist auch hier wiederum bei den umgebenden Wassermolekülen zu suchen, die bestrebt sind ihren entropiereichsten Zustand zu erreichen. Dieser Zustand kann nicht erreicht werden, solange die unpolaren Stellen an der Polypeptidoberfläche mit dem Wasser in Berührung kommen. Die Folge ist, daß sich die unpolaren Stellen der

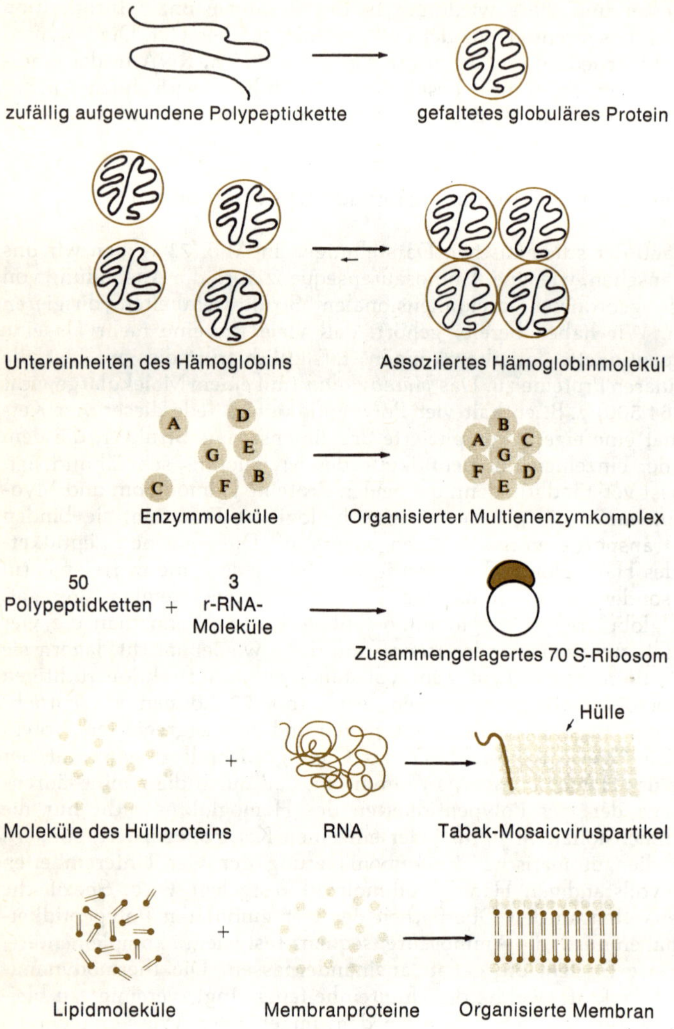

Abb. 73 Sich selbst organisierende supramolekulare Systeme.

Untereinheiten einander gegenüberlagern und damit im Hämoglobinmolekül verborgen werden.

Das Hämoglobin ist eines der einfachsten sich selbst organisierenden supramolekularen Systeme, es besteht aus vier Bestandteilen, die alle Polypeptide sind. Die Zusammenlagerung der vier Polypeptidketten zu einer dreidimensionalen Struktureinheit mit einer spezifischen biologischen Funktion, ist bereits in der linearen Basensequenz der DNA festgelegt. Dieses einfache System kann man als Prototyp für noch komplexere sich selbst organisierende biologische Struktureinheiten ansehen. Der Fettsäuresynthetase-Komplex der Hefen z. B., der für die Synthese der langkettigen Fettsäuren verantwortlich ist, setzt sich aus sieben Enzymmolekülen zusammen, die wiederum aus jeweils drei Polypeptidketten bestehen. Man kann diesen Komplex in seine 21 Polypeptide zerlegen; wenn man diese wieder mischt, lagern sie sich spontan zu dem vollständigen und funktionstüchtigen Multienzymkomplex zusammen. Dieser Zusammenlagerung liegen die gleichen Prinzipien zugrunde, die wir eben bei der Selbstorganisation des Hämoglobins besprochen haben.

Neuere Forschungsarbeiten lassen erkennen, daß sich auch weit größere biologische Struktureinheiten spontan organisieren können. Die größere Untereinheit der *Escherichia coli*-Ribosomen, die aus dreißig Peptidketten und zwei verschiedenen RNA-Molekülen besteht, lagert sich automatisch aus ihren Bauelementen zusammen. Das gleiche gilt für die kleinere Ribosomenuntereinheit, die aus zwanzig Polypeptiden und einem RNA-Molekül besteht. Beide Untereinheiten können sich schließlich zum biologisch aktiven, die Proteinsynthese katalysierenden Ribosom zusammenlagern.

Sogar Virus-Partikel können sich automatisch aus ihren Bauelementen zu einem biologisch aktiven Endprodukt zusammenlagern. Das *Tabakmosaik-Virus* z. B., mit einem Partikelgewicht von 40 Millionen, enthält ein RNA-Molekül und 2200 identische Polypeptiduntereinheiten. In seiner röhrenartigen Struktur ist das schraubig aufgewundene RNA-Molekül in die die Wand bildenden Proteinuntereinheiten eingebettet. Die RNA und die Polypeptiduntereinheiten lassen sich in reiner Form isolieren. Durch einfaches Mischen der isolierten Untereinheiten lassen sich vollständige zur Infektion von Wirtszellen befähigte Virus-Partikel rekonstituieren. Die Zusammenlagerung der Untereinheiten zum intakten Virus erfolgt spontan und automatisch (Abb. 73). Das viel größere Bakterienvirus (Bakteriophage) T_4 von *Escherichia coli* (Partikelgewicht 220 000 000) lagert sich ebenfalls weitgehend automatisch aus seinen zahlreichen Untereinheiten zusammen. Die für die spontane Zusammenlagerung der vielen tausend Untereinheiten dieses Virus zu einer spezifischen und stabilen Struktureinheit verantwortlichen Kräfte sind wiederum die gleichen, die auch das sehr viel einfachere Hämoglobinmolekül zusammenhalten, nämlich *hydrophobe Wechselwirkungen.* Unter hydrophoben Wechselwirkungen versteht man nichts anderes als die Tendenz der Wassermoleküle sich in einem möglichst zufälligen und entropiereichen Zustand zu stabilisieren, der den Kontakt zwischen Wasser und unpolaren, hydrophoben Molekülteilen verbietet. Die Aminosäurensequenz der Virus-Partikel ist offensichtlich so programmiert, daß die Virus-Struktur sich automatisch und zwangsläufig als einziges mögliches Endprodukt ausbilden muß, da dieses Produkt die thermodynamisch stabilste Struktur darstellt.

Kürzlich fand man, daß sich auch Lipiddoppelmembranen aus Lipidmolekülen der richtigen Größe und Form spontan zusammenlagern können (Abb. 73). Auch in diesem Fall zwingen die umgebenden Wassermoleküle, die die hydrophoben Kohlenwasserstoffketten der Lipide „nicht mögen", die Lipidmoleküle in eine räumliche Anordnung, in der die Kohlenwasserstoffschwänze in der Lipiddoppelschicht versteckt sind und nur die hydrophilen „Köpfe" der Lipidmoleküle nach außen weisen. Solche Lipiddoppelschichten können schließlich geeignete Proteinmoleküle anlagern, die aufgrund ihrer spezifischen Aminosäurensequenz mit der Lipiddoppelschicht eine thermodynamisch stabile Struktureinheit ausbilden.

Aktiver Transport

Jede Zelle muß Energie aufwenden, um gelöste Moleküle gegen Konzentrationsgradienten in die Zelle hinein- oder aus der Zelle herauszutransportieren. Diese Arbeitsleistung ist zwar nicht sehr augenfällig, jedoch ein für jede Zelle wichtiger und grundlegender Prozeß, der erhebliche Mengen an Stoffwechselenergie verbraucht. Wir wollen uns in diesem Kapitel zunächst mit den charakteristischen Eigenschaften der Membranen und den thermodynamischen Grundsätzen, die dem Membrantransport zugrunde liegen, beschäftigen. Danach werden wir auf die Eigenschaften der Systeme des aktiven Transports eingehen und dabei vor allem einige Systeme genauer kennenlernen, die für fast jede Zelle charakteristisch sind. Zum Schluß soll noch eine biologisch hochspezialisierte Form des aktiven Transports zur Sprache kommen.

Membranen und ihre Permeabilität

Um die Eigenschaften der aktiven Transportsysteme verstehen zu können, müssen wir uns zunächst mit der Struktur, den Eigenschaften und der Permeabilität von Zellmembranen beschäftigen, die die Grenze zwischen dem inneren wäßrigen Kompartiment der Zelle und dem Außenmedium bilden. Die meisten Zellmembranen bestehen zu etwa 50 Prozent aus Protein und zu 50 Prozent aus Lipiden. Letztere liegen zum überwiegenden Teil in Form von Phospholipiden vor. Nahezu alle Membranen haben einen hohen elektrischen Widerstand und können damit von Ionen nur schwer passiert werden; sie sind gute Isolatoren. Im elektronenmikroskopischen Bild lassen die Zellmembranen einen geschichteten Aufbau erkennen, mit einem Gesamtdurchmesser von etwa 90 Å. Um diesen Eigenschaften gerecht zu werden, stellte ROBERTSON eine Hypothese auf, die er die *„Unit-Membran-Hypothese"* nannte. Nach dieser Hypothese, die in den fünfziger Jahren entwickelt wurde, bestehen Membranen aus einer *Doppelschicht* von Lipidmolekülen, in der sich die hydrophoben Kohlenwasserstoffketten der Lipidmoleküle einander gegenüberstehen und so eine kontinuierliche Kohlenwasserstoffbarriere bilden (Abb. 74). Eine solche Kohlenwasserstoffkette ist fettartig und leitet den elektrischen Strom nicht. ROBERTSON nahm weiterhin an, daß die Lipiddoppelschicht beiderseits von einer ausgedehnten Proteinschicht überzogen ist.

Obgleich die Unit-Membran-Hypothese viele Eigenschaften der Membranen erklärt, wurden noch andere Modelle zur Membranstruktur entwickelt. Eines dieser Modelle geht davon aus, daß die Polypeptidketten der Membranproteine die Membran teilweise oder ganz durchdringen (Abb. 74), eine andere beruht auf der Vorstellung, daß die Lipidmoleküle in globulären, proteinüberzogenen Einheiten ange-

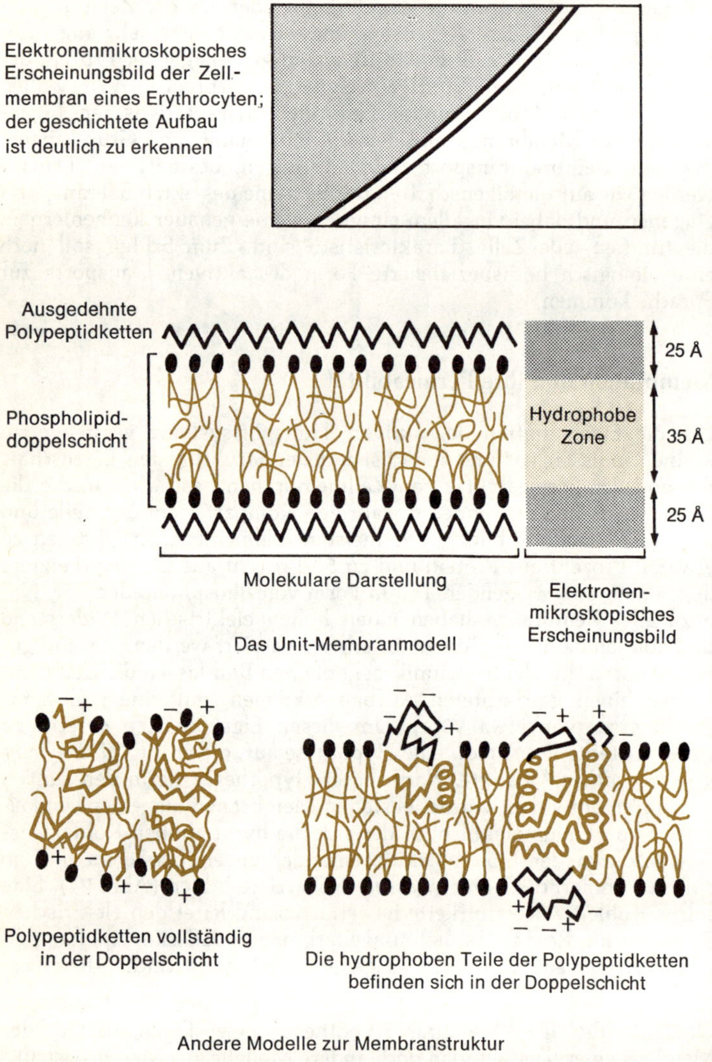

Abb. 74 Einige Modelle zur Membranstruktur.

ordnet sind. Wie auch immer ihre genaue strukturelle Organisation aussehen mag, jede Zellmembran hat, obwohl sie extrem dünn ist, eine große physikalische Festigkeit und einen hohen elektrischen Widerstand.

In etwas vereinfachter Weise wollen wir uns nun mit der Permeabilität von Membranen beschäftigen. Bei den meisten Membranen ist die Permeationsgeschwindigkeit gelöster, neutraler Substanzen der Löslichkeit dieser Substanzen in unpolaren also lipophilen Lösungsmitteln, wie z. B. Olivenöl, proportional. Neutrale Moleküle mit Kohlenwasserstoffketten, wie etwa aliphatische Alkohole (ein Beispiel wäre 1-Butanol, $CH_3CH_2CH_2CH_2OH$) können Membranen sehr leicht durchdringen. Da der innere Teil der Membran selbst aus einer lipophilen Kohlenwasserstoffschicht besteht, können wir sagen, daß jede Substanz, die sich in dieser Schicht löst, auch die Membran passieren kann. Eine Ausnahme bildet Wasser, das in Olivenöl unlöslich ist, die Membran jedoch leicht durchwandern kann, vermutlich durch hydratisierte Kanäle. Andererseits durchdringen größere und polare Moleküle wie z. B. der Zucker Saccharose, der viele Hydroxylgruppen enthält und in Olivenöl schwer löslich ist, Membranen nur sehr langsam. Auch elektrisch geladene Moleküle, wie die Ionen Mg^{++}, Li^{+}, Cl^{-} und HPO^{--} können wegen ihres stark polaren Charakters Membranen nur schwer passieren.

Die besprochenen Membraneigenschaften lassen klar erkennen, daß die Membranen in struktureller Hinsicht darauf eingerichtet sind, den freien Durchtritt elektrisch geladener Moleküle zu verhindern. Allerdings scheinen zwei altbekannte Tatbestände auf den ersten Blick nicht in dieses allgemeine Konzept zu passen. Der erste ist, daß die Zelle fortlaufend und in beträchtlichen Mengen bestimmte polare Moleküle mit ihrer Umgebung austauscht. So muß die Zelle z. B. Nährstoffe wie Glucose, die mit ihren vielen Hydroxylgruppen ein polares Molekül ist, oder Aminosäuren, die bei pH 7 zwei oder mehr elektrische Ladungen tragen, aus ihrer Umgebung aufnehmen. Weiterhin wissen wir, daß einige elektrisch geladene Substanzen wie Milchsäure und Bicarbonationen die Zelle als Stoffwechselendprodukte verlassen müssen. Dies sind jedoch Ausnahmen von der allgemeinen Regel, daß polare Moleküle Zellmembranen nicht leicht passieren können. Die überwiegende Mehrzahl der biologisch wichtigen Kationen und Anionen durchdringen die Zellmembran nicht, zu ihnen gehören ADP^{3-}, ATP^{4-}, Glucose-6-phosphat^{2-}, ebenso Zwischenprodukte des Citronensäurezyklus also Succinat^{2-}, Oxalacetat^{2-} oder Citrat^{3-}. Die meisten der vielen hundert bekannten Intermediärprodukte des Stoffwechsels sind polare oder geladene Moleküle, die wegen ihrer Membranimpermeabilität in der Zelle gefangen gehalten werden.

Beschäftigen wir uns nun etwas mit den Ausnahmen. Woran liegt es, daß nur bestimmte polare Moleküle wie Glucose und Aminosäuren die Zellmembranen leicht durchqueren, während andere polare Moleküle dies nicht können? Die Antwort ist, daß die Zellmembran spezifische Makromoleküle, bei denen es sich um Proteine handelt, enthält, deren Funktion darin besteht, polare Nährstoffe oder Stoffwechselendprodukte zu binden und durch die Membran zu transportieren. Man bezeichnet diese Proteine als *Transportsysteme, Carrier, Porter* oder *Permeasen.*

Im Zusammenhang mit der Membranpermeabilität müssen wir noch auf eine andere Besonderheit eingehen. Die wenigen polaren Substanzen, die wie Glucose und Aminosäuren die Membran leicht passieren können, kommen gewöhnlich in den beiden durch die Membran getrennten Räumen nicht in gleichen Konzentrationen vor, wie wir es zu erwarten hätten, wenn die Membran für sie in beiden Richtungen frei permeabel wäre. So ist z. B. die Aminosäurenkonzentration in einer Wirbeltierzelle viel höher als in der extrazellulären Flüssigkeit oder dem Blut. Dies hängt damit zusammen, daß die Transportsysteme, die die Passage von Aminosäuren oder Glucose durch die Membran erleichtern, so „energetisiert" sind, daß quer durch die Membran ein Konzentrationsgradient aufgebaut werden kann. Den Transport einer spezifischen Substanz *gegen* einen Konzentrationsgradienten nennt man *aktiven Transport.* Bevor wir hier fortfahren, wollen wir uns zunächst etwas eingehender mit der Energetik des Membrantransports beschäftigen.

Passiver und aktiver Transport

Angenommen wir haben zwei durch eine semipermeable Membran getrennte wäßrige Kompartimente. Wenn wir in einem der beiden Kompartimente eine Substanz lösen, so wird sie solange in das zweite Kompartiment diffundieren, bis beiderseits der Membran genau die gleichen Konzentrationen herrschen. Die Geschwindigkeit der Nettobewegung der gelösten Substanz wird anfangs sehr groß sein und mit der Zeit allmählich abnehmen, bis schließlich ein Gleichgewicht erreicht ist, in dem in keiner Richtung mehr eine Nettobewegung der Substanz zu messen ist. Bei diesem Gleichgewichtspunkt ist die Diffusionsgeschwindigkeit der Substanz vom ersten Kompartiment in das zweite exakt durch die in entgegengesetzter Richtung verlaufende Diffusionsgeschwindigkeit ausbalanciert. Die Tendenz der gelösten Moleküle, sich durch eine semipermeable Membran zu verteilen, ergibt sich aus dem zweiten thermodynamischen Hauptsatz, da durch diesen Vorgang, bei dem die gelösten Moleküle durch Diffusion zufällig und gleichmäßig in den beiden Kompartimenten verteilt wer-

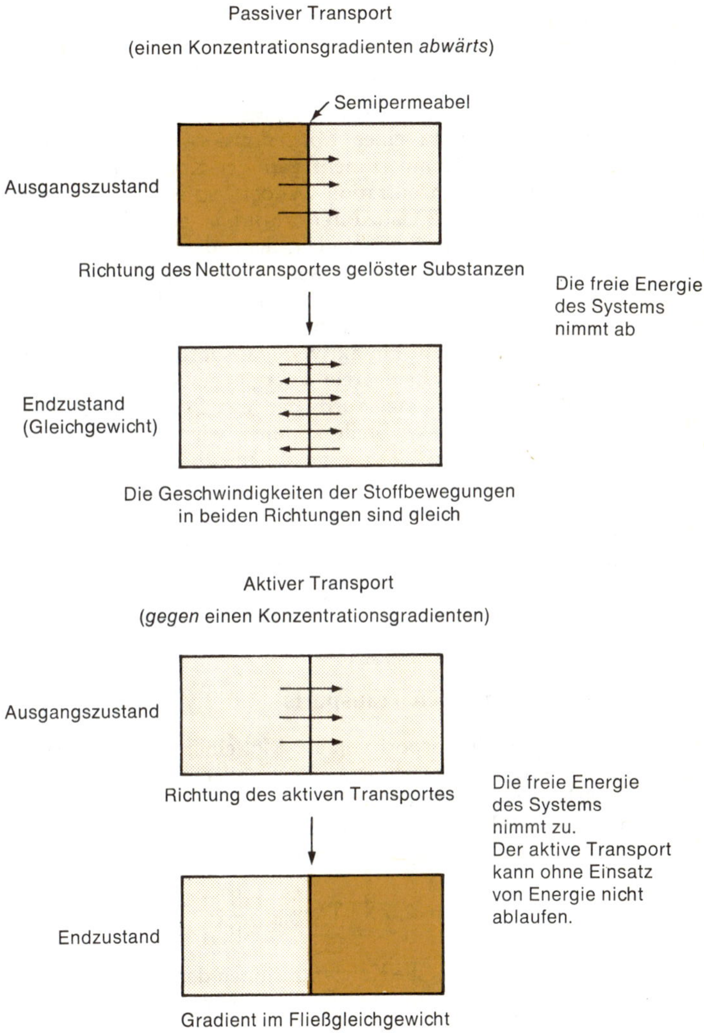

Abb. 75 Schematische Darstellung des passiven und aktiven Transports. Die Farbdichte der Kompartimente soll die Stoffkonzentrationen widerspiegeln.

den, ihre Entropie den maximalen Wert erreicht und ihre freie Energie sich auf den Minimalwert verringert. Eine derartige Bewegung gelöster Moleküle durch eine semipermeable Membran unter *Abbau* eines Konzentrationsgradienten in Richtung auf einen Gleichgewichtszustand hin, bezeichnet man als *passiven Transport.*

Welche Konsequenzen ergeben sich nun, wenn eine gelöste Substanz gegen oder unter Aufbau eines Konzentrationsgradienten bewegt wird, also von einem Kompartiment geringer Konzentration in ein Kompartiment hoher Konzentration wandert, so wie dies beim aktiven Transport der Fall ist? Ganz offensichtlich ist ein solcher Vorgang mit einer Entropieabnahme verbunden, denn die gelösten Moleküle verändern sich in einen Zustand größerer Ordnung oder anders ausgedrückt: Die freie Energie des Systems nimmt zu. Wir haben damit ein sehr einfaches Kriterium, um zwischen aktivem und passivem Transport zu unterscheiden: Ein aktiver Transportprozeß ist ein Vorgang, durch den das System freie Energie gewinnt; ein passiver Transportprozeß ein Vorgang, durch den das System freie Energie verliert (Abb. 75). An dieser Stelle kommen wir zu einem sehr entscheidenden Punkt. Der zweite thermodynamische Hauptsatz besagt, daß kein Prozeß spontan ablaufen kann, der mit einer Entropieabnahme oder einer Nettozunahme an freier Energie in einem gegebenen System verbunden ist. Ein aktiver Transportvorgang kann also nicht von alleine ablaufen, sondern nur dann, wenn er mit einem anderen Prozeß gekoppelt ist, der die erforderliche freie Energie liefert. Andererseits läuft jeder passive Transportprozeß spontan ab.

Energiebedarf des aktiven Transports

Wir können für den Transport von 1,0 Mol einer neutralen gelösten Substanz von einem Kompartiment in ein anderes, die Änderung der freien Energie berechnen, wenn wir die Konzentrationen der gelösten Substanz für beide Kompartimente kennen. Die grundlegende Beziehung ergibt sich aus der folgenden Gleichung

$$\Delta G^0 = 2{,}3\, R \cdot T \log_{10} \frac{[C_2]}{[C_1]}$$

Dabei bedeuten C_1 und C_2 die Konzentrationen der gelösten Substanz zu Beginn und nach Beendigung des Transportprozesses, R ist die Gaskonstante und T die absolute Temperatur. In der Gleichung wird vorausgesetzt, daß die gelöste Substanz elektroneutral ist.

Wir wollen mit Hilfe dieser Gleichung einmal die Änderung der freien Energie beim Transport von einem Mol Glucose gegen einen hundertfach höheren Konzentrationsgradienten berechnen. Nehmen wir an, die Glucose wird von einem Kompartiment, in dem sie in der Konzentration von 0,001 M vorliegt, in ein Kompartiment transportiert, in dem ihre Konzentration 0,1 M beträgt. Wir erhalten:

$$
\begin{aligned}
\Delta G^\circ &= 1{,}98 \times 293 \times 2{,}3 \times \log_{10} \frac{0{,}100}{0{,}001} \\
&= 1{,}98 \times 293 \times 2{,}3 \times 2{,}0 \\
&= 2680 \text{ cal} \\
&= 2{,}68 \text{ kcal}
\end{aligned}
$$

Da die Änderung der freien Energie ein positives Vorzeichen hat, handelt es sich bei diesem Transportprozeß um einen aktiven Transport. Er ist endergonisch und kann nicht spontan ablaufen. Für jedes Mol Glucose, das transportiert wird, muß das System mit mindestens 2,68 kcal freier Energie versorgt werden.

Solche thermodynamischen Berechnungen geben nur Mindestwerte für die Menge der freien Energie an, die eine Zelle aufwenden muß, um eine bestimmte gelöste Substanz gegen einen gegebenen Konzentrationsgradienten zu transportieren. Gewöhnlich werden wesentlich größere Mengen verbraucht. Außerdem existiert, wie wir noch sehen werden, eine *Rückdiffusion* oder ein *Efflux* der gelösten Substanz, die dem aktiven Pumpprozeß entgegenwirkt. Wenn die Effluxrate hoch ist, muß die Pumpe rascher arbeiten, um einen gegebenen Konzentrationsgradienten aufrechtzuerhalten. Die Konzentrationsgradienten gelöster Substanzen, die in der lebenden Zelle quer durch eine Membran bestehen, resultieren damit aus einem dynamischen Fließgleichgewicht.

Wenn wir die Änderung der freien Energie beim Transport von Glucose aus einem Kompartiment, in dem ihre Konzentration bei 0,1 M liegt, in ein anderes Kompartiment, in dem ihre Konzentration 0,001 M ist, also über einen Konzentrationsgradienten von 100 → 1 *„abwärts"*, berechnen wollen, hat die Energieänderung den gleichen Zahlenwert aber mit negativem Vorzeichen (d. h. – 2,68 kcal). Damit ist klar, daß es sich bei dem Prozeß um einen passiven Transport handelt, der spontan ablaufen kann.

Die eben ausgeführten Berechnungen lassen sich nur auf ungeladene neutrale gelöste Moleküle anwenden. Wenn ein elektrisch geladenes Molekül oder Ion wie Na^+ aktiv transportiert wird, müssen zwei Gradienten überwunden werden, ein Konzentrationsgradient und ein elektrischer Ladungsgradient. Die Summe beider Gradienten nennt man den *elektrochemischen Gradienten*. Beim Transport eines geladenen Ions gegen einen elektrochemischen Gradienten muß mehr Arbeit geleistet werden als beim Transport eines ungeladenen Moleküls.

Die an Zellmembranen aufgebauten Konzentrationsgradienten können in ihrer Größenordnung sehr verschieden sein und bis 10 000 000 zu 1,0 betragen. Einen der höchsten bekannten Gradienten findet man in den *Belegzellen* der Epithelschicht, die den Magen des Menschen und anderer Säugetiere auskleidet. Diese Zellen sekretieren Salzsäure in den Magensaft, und zwar in Konzentrationen, die 1,0 M überschreiten können. Die HCl wird von Zellen sekretiert, deren intrazelluläre Wasserstoffionenkonzentration nur bei etwa 0,0000001 also 10^{-7} M liegt. Die Belegzellen können also H^+-Ionen gegen einen Gradienten von 1 → 10 000 000 transportieren. Sie müssen nicht nur über erstaunlich wirksame „Pumpen" zur H^+-Ionensekretion verfügen, sondern auch erhebliche Mengen an Energie aufwenden, um einen derartig hohen Konzentrationsgradienten aufrechtzuerhalten.

Merkmale aktiver Transportsysteme

Um uns die wichtigsten Eigenschaften der aktiven Transportsysteme in Zellmembranen zu veranschaulichen, wollen wir die roten Blutkörperchen bestimmter Säugetiere herausgreifen. Aus chemischen Analysen wissen wir, daß sich die Ionenzusammensetzung im Inneren eines roten Blutkörperchens erheblich von der Ionenzusammensetzung des Blutplasmas, in dem das Blutkörperchen schwimmt, unterscheidet. Wie Abb. 76 zeigt, enthält das wäßrige intrazelluläre Kompartiment des Blutkörperchens reichlich K^+-Ionen, aber nur relativ wenig Na^+, während das extrazelluläre Blutplasma reich an Na^+-Io-

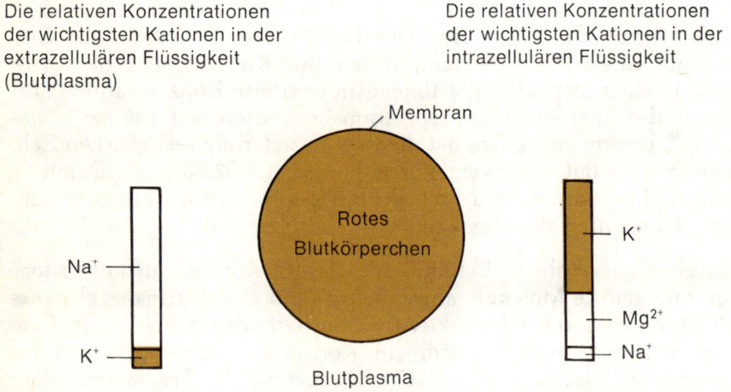

Abb. 76 K^+- und Na^+-Konzentrationsgradienten an der Zellmembran des Erythrozyten. Die Gradienten werden durch energieabhängigen Eintransport von K^+ in die Zelle und Austransport von Na^+ aufrechterhalten.

nen ist und nur wenig K^+ enthält. Man könnte nun meinen, daß die unterschiedlichen Na^+- und K^+-Konzentrationen zu beiden Seiten der Blutkörperchenmembran einfach dadurch zustande kommen, daß die Ionen die Membran nicht passieren können und somit ein Konzentrationsausgleich verhindert wird. Dies ist jedoch nicht der Fall, denn die Membran des roten Blutkörperchens ist für K^+- und Na^+-Ionen durchaus permeabel. Tracer-Experimente mit radioaktivem Na^+ und K^+ haben gezeigt, daß K^+ aktiv in die Zelle hineingepumpt und Na^+ aktiv aus der Zelle herausgepumpt wird. Beide Ionen können jedoch rückdiffundieren. Durch den aktiven Pumpprozeß wird unter normalen Bedingungen ein Fließgleichgewicht aufrechterhalten, in dem die intrazelluläre hohe K^+-Konzentration konstant bleibt.

Eine wesentliche Eigenschaft, an der man einen aktiven Transportprozeß leicht erkennen kann, ist, daß er Stoffwechselenergie benötigt, um eine gelöste Substanz gegen einen Konzentrationsgradienten pumpen zu können. Durch ein einfaches Experiment läßt sich zeigen, daß die charakteristische Verteilung von Na^+ und K^+ beiderseits der Blutkörperchenmembran energieabhängig ist. Die funktionstüchtigen roten Blutkörperchen der Säugetiere beziehen ihre gesamte Energie aus dem glykolytischen Glucoseabbau zu Milchsäure, also durch einen Prozeß, der, wie wir wissen, mit dem Gewinn von zwei Molekülen ATP pro Molekül Glucose gekoppelt ist. Solange die Glykolyse und ATP-Bildung abläuft, wird die charakteristische hohe intrazelluläre K^+-Konzentration auf einem konstanten Niveau gehalten. Wenn wir jedoch durch Zusatz von Fluorid, das das Glykolyseenzym *Enolase* hemmt, die Glykolyse und damit auch die ATP-Bildung stoppen, fällt die intrazelluläre K^+-Konzentration kontinuierlich ab, während die Na^+-Konzentration im Blutkörperchen ansteigt, bis schließlich die K^+- und Na^+-Konzentrationen beiderseits der Membran gleich sind. In anderen Zellen, z. B. in Leber- und Nierenzellen, wird die zum aktiven Transport benötigte ATP-Energie durch die oxydative Phosphorylierung angeliefert. In diesem Fall werden aktive Transportprozesse durch Hemmstoffe der Atmung, z. B. Cyanid, oder Entkoppler der oxydativen Phosphorylierung, z. B. 2,4-Dinitrophenol, blockiert.

Eine zweite wichtige Eigenschaft der biologischen aktiven Transportsysteme ist, daß sie für eine gegebene Substanz spezifisch sind. Einige Zellen können keine Glucose transportieren, besitzen aber „Pumpen“, die für bestimmte Aminosäuren spezifisch sind, während andere Zellen Aminosäuren nicht transportieren können, jedoch über eine spezifische „Glucosepumpe“ verfügen. Die aktiven Transportsysteme sind durch eine Spezifität ausgezeichnet, die der eines Enzyms für sein Substrat vergleichbar ist. So transportieren z. B. die roten Blutkörperchen einiger Säugetiere D-Glucose mit hoher Geschwindigkeit ein, nehmen jedoch D-Fructose nur sehr langsam auf. Weiterhin haben andere Zellen Pumpen, die spezifisch nur Aminosäuren mit neutralen oder ungeladenen Seitenketten, wie Glycin und Alanin, transportieren, während Aminosäuren, die wie Glutaminsäure und Lysin Seitenketten mit elektrischen Ladungen tragen, nicht transportiert werden. (Wenn wir zur Veranschaulichung des aktiven Transports häufig den Ausdruck „Pumpe" verwenden, so ist damit keine Aussage über die Art oder den Mechanismus des aktiven Transports beabsichtigt. Durch den molekularen Mechanismus, der dem aktiven Transport zugrunde liegt, werden die zu transportierenden Substanzen keineswegs so gepumpt, oder ausgestoßen, wie wir es von einer Pumpe aus dem täglichen Leben gewohnt sind.)

Die Systeme des aktiven Transports haben eine dritte charakteristische Eigenschaft, eine Eigenschaft, die sehr an die Wirkungsweise der Enzyme erinnert. Ihre Aktivität hängt nämlich von der Konzentration der transportierten Substanz ab. Wenn z. B. Glucose aktiv in eine Zelle hineintransportiert wird, nimmt die Influxgeschwindigkeit zunächst mit der Glucosekonzentration im Außenmedium zu, bis sie schließlich bei einer bestimmten Glucosekonzentration ein Plateau erreicht. Bei einer weiteren Erhöhung der externen Glucosekonzentration erhöht sich dann die Influxrate nicht mehr (Abb. 77). Ein aktives Transportsystem läßt sich also mit der zu transportierenden Substanz sättigen, wie ein Enzym durch sein Substrat.

Ein viertes Charakteristikum des aktiven Transports ist, daß er eine spezifische Richtung besitzt. In fast jeder Zelle wird K^+ nur einwärts

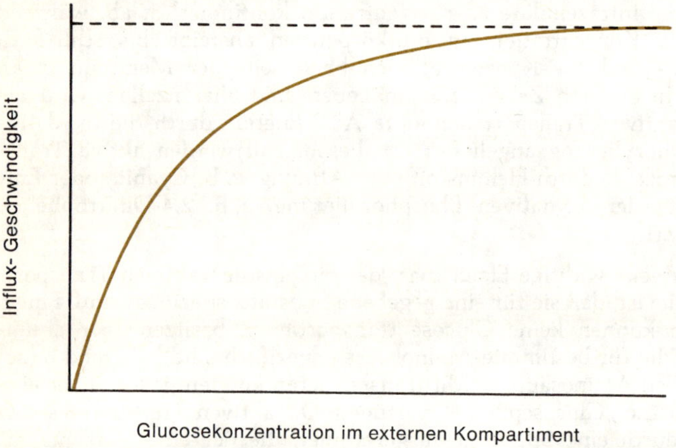

Abb. 77 Sättigung des Glucose-Transportsystems durch hohe Glucosekonzentrationen.

transportiert. Auch die spezifischen Pumpen für Glucose und Aminosäuren transportieren in die Zelle hinein. Auf der anderen Seite wird Na^+ normalerweise aus der Zelle herausgepumpt. Der aktive Transport ist also ein *gerichteter (direktioneller)* oder *vektorieller* Prozeß.

Als fünfte wichtige Eigenschaft der aktiven Transportsysteme kann man anführen, daß sie selektiv gehemmt werden können. Der aktive Transport von Glucose in der Niere läßt sich z. B. durch die Substanz *Phlorrhizin*, einem Glykosid aus der Rinde des Birnbaums, vergiften. Der aktive Na^+-Transport aus den Erythrozyten wird durch das toxische Glykosid *Ouabain (g-Strophantin)* gehemmt. Diese Eigenschaften erinnern sehr an die Hemmung von Enzymen durch spezifische Inhibitoren.

Erwähnenswert ist schließlich, daß durch das Zusammenwirken der aktiven Transportprozesse die Zusammensetzung der in der Zelle gelösten Substanzen und Ionen auf einem bemerkenswert konstanten Niveau gehalten wird, und zwar auch dann, wenn das extrazelluläre Milieu in seiner Stoffzusammensetzung starken Schwankungen unterliegt. Besonders hervorzuheben sind hier die einzelligen Organismen wie Hefen und Bakterien, die in erstaunlicher Weise mit der stark wechselnden Zusammensetzung ihres Milieus fertig werden können. Hefezellen können in einem Nährmedium gedeihen und wachsen, dessen Wasserstoffionenkonzentration zwischen pH 3 und pH 10 variiert, d. h. dessen H^+-Konzentration sich im Extremfall um das 10millionenfache ändert. Sie halten selbst unter diesen Bedingungen die Stoffzusammensetzung in ihren Zellen konstant und optimal, so daß alle Zellfunktionen unbeeinflußt bleiben. Auch stärkere Schwankungen im Na^+- und K^+-Gehalt ihres Nährmediums werden von Hefezellen unbeschadet vertragen. Die Systeme des aktiven Transports in den Zellmembranen müssen über Kontrolleinrichtungen verfügen, die es ihnen ermöglichen, die relativen Konzentrationen ihrer Substrate zu erfassen und ihre Pumpgeschwindigkeiten entsprechend einzuregulieren. In vieler Hinsicht ähneln die aktiven Transportsysteme der Zellmembranen Enzymen; sie sind substratspezifisch, können selektiv gehemmt werden und lassen sich mit ihren Substraten sättigen.

Man nimmt an, daß die Systeme des aktiven Transports aus zwei Komponenten bestehen (Abb. 78). Die eine Komponente ist ein Proteinmolekül mit einem spezifischen Bindungszentrum für die zu transportierende Substanz. Dieses Bindungszentrum ist mit dem katalytischen Zentrum eines Enzyms zu vergleichen. Die Funktion dieser Komponente, die man Carrier nennt, besteht darin, die gebundene Substanz durch die Membran zu transportieren und auf der anderen Seite „abzuladen". Die zweite Komponente, wahrscheinlich auch ein

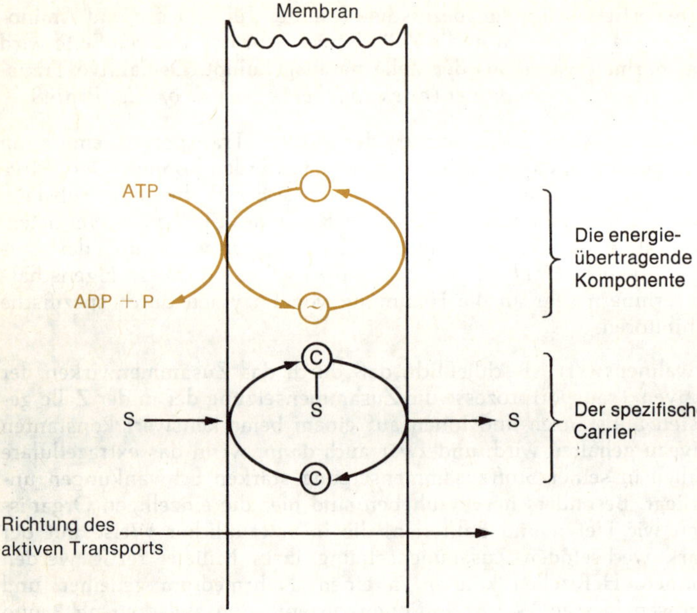

Abb. 78 Schematische Darstellung eines aktiven Transportsystems. Der energieübertragende Prozeß (farbig) erlaubt den Transport von S gegen einen Konzentrationsgradienten.

Protein oder Teil eines Proteins, versorgt den Carrier mit Energie. Wahrscheinlich wird diese Energie, die den Carrier in die Lage versetzt, sein Substrat gegen einen Konzentrationsgradienten zu transportieren, in Form einer energiereichen covalenten Bindung bereitgestellt.

Die wichtigsten aktiven Transportsysteme der Zelle.

Transport von K^+ und Na^+

Es gibt zwei generelle Arten aktiver Transportsysteme oder Pumpen, die in fast jeder Zelle zu finden sind. Eine Art ist an der Aufrechthaltung eines ausgewogenen Gleichgewichts von K^+, Na^+ und Wasser in der Zelle beteiligt, die andere ist für den Eintransport von essentiellen Nährstoffen, vor allem von Glucose und Aminosäuren, in die Zelle verantwortlich. Neben diesen Hauptpumpen gibt es noch andere, die sekundäre Funktionen im Transport erfüllen.

Nicht nur die roten Blutkörperchen, sondern fast alle Zellen der Vertebraten sind durch sehr geringe Na^+-Konzentrationen und relativ hohe K^+-Konzentrationen, die bei etwa 100 bis 150 mM liegen, ausgezeichnet. Ähnliche Verhältnisse finden wir bei vielen Bakterien und Pflanzenzellen. Hohe K^+-Konzentrationen sind zur optimalen Aktivität bestimmter lebensnotwendiger Enzyme notwendig. Ein wichtiges Beispiel wäre das Glykolyseenzym Pyruvatkinase. Auch zur optimalen Geschwindigkeit der Proteinsynthese an den Ribosomen sind K^+-Ionen erforderlich. Bei diesen Prozessen läßt sich K^+ nicht durch Na^+ ersetzen. Die meisten Zellen der höheren Tiere verfügen über ein aktives Transportsystem, das Na^+ gegen einen Konzentrationsgradienten aus der Zelle herauspumpt und K^+ ebenfalls gegen einen Gradienten in die Zelle hineinpumpt. Der Transport beider Kationen wird durch Ouabain gehemmt.

Unser augenblickliches Wissen über die molekularen Komponenten der Na^+- und K^+-Pumpe basiert auf einer vor einigen Jahren gemachten Entdeckung. Man fand, daß die Membranen von Nervenzellen des Krebses ein Enzym enthalten, das ATP zu ADP und Phosphat hydrolysiert. Dieses Enzym konnte durch den *gemeinsamen* Zusatz von Na^+ und K^+ stimuliert werden. Außerdem wurde beobachtet, daß Ouabain den Anteil der ATP-Hydrolyse hemmt, der sich durch $Na^+ + K^+$ stimulieren läßt. Aus diesen Befunden schloß man, daß die ATPase für den aktiven Transport von Na^+ und K^+ durch die Zellmembran verantwortlich sein muß. Das Enzym, man nannte es *Na^+-K^+-abhängige ATPase* konnte inzwischen in den Zellmembranen nahezu aller Gewebezellen der Wirbeltiere nachgewiesen werden. Es gilt als das primäre Transportsystem, durch das Na^+ aus der Zelle heraus- und K^+ in die Zelle hineingepumpt wird.

Aus vielen neueren Befunden läßt sich schließen, daß das Na^+-K^+-abhängige ATPase-System, das ein hohes Partikelgewicht hat und vermutlich aus zwei oder mehr Proteinkomponenten besteht, so in der Zellmembran fixiert ist, daß es unidirektionell Na^+ aus der Zelle heraus- und K^+ in die Zelle hineintransportiert. Für jedes hydrolysierte ATP-Molekül werden drei Na^+-Ionen ausgeschieden und eine annähernd gleiche Anzahl K^+-Ionen in die Zelle aufgenommen. Die ATP-Hydrolyse ist also direkt und quantitativ mit dem Transportvorgang gekoppelt. Vermutlich bewirkt die bei der ATP-Hydrolyse freiwerdende Energie eine Konfigurationsänderung oder vielleicht eine Rotation des ATPase-Moleküls in der Membran, die mit dem Na^+-Austransport und dem K^+-Eintransport gekoppelt ist. Jüngste Forschungsergebnisse deuten darauf hin, daß bei diesem Prozeß ein Zwischenprodukt entsteht, denn man fand, daß eine funktionelle Gruppe des durch Na^+ und K^+ stimulierten ATPase-Moleküls durch Übertragung der endständigen Phosphatgruppe von ATP phosphoryliert

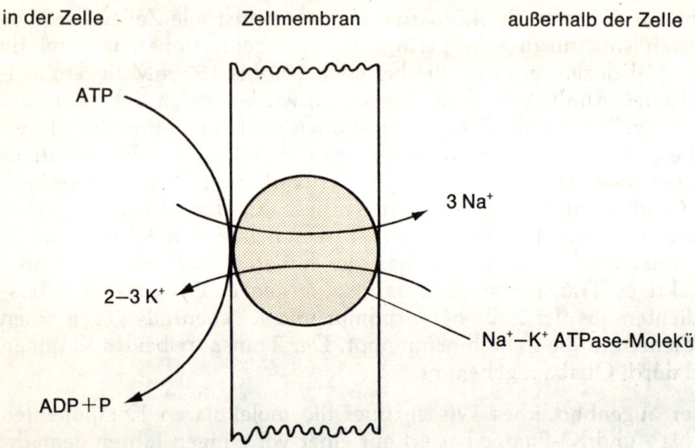

Abb. 79 Modell für die Funktion des Na^+-K^+-abhängigen ATPase-Systems beim aktiven Austransport von Na^+ gegen einen Konzentrationsgradienten. Der Eintransport von K^+ ist obligatorisch mit dem Na^+-Efflux gekoppelt.

wird, bevor das Enzym den Na^+- und K^+-Transport vollendet. Das den Transportprozeß mit Energie versorgende ATP verbleibt ebenso wie seine Hydrolyseprodukte ADP und Phosphat immer in der Zelle. Der Gesamtprozeß ist in Abb. 79 zusammengefaßt.

In Zellen mit sehr aktiven Sekretions- und Transportfunktionen kann die Hauptmenge der eigenen ATP-Produktion von der Na^+-K^+-abhängigen ATPase verbraucht werden. Die Epithelzellen der Niere z. B., die Na^+ aus dem Blut in den Harn sekretieren und K^+ aus dem Blut resorbieren, verbrauchen bei diesem Vorgang mehr als zwei Drittel ihres gesamten in den Mitochondrien erzeugten ATP. Im Gehirn wird von den Na^+-K^+-abhängigen ATPasen sogar ein noch größerer Teil der ATP-Eigenproduktion umgesetzt. In der Nervenzelle ist, wie wir noch sehen werden, der aktive Membrantransport von K^+ und Na^+ nach der Abgabe eines Nervenimpulses als Aktionspotential ein sehr wichtiger Vorgang zur Regeneration des ursprünglichen Membranzustandes.

Die Na^+-K^+-abhängige ATPase der Zellmembran sorgt auch für die Aufrechterhaltung einer ausgewogenen Wasserbilanz in der Zelle. Würde der durch das ATPase-System katalysierte kontinuierliche K^+-Eintransport nicht durch einen gleichzeitigen Austransport eines anderen Kations kompensiert, so würde das mit dem K^+ einströmende Wasser die Zelle anschwellen lassen. Durch den Austransport einer äquivalenten Menge Na^+ und damit auch einer äquivalenten Wassermenge kann die Zelle nicht nur ihre interne K^+-Konzentration auf dem richtigen Niveau halten, sondern auch ihre Wasserbilanz.

Transport von Glucose und Aminosäuren

Die zweite große Gruppe der aktiven Transportsysteme katalysiert den Eintransport lebensnotwendiger Nährstoffe aus der Umgebung der Zelle, in der diese Nährstoffe oft sehr verdünnt vorliegen können. Die Nährstoffe werden als Energiequelle, wie z. B. Glucose, oder als Stickstoffquelle, z. B. Aminosäuren, benötigt. Die auf den Nährstofftransport eingestellten Transportsysteme finden wir besonders gut entwickelt in Bakterien oder den Epithelzellen des Dünndarms der Vertebraten, die besonders aktiv an der Nährstoffaufnahme in den Blutstrom beteiligt sind.

Die Epithelzellen des Dünndarms können sehr spezifisch z. B. Hexosen wie Glucose, Fructose, Galaktose und Mannose absorbieren. Man weiß heute, daß es sich bei diesem Vorgang um einen nach innen gerichteten aktiven Transport handelt, denn Glucose kann aus einer Konzentration im Dünndarm absorbiert werden, die weit unter den Glucosekonzentrationen im Cytoplasma der Epithelzellen oder im Blutstrom, der den Dünndarm verläßt, liegt. Außerdem hat man nachgewiesen, daß die Glucoseabsorption von der Atmung abhängt, also Energie, vermutlich in Form von ATP, benötigt.

Das Dünndarmepithel enthält auch eine Reihe Pumpen zur Absorption von freien Aminosäuren aus dem Darmlumen. Diese Systeme benötigen ebenfalls Energie, um die Aminosäuren gegen einen Konzentrationsgradienten in die Zelle transportieren zu können. Es gibt mindestens vier verschiedene Aminosäurepumpen, die jeweils spezifisch auf eine Gruppe strukturell verwandter Aminosäuren eingestellt sind. Ein System transportiert nur neutrale Aminosäuren, wie Glycin, Alanin und Leucin, ein anderes saure Aminosäuren wie Glutaminsäure und Asparaginsäure und wieder andere Systeme sind für basische Aminosäuren und für Prolin spezifisch.

Die Systeme, die den aktiven Transport von Zuckern und Aminosäuren in den Epithelzellen des Dünndarms katalysieren, sind durch eine interessante und äußerst wichtige Eigenschaft ausgezeichnet: Sie sind *nur* in Gegenwart einer *hohen* Na^+-Konzentration im Darmlumen aktiv. Wenn Na^+ im Darmlumen fehlt, können weder Glucose noch Aminosäuren absorbiert werden, und zwar auch dann nicht, wenn das Epithel optimal mit Sauerstoff und energieliefernden Nährstoffen versorgt ist. Der Eintransport von Glucose und Aminosäuren läuft nur ab, wenn ein nach innen gerichteter Na^+-Gradient und ein Na^+-Eintransport gegeben sind. Da wir bereits wissen, daß tierische

Zellen normalerweise Na^+ gegen einen Gradienten nach außen pumpen, müssen wir uns fragen, warum gerade das Na^+ gemeinsam mit Glucose und Aminosäuren in die Zelle befördert wird.

In einer recht interessanten Hypothese, die diesen Fakten Rechnung trägt, wird angenommen, daß der energieabhängige Transport von Glucose in die Zelle das Zusammenwirken von zwei Transportsystemen voraussetzt (Abb. 80). Das eine Transportsystem ist ein Carrier, der Glucose binden und in beiden Richtungen durch die Membran transportieren kann. Dieser Carrier kann jedoch Glucose nur dann transportieren, wenn gleichzeitig Na^+ in der gleichen Richtung transportiert wird. Man nimmt an, daß Glucose *und* Na^+ an denselben Carrier gebunden werden, allerdings an verschiedene Bindungszentren. Nach dem Transport auf die andere Membranseite diffundieren beide Liganden in das Cytoplasma. Die zweite zum aktiven Eintransport von Glucose erforderliche Komponente ist eine nach außen gerichtete Na^+-Pumpe, die durch ATP-Hydrolyse betrieben wird. Diese Pumpe bindet oder transportiert Glucose nicht. Ihre alleinige Funktion besteht darin, Na^+ unter Verbrauch von ATP-Energie aus der Zelle hinauszupumpen und damit einen nach innen gerichteten Na^+-Gradienten zu erzeugen.

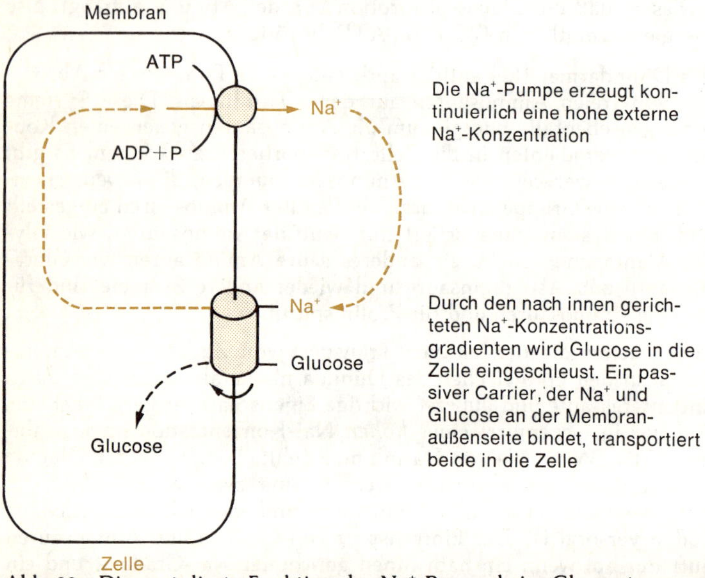

Abb. 80 Die postulierte Funktion der Na^+-Pumpe beim Glucosetransport.

Der aktive Transport von Glucose in die Zelle gegen einen Konzentrationsgradienten wird durch das Zusammenspiel der beiden Transportsysteme in folgender Weise katalysiert: Die nach außen gerichtete ATP-abhängige Na^+-Pumpe hält zu jeder Zeit einen Na^+-Gradienten an der Zellmembran aufrecht, so daß die externe Na^+-Konzentration immer weitaus höher ist als die interne. Der in dieser Weise erzeugte nach innen gerichtete Na^+-Gradient ist die Treibkraft für den Glucoseeintransport. Na^+ und externe Glucose werden an das Carriermolekül gebunden, das, wie wir hörten, Glucose nur in Anwesenheit von Na^+ transportieren kann. Die Bindung von Na^+-Ionen an den Glucose-Carrier und die Tendenz der Na^+-Ionen, sich an dem Gradienten „abwärts" in die Zelle zu bewegen, sind die eigentliche Kraft, durch die Glucose in die Zelle eingeschleust wird. Innerhalb der Zelle verlassen Na^+ und Glucose den Carrier und die Na^+-Ionen werden aktiv wieder ausgepumpt. Natürlich kann der nach außen gerichtete Glucosegradient niemals größer sein als der durch die Na^+-Pumpe erzeugte, nach innen gerichtete Na^+-Gradient. Der aktive Austransport von Na^+ ist damit die eigentliche Treibkraft für den Eintransport von Glucose. Auch die Aminosäuren scheinen beim aktiven Transport in das Darmepithel auf einem nach innen gerichteten, durch die Na^+-Pumpe erzeugten Na^+-Gradienten in die Zelle eingeschleust zu werden.

Diese Überlegungen führten zu der allgemeineren Hypothese, daß vermutlich alle in die Zelle führenden aktiven Transportprozesse durch Carrier erfolgen, die mit nach außen gerichteten Na^+-Pumpen gekoppelt sind. Diese Carrier binden passiv und simultan Na^+ und die spezifische Transportsubstanz, bei der es sich um Glucose, Aminosäuren, K^+ oder irgendeine andere lösliche Verbindung handeln kann. Die für den Eintransport so wichtigen Na^+-Pumpen werden häufig als *elektrogene Pumpen* bezeichnet, weil sie einen elektrochemischen Gradienten aufbauen können. Bei Bakterien, die Na^+ nicht benötigen und die offensichtlich auch keine Na^+-Pumpen besitzen, kann eine vergleichbare Funktion von einem nach außen gerichteten H^+-Transport erfüllt werden.

Organisation von Transportprozessen in Zellen und Geweben

Wir wollen uns nun etwas mit den Möglichkeiten der räumlichen Anordnung von Transportprozessen in Zellen und Geweben beschäftigen. Man kann drei Organisationsformen unterscheiden, den *homozellulären*, den *intrazellulären* und den *transzellulären Transport*.

Jede Zelle leistet *homozellulären Transport* (Abb. 81). Durch den in der Zellmembran ablaufenden homozellulären Transport werden die

Konzentrationen der im Cytoplasma gelösten Stoffe in einem optimalen Fließgewicht gehalten, so daß die Zelle vor schädlichen Einflüssen, die sich durch Schwankungen in der Stoffzusammensetzung im äußeren Milieu ergeben können, geschützt werden. Der homozelluläre Transport spielt eine wichtige Rolle vor allem bei den freilebenden, einzelligen Organismen, die besonders starken Schwankungen in der Zusammensetzung ihres umgebenden Mediums ausgesetzt sein können. Er ermöglicht es z. B. Bakterien, essentielle Nährstoffe aufzunehmen, auch wenn diese im umgebenden Medium in verschwindend geringen Konzentrationen vorkommen. Man nimmt an, daß die für den homozellulären Transport verantwortlichen molekularen Pumpen mehr oder weniger gleichmäßig über die gesamte Membranoberfläche der Zelle verteilt sind.

Die zweite allgemeine Organisationsform des Transports ist der *intrazelluläre Transport,* der an den Membranen der Zellorganellen, also in Mitochondrien, Chloroplasten oder dem endoplasmatischen Reticulum abläuft (Abb. 81). Wir wissen bereits, daß die Mitochondrien in ihrer inneren Membran spezifische Transportsysteme besitzen, die atmungsabhängig H^+-Ionen in das umgebende Cytoplasma der Zelle ausscheiden und Ionen wie Ca^{++} aufnehmen. In ähnlicher Weise können die Chloroplasten der grünen Blattzelle unter Verbrauch von Energie, die durch den photosynthetischen Elektronenfluß bereitgestellt wird, verschiedene Ionen aus dem Cytoplasma aufneh-

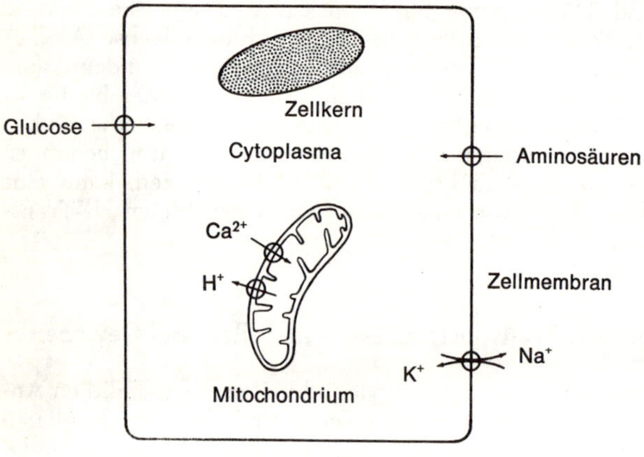

Abb. 81 Homozellulärer und intrazellulärer aktiver Transport. Der homozelluläre Transport hält die Stoffzusammensetzung im Cytoplasma optimal, der intrazelluläre Transport die Stoffzusammensetzung in den Kompartimenten der Organellen.

men und andere in das Cytoplasma sekretieren. Weiterhin können die Membransysteme des endoplasmatischen Retikulums verschiedener Muskelzellen in einer ATP-abhängigen Reaktion, die zur Kontraktion und Entspannung der Muskelfasern notwendig ist, reversibel Ca^{++}-Ionen aus dem Cytoplasma akkumulieren (S. 237). Die Bedeutung des intrazellulären aktiven Transports dürfte hauptsächlich dar-

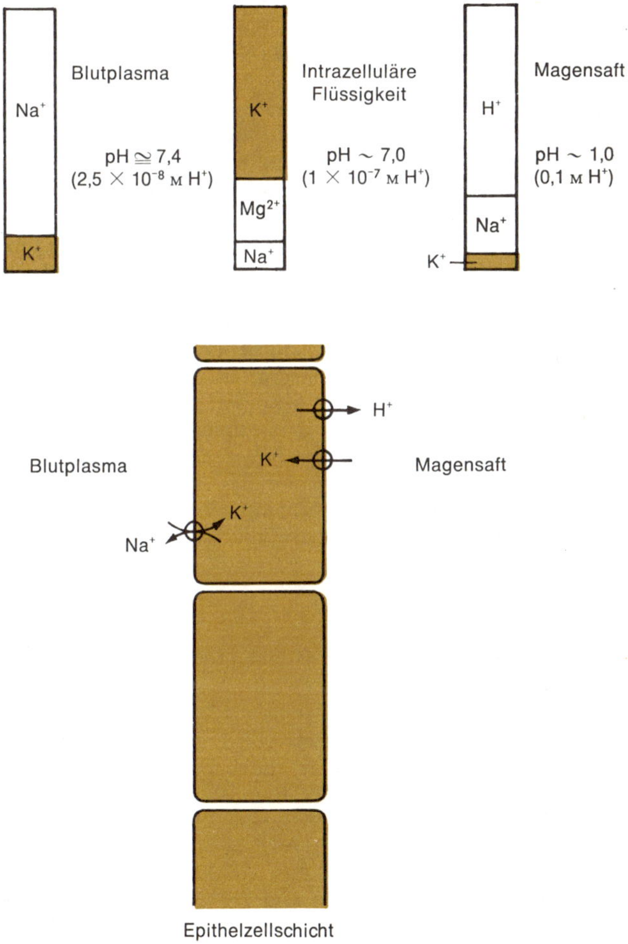

Abb. 82 Der transzelluläre Transport durch die Epithelzellschicht bei der Bildung des Magensaftes.

in bestehen, die Stoffzusammensetzung in den Zellorganellen auf einem optimalen Niveau zu halten und durch reversible Ionensegregation ionenabhängige zyklische Prozesse wie die Funktion des Muskels, die Reizleitung im Nervensystem und die Tätigkeit sekretorischer Zellen in Gang zu halten.

Abschließend kommen wir zu den Prozessen des *transzellulären Transports.* Der transzelluläre aktive Transport verläuft durch ganze Zellen oder Zellschichten; als Beispiele sind vor allem die Transportvorgänge in den Epithelzellen des Magendarmtraktes, im Nierensystem der Vertebraten und in verschiedenen Drüsen zu nennen. Im transzellulären aktiven Transport bildet eine ganze Zellschicht eine semipermeable Barriere, durch die hindurch ein Konzentrationsgradient aufrechterhalten wird. So besteht z. B. an den Belegzellen des Magenepithels ein sehr hoher H^+-Gradient. Auf der einen Seite der Epithelzellen, im Magensaft, ist die H^+-Ionenkonzentration extrem hoch (pH = 1,0), während die interstitielle Flüssigkeit und das Blut auf der anderen Seite des Epithels neutral sind (pH 7,4 bei Säugetieren). Beim transzellulären Transport sind die molekularen Transportsysteme asymmetrisch in der Zellmembran verteilt. So unterscheiden sich z. B. in einer Epithelschicht die Zellmembranen auf beiden Seiten in ihren Transporteigenschaften erheblich (Abb. 82). Die H^+-Ionen, die in den Magenraum sekretiert werden, stammen ursprünglich aus dem Blut (pH = 7,4); sie müssen die Epithelzellen, deren pH-Wert bei etwa 6,0 liegt, durchqueren. Außerdem müssen die Epithelzellen zur Aufrechterhaltung des gerichteten, asymmetrischen transzellulären Transports ihre interne K^+-Ionenkonzentration gegenüber beiden Seiten, also gegenüber dem Blut und dem Magensaft hoch und konstant halten.

Bioelektrischer Effekt des aktiven Transports: Das Aktionspotential

Die Umsetzung von chemischer ATP-Energie in die Arbeit des aktiven Transport von Na^+ und K^+ durch Zellmembranen ist mit einem Effekt verbunden, der bei der Impulsübermittlung in Nervenzellen genutzt wird. In der Zellmembran einer Nervenzelle, die sich im Ruhezustand befindet, wird durch ATP-betriebene Pumpen ein K^+-Na^+-Gradient aufrechterhalten. Dieser Gradient hat zur Folge, daß zwischen der Membraninnenseite und der -außenseite eine Differenz im elektrischen Potential besteht, wobei die Membraninnenseite im Vergleich zur Außenseite stärker negativ geladen ist. Die Größenordnung dieser Potentialdifferenz hängt direkt von dem Verhältnis der Ionenkonzentrationen zu beiden Seiten der Membran ab. So ist die K^+-

Konzentration an der inneren Membranoberfläche zehn- bis zwanzigmal höher als an der äußeren Membranoberfläche, während die Na^+-Konzentration im äußeren Kompartiment viel höher liegt als im inneren. Na^+ und K^+ unterscheiden sich in ihren Ionenradien und damit in ihren Ladungsdichten voneinander; infolgedessen besteht im Zustand des Fließgleichgewichts (das sich aus dem aktiven Pumpprozeß und der passiven Ionenrückdiffusion ergibt) an der Innenseite der Zellmembran ein geringfügiger Überschuß an negativen Ladungen. Diese Potentialdifferenz liegt abhängig von der Art der Nervenzelle zwischen etwa 50 und 70 mV.

Wenn eine Nervenzelle durch Übernahme eines Impulses von einer benachbarten Zelle oder durch direkte elektrische Reizung erregt wird, wandert die Erregungswelle mit hoher Geschwindigkeit den Nerv entlang. Die Erregungswelle läßt sich an einer plötzlichen Änderung der Membranpotentialdifferenz und einer ebenso plötzlichen

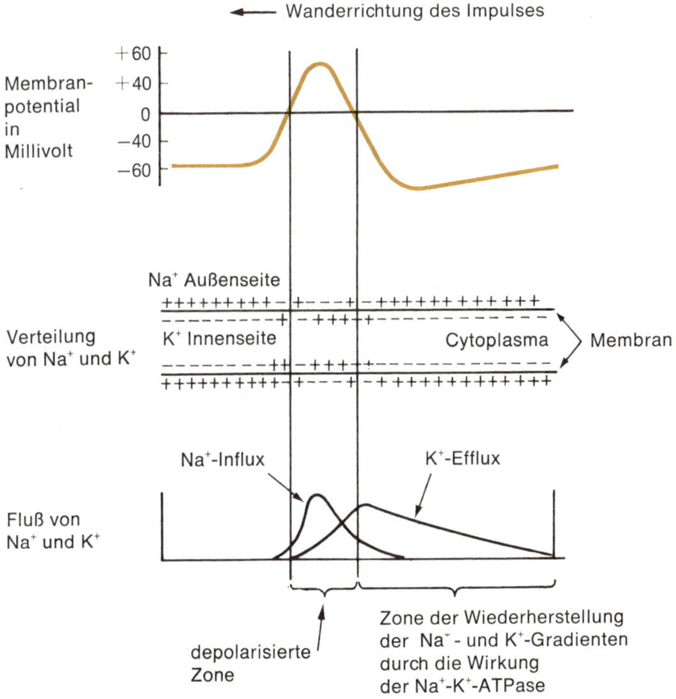

Abb. 83 Die Rolle der Na^+- und K^+-Ionenbewegungen bei der Erzeugung eines Aktionspotentials im Nerven.

Rückkehr in den Ausgangszustand erkennen. Die Potentialänderung kann über Elektroden, die innerhalb und außerhalb der Zelle angebracht sind, gemessen und aufgezeichnet werden. Diese abrupte und reversible Änderung im Membranpotential, das sogenannte *Aktionspotential,* kann mit einer Geschwindigkeit von mehr als 100 Metern pro Sekunde an der Nervenfaser entlangwandern, einer Geschwindigkeit, die weit über der Diffusionsrate kleiner Moleküle liegt.

Das Aktionspotential ist die Folge einer raschen Änderung der Na^+- und K^+-Verteilung beiderseits der Membran (Abb. 83). Eine Theorie nimmt an, daß durch die lokale Erregung einer begrenzten Membranzone die Lipid- und Proteinmoleküle der Membran kurzzeitig so desorientiert werden, daß die Transportsysteme eine rasche Verteilung der K^+- und Na^+-Ionen durch die Membran ermöglichen. Durch diese ungehinderte Verteilung werden die K^+- und Na^+-Gradienten abgebaut und damit wird auch die Potentialdifferenz aufgehoben. Gewöhnlich kehrt sich bei diesem Vorgang das Vorzeichen des Membranpotentials um, ein Phänomen, das auf die unterschiedlichen Geschwindigkeiten des K^+- und Na^+-Flusses durch die Membran zurückgeführt wird. Man bezeichnet eine in dieser Weise veränderte Membran als *depolarisiert.* Die depolarisierte Zone wandert wie der Funke an einer Zündschnur rasch an der Membran entlang. Nachfolgend wird die ursprüngliche Potentialdifferenz, sehr wahrscheinlich mit Hilfe der Na^+- und K^+-Pumpen rasch wieder hergestellt, so daß die Nervenzelle für eine erneute Impulsleitung bereit ist. Ein solcher Mechanismus erfordert zweifellos eine hochgradige räumliche und kinetische Spezialisierung der Na^+-K^+-abhängigen ATPase, die gerade in den Zellen des Nervensystems in hoher Konzentration vorkommt.

Kontraktion und Bewegung

Wir wollen nun sehen, wie die lebende Zelle unter Verbrauch von chemischer ATP-Energie mechanische Arbeit leistet. Mechanische Arbeit ist die auffälligste und am leichtesten zu messende Art der Arbeit. Die Arbeit z. B., die ein Muskel leistet, läßt sich einfach bestimmen, wenn man die Höhe mißt, auf die ein gegebenes Gewicht angehoben wird, oder die Spannung berechnet, die der Muskel erzeugt. Die direkte Umwandlung von chemischer Energie in mechanische Energie ist eine einmalige Eigenschaft der lebenden Organismen. Der Skelettmuskel ist eine rein mechanochemische Maschine, für die es kein uns vertrautes Gegenstück gibt. Die von Menschenhand gebauten Maschinen zur Leistung von mechanischer Arbeit werden gewöhnlich durch Wärme oder Elektrizität betrieben.

Arten der Kontraktions- und Bewegungssysteme

Die am besten bekannten biologischen Systeme zur Umwandlung von chemischer Energie in mechanische Energie sind die der Skelettmuskelzellen. Aber selbst hier gibt es in Struktur und Funktion zahlreiche biologische Varianten. Ein Extrem biologischer Spezialisierung sind die Flugmuskeln der fliegenden Insekten, die mit enorm hoher Geschwindigkeit mechanische Arbeit leisten können. Diese Muskeln können sich bis zu 1000mal in der Sekunde kontrahieren und entspannen. Auf der anderen Seite kontrahiert und entspannt sich der Skelettmuskel der Schildkröte nur sehr langsam. Im Vergleich zum Skelettmuskel repräsentiert der Herzmuskel einen anderen Typ. Er kann sich auf das Signal eines Schrittmachers hin periodisch wellenartig kontrahieren und entspannen, während der glatte oder unwillkürliche Muskel, z. B. der Darmwand sich langsam und gleichmäßig kontrahiert. Wieder andere Muskeln können im angespannten Zustand verharren, wie z. B. der Schließmuskel der Muschel, der die Muschelschale über längere Perioden verschlossen hält, ohne daß dabei Energie verbraucht wird.

Es gibt noch andere biologische Systeme die mechanische Arbeit leisten. Die Ortsänderungen der Amöben werden durch kontraktile Prozesse im Cytoplasma erreicht. Viele Paramecien besitzen in ihrer Zellmembran kontraktile Strukturen, die sogenannten *Trichocysten,* bei denen es sich um Vorrichtungen zur mechanischen Ausscheidung von Abfallprodukten handelt. Verschiedene Bakterien und die Spermatozoen der höheren Tiere besitzen bewegliche Anhängsel, die *Geißeln,* die der Fortbewegung der Zelle dienen. Andere stärker ortsgebundene Organismen verfügen über ähnliche Anhängsel, die *Cilien* genannt werden und mit deren Hilfe sie Material an sich vorbei nach hinten bewegen können.

Nahezu alle Zellen der höheren Organismen besitzen die Fähigkeit, in irgendeiner Weise und für einen spezifischen Zweck durch Kontraktionen, Drehungen oder Ortsänderungen mechanische Arbeit zu leisten. Bei der *Mitose* und Zellteilung wird das Chromosomenmaterial mit Hilfe kontraktiler Fasern in zwei Bereiche auseinandergezogen und die Mutterzelle in zwei Tochterzellen geteilt. Auch bei der Zellentwicklung und -differenzirung können kontraktile Fasern im Cytoplasma wichtige „organisatorische" Aufgaben erfüllen. In einigen Nervenzellen wird das Cytoplasma der Neuriten durch einen mechanochemischen Prozeß zum Nervenende hin bewegt.

Zur Zeit ist jedoch das am besten erforschte kontraktile System das der Skelettmuskeln. Ungeachtet der vielen in Bau und Funktion verschiedenen biologischen Varianten der Skelettmuskelzellen, verfügen alle über die gleiche grundlegende molekulare Maschine, nämlich das *Actomyosinsystem*, welches die chemische Energie von ATP in mechanische Energie umwandelt. Wir wollen uns mit diesem System jetzt etwas eingehender beschäftigen.

Dynamische Eigenschaften des Skelettmuskels

Zu Beginn wollen wir uns mit einigen allgemeinen Eigenschaften der Muskeltätigkeit auseinandersetzen, die man aus biophysikalischen Studien am intakten Muskel und an isolierten Muskelfasern, die durch elektrischen Schock künstlich stimuliert wurden, ableiten konnte. Experimente, in denen die Kontraktionsgeschwindigkeit, das Ausmaß der Muskelverkürzung und die erzeugte Muskelspannung bestimmt wurden, zeigen, daß bei den meisten Muskeln die Beziehung zwischen der maximalen erzeugten Muskelspannung und der Kontraktionsgeschwindigkeit grundlegend ähnlich ist. Weiterhin hat man gefunden, daß bei einem Kontraktionszyklus des Muskels in sehr charakteristischer Weise Wärme erzeugt wird. Jeder Muskel gibt im Ruhezustand mit niedriger, aber konstanter Geschwindigkeit Wärme ab, die man als *Ruhewärme* bezeichnet. Es handelt sich dabei um die abgegebene Reaktionswärme der normalen Stoffwechselprozesse im *„unbeschäftigten"* Muskel. Bei der Stimulierung des Muskels durch einen elektrischen Schock oder einen Nervenimpuls wird während der sich entwickelnden Muskelspannung und bei der Kontraktion ein hoher Wärmebetrag freigesetzt. Man nennt diese Wärme die *Initialwärme.* Die Initialwärme wird in zwei Phasen gebildet. Ein Teil wird während der Ausbildung der Muskelspannung aber noch vor der Muskelverkürzung frei gesetzt, während die restliche Wärme bei dem eigentlichen Verkürzungsvorgang entsteht. Die Entspannung des Muskels nach einer Kontraktion wird von einer weiteren Wärmebildung begleitet, die jedoch länger anhält als die vorausgegangene Produktionsphase der Initialwärme. Man nennt diese Wärme die *Restitutionswärme*. Die Phase der Restitutionswärmebildung spiegelt die Prozesse wider, die das Muskelsystem atmungsabhängig wieder mit chemischer Energie beladen. Durch Messung der Wärmeproduktion und der Muskelspannung kann der Wirkungsgrad der Muskeltätigkeit bestimmt werden. Die Berechnung läßt sich am einfachsten mit Hilfe folgender Formel durchführen:

$$\text{Wirkungsgrad} = \left(\frac{\text{geleistete mechanische Arbeit}}{\text{geleistete Arbeit} + \text{gebildete Wärme}} \right) 100$$

Die meisten Muskeln haben unter optimalen Bedingungen einen Wirkungsgrad von etwa 20 %.

Energiequelle der Muskelkontraktion

Bei den Wirbeltieren werden die Muskeln durch das Blut mit Nährstoffen und Sauerstoff versorgt. Es ist eine Erfahrungstatsache, daß ein Muskel mehr Sauerstoff verbraucht, wenn er in Tätigkeit ist. Wir wissen alle, daß man z. B. nach einem anstrengenden Wettschwimmen über eine Strecke von 100 Meter außer Atem ist. Man hat jedoch festgestellt, daß Sauerstoff oder der Atmungsprozeß für die Muskeltätigkeit nicht unbedingt erforderlich ist. Muskeln können sich auch unter strikt anaeroben Bedingungen oder nach Cyanidvergiftung weiter kontrahieren. Woher stammt nun in einem anaeroben Muskel die zur Kontraktion nötige Energie? Durch chemische Analysen konnte nachgewiesen werden, daß während der Muskeltätigkeit unter anaeroben Bedingungen der Gehalt an Glykogen, einer Speicherform der Glucose, im Muskel abnimmt. Direkt proportional zur Glykogenabnahme läßt sich eine Zunahme der Milchsäurekonzentration im Muskel feststellen. Der Muskel kann also die beim anaeroben Abbau von Glucose zu Milchsäure gewonnene Energie zur Leistung von Arbeit nutzen. Allerdings wird bei der Muskelkontraktion unter anaeroben Bedingungen weit mehr Glucose verbraucht als unter aeroben Verhältnissen. Das ist zu erwarten, denn wir wissen bereits, daß beim glykolytischen Abbau von einem Molekül Glucose nur zwei ATP entstehen, während die aerobe Oxydation von einem Molekül Glucose zu CO_2 und H_2O sechsunddreißig Moleküle ATP liefert (S. 94). Außerdem kann ein isolierter Muskel unter anaeroben Verhältnissen nicht sehr lange arbeiten, weil er seinen Glykogenvorrat sehr rasch verbraucht. Nichtsdestoweniger ist die Fähigkeit unter anaeroben Bedingungen Arbeit leisten zu können, für den Muskel physiologisch von großer Bedeutung, denn bei kurzfristigen äußerst hohen Belastungen kann er zur optimalen Atmungstätigkeit nicht schnell genug mit Sauerstoff versorgt werden.

Weiterhin ist es möglich, das kontraktile System im Muskel von der Glykolyse oder Atmung „loszukoppeln", so daß der Muskel gezwungen ist, ohne gleichzeitigen Glucoseverbrauch mechanische Arbeit zu leisten. Ein isolierter Muskel kontrahiert sich unter anaeroben Bedingungen selbst dann weiter, wenn wir den Abbau von Glucose zu Milchsäure durch Zugabe eines Glykolysehemmstoffes wie *Jodessigsäure* (JCH_2COO^-) unterbinden. Jodessigsäure blockiert das Enzym 3-Phosphoglycerinaldehyddehydrogenase. Unter diesen Bedingungen kann in einem anaeroben Muskel kein ATP gebildet werden. Trotzdem kann sich der mit Jodessigsäure vergiftete Muskel ungehindert eine Zeitlang weiterkontrahieren, wenn auch nicht so lange wie ein unvergifteter Muskel. Diese wichtige, 1931 von LUNDSGAARD gemachte Entdeckung verlangt eine Erklärung, denn der vergiftete Muskel scheint ja ohne erkennbaren Nährstoffverbrauch Arbeit zu leisten.

Die chemische Analyse von Jodacetat vergifteten Muskeln ergab nun, daß bei der Muskelkontraktion tatsächlich bedeutsame chemische Umsetzungen stattfinden. Allerdings betreffen diese Umsetzungen weder Glykogen noch Fette oder Proteine, sondern eine spezifische energiereiche Phosphatverbindung. Unerwarteterweise handelt es sich bei dieser Substanz nicht um ATP, sondern um die Verbindung *Kreatinphosphat,* das phosphorylierte Derivat der Stickstoffverbindung *Kreatin:*

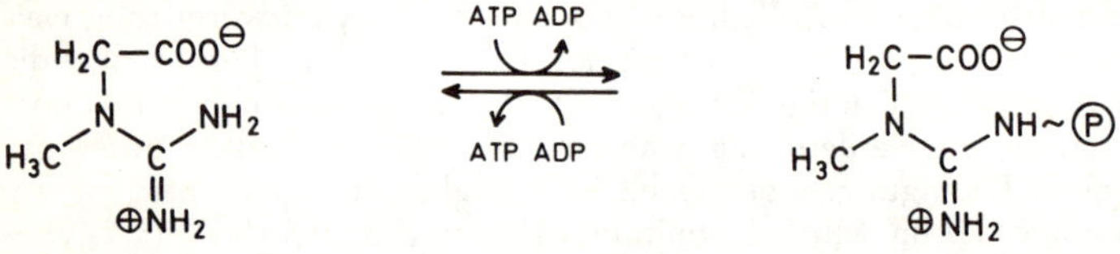

Kreatin

Kreatinphosphat

Kreatinphosphat verschwindet im Jodacetat vergifteten Muskel während der Kontraktionen sehr rasch unter Bildung stöchiometrischer Mengen an freiem Kreatin und Phosphat. Bei diesem Vorgang nimmt jedoch der ATP-Gehalt im Muskel nicht ab. Zunächst schien dieser Befund die Vorstellung, daß ATP die direkte Energiequelle für die Leistung von Muskelarbeit sei, zu widerlegen und ließ eher vermuten, daß primär Kreatinphosphat die zur Muskelkontraktion erforderliche Energie liefert. Eine Antwort auf diesen Widerspruch konnte schließlich einige Jahre später in Forschungen über die Beziehungen zwischen Kreatinphosphat und ATP gefunden werden.

Kreatinphosphat: Ein Sammelbecken für energiereiche Phosphatgruppen

Kreatinphosphat ist eine energiereiche Phosphatverbindung, die wir bereits früher (Tab. 7) kurz erwähnten. Sie findet sich in recht hohen Konzentrationen in einigen wenigen Geweben der höheren Tiere, insbesondere im Muskel- und Nervengewebe. Im Skelettmuskel kann mehr als fünfmal soviel Kreatinphosphat wie ATP vorhanden sein. Kreatinphosphat wird im Muskel nur durch eine bekannte Enzymreaktion umgesetzt:

$$\text{Kreatinphosphat} + \text{ADP} \rightleftharpoons \text{Kreatin} + \text{ATP} \qquad \textbf{(Gl. 34)}$$

Die Reaktion wird durch das Enzym *Kreatinphosphatkinase* katalysiert. Sie ist reversibel, das Reaktionsgleichgewicht liegt jedoch, wenn man von äquimolaren Kreatinphosphat- und ADP-Konzentrationen ausgeht, ganz auf der rechten Seite, wie wir auf Grund des hohen Phosphatgruppenübertragungspotentials von Kreatinphosphat voraussagen können (s. Tab. 7). Tabelle 7 zeigt, daß Kreatinphosphat durch eine viel negativere freie Energie der Hydrolyse ausgezeichnet ist als ATP und deshalb seine Phosphatgruppe leicht an ADP abgeben kann. Das Reaktionsgleichgewicht wird sich so einstellen, daß praktisch alles verfügbare ADP unter Verbrauch von Kreatinphosphat zu ATP phosphoryliert wird. Aus diesem Grund beobachtete man bei der Kontraktion eines mit Jodessigsäure vergifteten Muskels nur eine Abnahme an Kreatinphosphat und nicht an ATP.

Kürzlich ist es gelungen, die Kreatinphosphatkinase im Muskel spezifisch zu hemmen. Unter diesen Bedingungen wird bei der Muskeltätigkeit kein Kreatinphosphat, dafür aber ATP unter gleichzeitiger Bildung von ADP und Phosphat verbraucht. Dieser Befund läßt den Schluß zu, daß während der Muskeltätigkeit ATP zu ADP und Phosphat hydrolysiert wird, und zwar vermutlich durch die Enzyme des kontraktilen Systems. ADP wird normalerweise mit der gleichen Geschwindigkeit, mit der es entsteht, wieder rephosphoryliert. Unter aeroben Verhältnissen geschieht dies durch die oxydative Phosphorylierung in den Mitochondrien, unter anaeroben Bedingungen durch die Glykolyse. Wenn Gärung und Atmung ausfallen oder vergiftet sind, kann ATP über Kreatinphosphat gebildet werden. Wir können damit sagen, daß diese drei Prozesse gewährleisten, daß die hohe ATP-Konzentration im Muskel immer in einem konstanten Fließgleichgewicht aufrechterhalten wird. Kreatinphosphat ist ein Sammelbecken oder „pool" für energiereiche Phosphatgruppen. Es muß aus freiem Kreatin unter Verbrauch von ATP, das während der Erholungsphase des Muskels durch die oxydative Phosphorylierung entsteht, neu gebildet werden.

Der Skelettmuskel ist damit in biochemischer Hinsicht dazu eingerichtet, periodisch zu arbeiten, und er kann auch in Abwesenheit von Sauerstoff kurzfristig maximale Arbeit leisten.

Struktur der Muskelzelle

Aus mikroskopischen Untersuchungen von Skelettmuskelzellen hat man wichtige Hinweise auf die Art der molekularen Maschinen, die für die Umwandlung von chemischer Energie in mechanische Energie verantwortlich sind, erhalten können. Der Skelettmuskel ist aus parallelen Bündeln vielkerniger großer Zellen zusammengesetzt. Die Muskelzellen enthalten wiederum in Vielzahl parallel orientierte *Myofibrillen,* die man als die grundlegenden Funktionseinheiten der „Kontraktionsmaschine" bezeichnen kann. Die Muskelzellen zeigen eine *Querstreifung,* die durch regelmäßig sich abwechselnde laterale Zonen, die sich in ihren optischen Eigenschaften scharf voneinander unterscheiden, zustande kommt. Die Querstreifung ist in Abb. 84 zu erkennen. In sehr leistungsfähigen Muskeln, wie z. B. in den Flugmuskeln der Insekten, wird die Querstreifung in regelmäßigen Abständen von Mitochondrien begleitet, so als sollten ATP-produzierende und ATP-verbrauchende Strukturen einander gegenübergestellt werden.

Abb. 85 stellt schematisch und stark vergrößert eine einzelne Myofibrille dar, sie läßt die Querstreifung und andere Strukturen genauer erkennen. Die sich wiederholenden Einheiten zwischen zwei aufeinanderfolgenden *Z-Linien* werden *Sarkomeren* genannt. Jedes Sarkomer enthält eine zentrale *M-Linie,* eine zentrale *H-Scheibe* und symmetrisch zu beiden Seiten der H-Scheibe zwei dunkle Zonen. Zusammen ergeben diese Streifen die *A-Bande.* Der Buchstabe A steht für *anisotrop,* denn die A-Bande stellt eine *optisch anisotrope Zone* dar, d. h. ihre Brechungszahl ändert sich mit der Meßrichtung, eine Eigenschaft, die man auch als *Doppelbrechung* bezeichnet. Die helle Zone zwischen zwei aufeinanderfolgenden A-Banden ist die *I-Bande* oder *isotrope* Bande, eine nur ganz geringfügig doppelbrechende Zone.

Die A-Bande enthält viele parallele dicke Filamente in hexagonaler Anordnung. Sie erstrecken sich über die gesamte Länge der A-Bande. Die I-Bande enthält viele dünne Filamente, die in die A-Bande hineinreichen und an der H-Zone enden.

Die mit der Kontraktion einer Myofibrille verbundenen räumlichen Verschiebungen der Filamente (Abb. 86) konnten durch sinnreiche elektronenmikroskopische und optische Untersuchungen aufgeklärt werden. Wenn sich die Myofibrille bei der Kontraktion verkürzt, bleibt die A-Bande in ihrer Länge unverändert, während die I-Bande

Abb. 84 Elektronenmikroskopische Aufnahme eines Skelettmuskels, die die dunklen und hellen Querstreifungen erkennen läßt. (Freundlicherweise von R. Bergman, Johns Hopkins University, zur Verfügung gestellt.)

schrumpft und im vollständig kontrahierten Muskel ganz verschwinden kann. Die H-Scheibe kann ebenfalls verschwinden. Bei der Entspannung der Myofibrille wird die ursprüngliche Konfiguration wieder hergestellt. Man vermutet aufgrund dieser Beobachtungen, daß sich die dicken und die dünnen Filamente der A- bzw. I-Banden bei

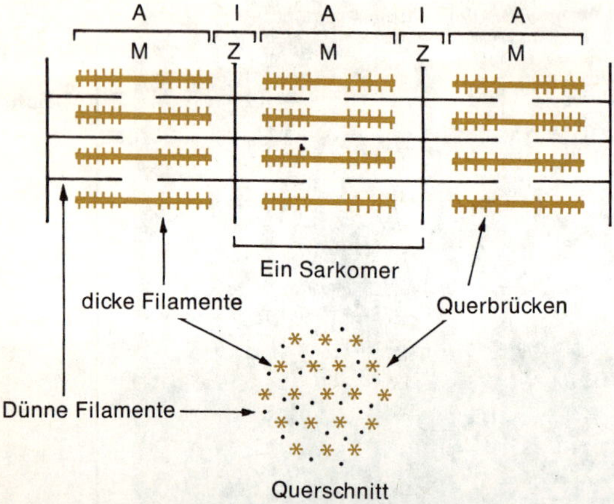

Abb. 85 Schematische Darstellung der Feinstruktur einer Myofibrille. Man erkennt die Sarkomeren, die dicken und dünnen Myofilamente und die A- und I-Banden.

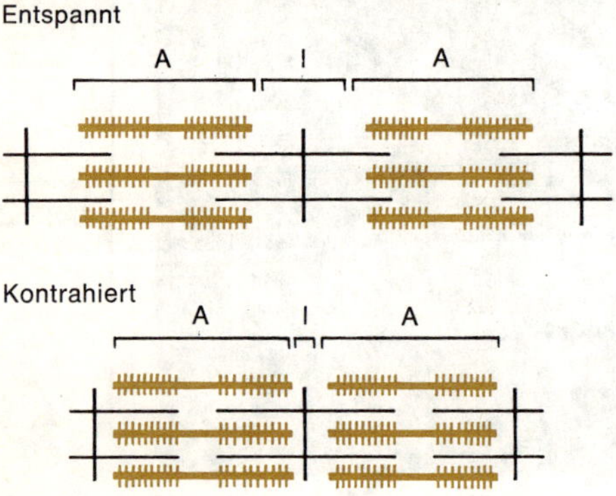

Abb. 86 Das Gleitmodell der Muskelkontraktion. Die dünnen Filamente gleiten zwischen die unbeweglichen dicken Filamente, so daß sich die I-Bande verkürzt.

der Kontraktion aneinander vorbeischieben, so daß die dünnen Filamente in die A-Bande, deren dicke Filamente ihre Position nicht ändern, hineingleiten.

Myosin, Actin und Actomyosin

Aus Muskelextrakten konnten zwei hauptsächliche Proteinkomponenten isoliert werden, von denen man heute weiß, daß sie die Strukturelemente der beiden Filamenttypen der Myofibrille darstellen. Zuerst wurde das Protein *Myosin* entdeckt, das im Skelettmuskel der Säugetiere etwa 50—55 % des myofibrillären Proteins ausmacht. Daß dieses Protein eine Komponente des kontraktilen Systems ist, erkannte man vor allem daran, daß nach seiner Extraktion mit konzentrierten Salzlösungen, die A-Bande oder anisotrope Bande im myosinfreien Muskel nicht mehr zu erkennen war. Außerdem zeigt isoliertes Myosin die Eigenschaft der Doppelbrechung, wenn seine Moleküle in einer Richtung orientiert sind. Man schloß aus diesen Befunden, daß Myosin die Substanz sein mußte, aus der die dicken Filamente der A-Zone aufgebaut sind.

Myosin ist ein langes, dünnes und stark geladenes Protein mit einem Molekulargewicht von etwa 470 000. Die strukturelle Organisation des Myosins ist in Abb. 87 wiedergegeben. Es besteht aus zwei

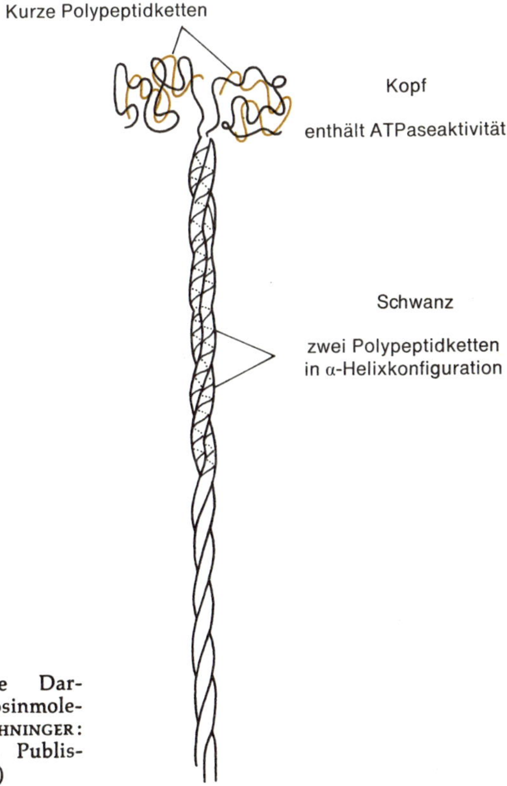

Abb. 87 Schematische Darstellung eines Myosinmoleküls. (Nach A. L. LEHNINGER: Biochemistry. Worth Publishers, New York 1970.)

schraubig umeinandergewundenen Polypeptidketten, die jeweils aus etwa 1800 Aminosäuren aufgebaut sind. Der Kopf des Moleküls enthält zwei weitere kurze Polypeptidketten. Das Myosin hat also eine komplexe molekulare Struktur, seine spektakulärste Eigenschaft besteht allerdings in dem Umstand, daß es enzymatisch aktiv ist. Es katalysiert in Gegenwart von Ca^{++} die Hydrolyse von ATP zu ADP und Phosphat. Man weiß, daß die ATP-hydrolysierende Aktivität ausschließlich am Kopfende des Moleküls lokalisiert ist. Der Schwanz des Myosinmoleküls läßt sich abtrennen, ohne daß dabei die katalytische Aktivität verlorengeht.

Die zweite Hauptproteinkomponente des kontraktilen Systems kann mit einem Verfahren aus dem Muskel extrahiert werden, das sich etwas von der Extraktionsvorschrift für Myosin unterscheidet. Man nennt dieses Protein, das etwa 20–25 % des fibrillären Proteins ausmacht *Actin.* Actin konnte in zwei Formen isoliert werden. Eine Form ist ein monomeres, globuläres Protein mit einem Molekulargewicht von etwa 46 000, man bezeichnet es als das *globuläre Actin* oder *G-Actin.* Die andere Form bildet lange, fadenförmige, zweisträngige Strukturen, die aus vielen in linearer Folge polymerisierten G-Actin-

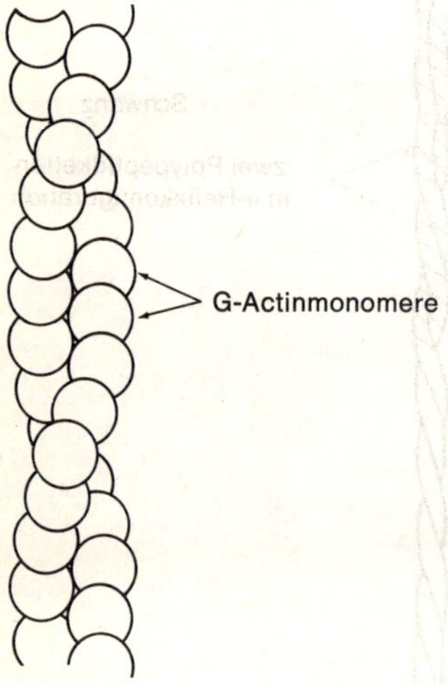

Abb. 88 Ein F-Actinfilament, das aus zwei schraubigen, aus G-Actinmonomeren aufgebauten, Ketten besteht.

einheiten aufgebaut sind. Man nennt diese Form das *fibrilläre Actin* oder *F-Actin.* Wenn G-Actin im Reagenzglas mit ATP gemischt wird, polymerisiert es unter gleichzeitiger Spaltung von ATP zu ADP und Phosphat zu F-Actin (Abb. 88). Sehr wahrscheinlich bestehen die dünnen Filamente der I-Bande in der Myofibrille aus F-Actinsträngen.

Unter sorgfältig eingestellten Extraktionsbedingungen läßt sich aus Muskelgewebe ein *Actin-Myosinkomplex,* das *Actomyosin,* isolieren. Actomyosin kann auch im Reagenzglas entstehen, wenn man gereinigtes Actin mit Myosin mischt. Actinomyosinlösungen sind hoch viskos, was darauf hinweist, daß die Moleküle des Proteinkomplexes sehr lang und stäbchenförmig gebaut sind. Wie Actin und Myosin, kann auch Actomyosin ATP zu ADP und Phosphat hydrolysieren. Die katalytische Aktivität des Actomyosins ist in dieser Hinsicht sogar weit größer als die von Myosin allein. Zur actomyosinkatalysierten ATP-Hydrolyse werden Ca^{++}-Ionen benötigt. Während der ATP-Hydrolyse nimmt die Viskosität der Actomyosinlösung stark ab, erreicht jedoch wieder ihren ursprünglichen Wert, sobald das verfügbare ATP vollständig umgesetzt ist. Aufgrund dieser Viskositätsänderungen nimmt man an, daß die actomyosinkatalysierte ATP-Hydrolyse mit einer Dissoziation des Actomyosinkomplexes zu freiem Actin und Myosin gekoppelt ist. Nach Verbrauch des ATP lagern sich die beiden Komponenten wieder zum Actomyosin zusammen. Die physikalische Veränderung des Actomyosins in Gegenwart von ATP kann auch auf andere Weise demonstriert werden. Wenn eine Actomyosinlösung sehr rasch durch eine Injektionsnadel in Wasser gespritzt wird, fällt das Actomyosin in Form feiner Fäden oder Fasern aus. Wenn man nun ATP zu diesen künstlichen Actomyosinfäden gibt, kontrahieren sie sich und entwickeln eine schwache Spannung.

Der molekulare Mechanismus der Muskelkontraktion

Sehr wesentliche Gesichtspunkte zum Mechanismus und den räumlichen Wechselwirkungen zwischen den F-Actinfilamenten und dem Myosin haben sich sowohl aus elektronenmikroskopischen als auch aus biochemischen Untersuchungen am Muskel ergeben. Die Hochauflösungs-Elektronenmikroskopie erbrachte den Nachweis, daß im intakten Muskel die dicken Filamente der A-Banden hakenartige Fortsätze besitzen, die regelmäßig schraubig um das Filament herum angeordnet sind. Diese Fortsätze reichen bis zu den sechs benachbarten dünnen Filamenten und scheinen mit diesen Kontakt zu haben. Die hakenartigen Fortsätze konnten als die Köpfe von Myosinmolekülen identifiziert werden. Aus diesen Beobachtungen schließt man, daß die dicken Filamente aus parallel gelagerten Myosinmolekülen bestehen, die so geordnet sind, daß ihre Köpfe in regelmäßigen Abständen aus dem Bündel herausragen.

Biochemische Untersuchungen haben ergeben, daß bei der Assoziation von Actin und Myosin zum Actomyosinkomplex die vorstehenden Köpfe der Myosinmoleküle mit Zentren am Actinfilament in Wechselwirkung treten. Da die Köpfe der Myosinmoleküle ATPase-Aktivität besitzen und der Actomyosinkomplex durch ATP dissoziiert wird, jedoch nach dem ATP-Verbrauch wieder assoziiert, nimmt man an, daß ADP die Bildung der Querverbindungen zwischen den dün-

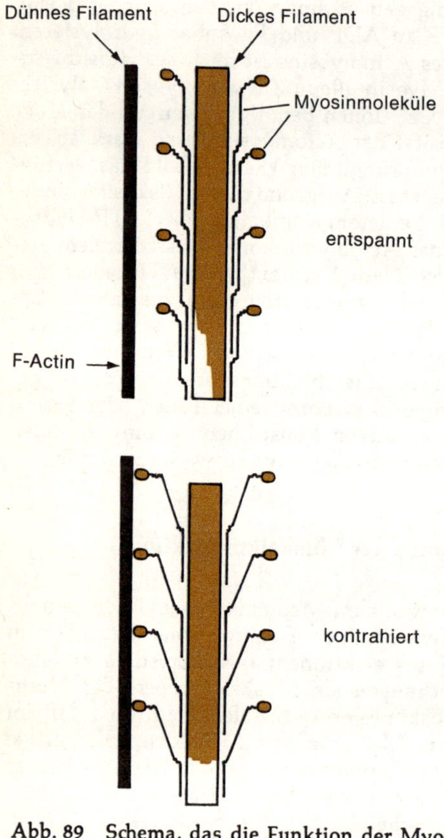

Abb. 89 Schema, das die Funktion der Myosinköpfe als Querbrücken bei der Muskelkontraktion verdeutlicht. (Nach A. L. LEHNINGER: Biochemistry. Worth Publishers, New York 1970.)

nen und dicken Filamenten begünstigt, indem es die Wechselwirkung zwischen den Myosinköpfen und den dünnen Filamenten ermöglicht, während ATP die Spaltung oder Lockerung dieser Querverbindungen fördert.

Aufgrund dieser Vorstellungen können wir uns nun ein Bild von dem Prozeß machen, durch den die dünnen Filamente unter Verbrauch von ATP-Endergie an den dicken Filamenten vorbeigleiten (Abb. 89). Man vermutet, daß in einem Prozeß, der die Hydrolyse von einem Molekül ATP erfordert, eine der Querbrücken gelöst wird. Hierbei kann der kopfnahe Teil des Myosinmoleküls eine scharnierartige Biegung oder vielleicht auch Verkürzung ausführen, die eine Verlagerung des Myosinkopfes an dem Actinfilament entlang zur Folge hat. Nach der erfolgten lokalen ATP-Hydrolyse knüpft der Myosinkopf ein Stück tiefer eine neue Brücke zum Actinfilament. Nach dieser Hypothese, die durch viele experimentelle Befunde gestützt wird, ziehen oder schieben die hakenartigen Myosinköpfe das dünne Filament immer weiter in das Zentrum der A-Bande. Durch aufeinanderfolgende, sich vielfach wiederholende Knüpfung und Lösung von Querbrükken kommt schließlich eine Kontraktion zustande. Jedes Mal, wenn eine Querbrücke gelöst und eine neue geknüpft wird, gleitet das dünne Filament um ein winziges Stück weiter.

Entspannung des Muskels

Da ATP im ruhenden Muskel in hohen Konzentrationen vorkommt und außerdem kontinuierlich durch die Glykolyse oder oxydative Phosphorylierung aus ADP rückgebildet wird, müssen wir uns fragen, warum die Muskelfasern nicht immer kontrahiert bleiben. Welche Faktoren lösen die Kontraktion aus? Wie kann die kontrahierte Muskelfaser sich wieder entspannen?

Die Antwort auf diese Frage liegt bei der wichtigen Funktion der Ca^{++}-Ionen im Muskel. Wir haben bereits erwähnt, daß zur ATPaseaktivität des Actomyosinsystems Ca^{++}-Ionen benötigt werden. In Abwesenheit von Ca^{++} wird ATP nicht oder nur in sehr geringem Umfang hydrolysiert. In Gegenwart von freiem ionisierten Ca^{++} wird also die Lösung der Querbrücken zwischen den dünnen und dicken Filamenten der Myofibrille und die damit verbundene Verkürzung des Sarkomers begünstigt, während bei Abwesenheit von freiem Ca^{++} die Aufrechterhaltung der Querbrücken in der entspannten Form favorisiert ist. Wie wird nun freies Ca^{++} in die Bezirke der dünnen und dicken Filamente gebracht und damit eine Kontraktion eingeleitet? Wie wird das Ca^{++} wieder entfernt, so daß der Muskel sich entspannen kann?

Wenn ein motorischer Impuls die Verbindungsstelle zwischen Nerv und Muskelmembran erreicht, erregt er nicht nur die Plasmamembran der Muskelzelle, das sogenannte *Sarkolemma,* sondern auch ein komplexes tubuläres Membransystem, das Verbindung zum Sarkolemma hat und in regelmäßigen Abständen quer durch die Muskelzelle verläuft. Die tubulären Membranen werden *Sarkotubuli* genannt und ein vollständiges querverlaufendes System von Tubuli bezeichnet man als das *T-System,* es ist mit dem endoplasmatischen Reticulum verbunden. Durch die Erregung dieses komplexen Membransystems werden die Membranen depolarisiert, d. h. sie verlieren ihr charakteristisches elektrisches Potential, das normalerweise zwischen den beiden Membranseiten besteht. Die Depolarisation kommt durch momentane Erhöhung der Membranpermeabilität zustande (s. S. 222). Dies hat zur Folge, daß ein Teil der Elektrolyte aus den Tubuli in das Sarkoplasma strömt. Unter diesen Elektrolyten finden sich Ca^{++}-Ionen, die normalerweise im ruhenden Muskel in den Tubuli eingeschlossen sind. Die in dieser Weise freigesetzten Ca^{++}-Ionen kommen mit den Actin- und Myosinfilamenten, die von dem ATP-reichen Sarkoplasma umgeben sind, in Kontakt. Der Zutritt von Ca^{++} bewirkt sofort eine Lösung der Querbrücken zwischen den Actin- und Myosinfilamenten und gleichzeitig die Verkürzung der Actin-Filamente und die Hydrolyse von ATP zu ADP und Phosphat. Eine lokale ADP-Akkumulation hat zur Folge, daß neue Querbrücken gebildet werden. Solange freies Ca^{++} im Sarkoplasma verfügbar ist, werden in rascher zyklischer Folge Querbrücken gelöst und geknüpft, so daß sich die Myofibrille in einem kontinuierlichen Prozeß verkürzt d. h. kontrahiert.

Zur Entspannung des Muskels muß das freie Ca^{++} durch Rücktransport in die Sarkotubuli wieder aus dem Sarkoplasma entfernt werden. Sobald sich das T-System von dem Erregungsvorgang erholt hat und seine normale Impermeabilität für Ca^{++} wiederhergestellt ist, werden die Ca^{++}-Ionen mit Hilfe ATP-abhängiger aktiver Transportsysteme der Membranen des T-Systems aus dem Sarkoplasma in die Tubuli „zurückgepumpt". Das Transportsystem ähnelt der Na^{+}-K^{+}-abhängigen ATPase der Erythrozytenmembran (s. S. 215), denn es pumpt Ca^{++} unter Verbrauch von ATP-Hydrolyseenergie gerichtet durch die Membran. Für jedes hydrolysierte ATP-Molekül werden zwei Ca^{++}-Ionen in den Tubulus zurückgepumpt. Die Pumpen arbeiten solange, bis die Ca^{++}-Konzentration im Sarkoplasma auf das sehr niedrige Niveau von 1×10^{-7} M abgesunken ist. Bei dieser Ca^{++}-Konzentration ist die Muskelfaser entspannt und der ATP-Verbrauch gestoppt. Der Muskel bleibt entspannt, solange die Ca^{++}-Ionen in den Tubuli des T-Systems eingeschlossen sind. Sobald jedoch der nächste motorische Nervenimpuls den Muskel erreicht, wird das Ca^{++} sofort mit hoher Geschwindigkeit wieder in das Sarkoplasma entlassen, so daß die Filamente augenblicklich auf den Nervenimpuls ansprechen können.

Wir sehen also, daß ATP bei der Muskelkontraktion drei Funktionen zu erfüllen hat. Es wird zur Lösung der Querbrücken zwischen den Actin- und Myosinfilamenten gebraucht, für die Translokation der dünnen Filamente und – im Zusammenhang mit der Muskelentspannung – zum aktiven Transport von Ca^{++} aus dem Sarkoplasma in das T-System.

Geißeln und Cilien

Die charakteristischen Dreh- und Schlagbewegungen der Geißeln und Cilien von eukaryotischen Zellen werden durch die Hydrolyse von ATP betrieben. Die Cilien und Geißeln der Zellen höherer Organismen bestehen aus einer Gruppe von elf Fasern, die in einer membranumschlossenen Matrix eingebettet sind. Die elf Fasern sind in einer charakteristischen „9 + 2-Anordnung" verteilt (Abb. 90). Jede Faser besteht aus einem Paar von Mikrotubuli, die jeweils wiederum aus zwölf Filamenten bestehen, die aus kleinen globulären Einheiten aufgebaut sind. Die beiden zentralen Fasern haben einen größeren Durchmesser als die neun äußeren. An der Basis von Cilien und Geißeln befindet sich eine große, organisierte Struktur, etwa von der Größe eines Mitochondriums, die als Kinetosom bezeichnet wird. Vermutlich versorgt das *Kinetosom* die Geißel mit ATP.

Cilien und Geißeln lassen sich von ihren Zellen isolieren. Wenn man zu einer Suspension isolierter Geißeln ATP und Mg^{++} gibt, wird

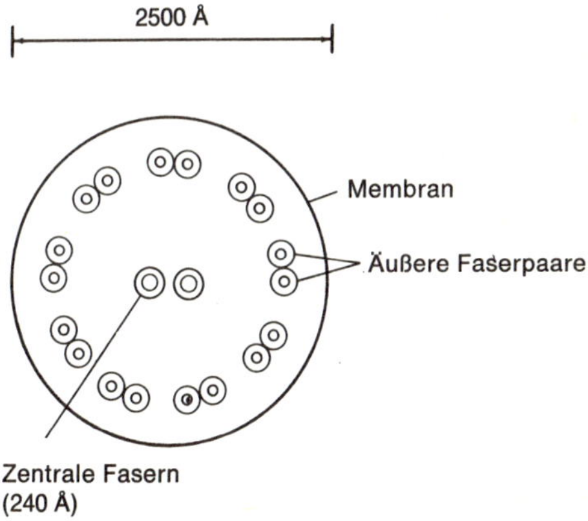

Abb. 90 Querschnitt durch eine Geißel, der die „9 + 2-Anordnung" der tubulären Faserpaare veranschaulicht.

ATP hydrolysiert und gleichzeitig führen die Geißeln wellenartige Oszillationsbewegungen aus. Die ATPase scheint in den äußeren Fasern der Geißel lokalisiert zu sein.

Der genaue Mechanismus der ATP-abhängigen Geißelbewegungen ist noch nicht völlig klar. Sehr wahrscheinlich kommt die Bewegung dadurch zustande, daß die äußeren Faserpaare der Geißel sich periodisch umeinanderwinden und wieder entwinden.

Einige andere Probleme der Bioenergetik

Wir haben in diesem Buch den Hauptfluß der Energie auf seinem Weg durch die Lebewesen verfolgt und dabei die Energietransformationen untersucht, die an Prozessen wie Wachstum, Aufrechterhaltung des Stoffwechsels, Replikation und Bewegung der Zellen beteiligt sind. Einige der faszinierendsten bioenergetischen Probleme betreffen jedoch Vorgänge durch die relativ geringe, manchmal nur winzige Energiemengen umgesetzt werden. Häufig sind gerade diese Prozesse im Kampf der Organismen um ihr Dasein besonders wesentlich. Wir wollen uns in aller Kürze mit einigen dieser Energietransformationen beschäftigen, um ein paar der reizvollen Fragen aufzuzeigen, die sich dem Molekularbiologen stellen. Einige dieser Probleme betreffen die Perzeption von Energie aus der Umwelt, andere die Energieabgabe zur Verständigung und Orientierung.

Die wohl auffälligste Vorrichtung zur Energiewahrnehmung im höher entwickelten Tier sind die lichtempfindlichen Zellen der *Netzhaut (Retina)* der Vertebraten. Das menschliche Auge ist ein extrem genauer Lichtrezeptor, mit einem äußerst empfindlichen Unterscheidungsvermögen, nicht nur für unterschiedliche Lichtintensitäten, sondern auch für verschiedene Farben. Weiterhin hat das Auge die Fähigkeit, in seinem Blickwinkel zwei nahe beieinander liegende Punkte aufzulösen und zu unterscheiden. Die lichtempfindlichen Stäbchen- und Zapfenzellen der Retina enthalten lichtabsorbierende Pigmente. Eines dieser Pigmente ist das *Rhodopsin*. Es ist ein Komplex aus dem Protein *Opsin* und dem Vitamin-A-Derivat *11-cis-Retinal* (Abb. 91), das chemisch den lichtabsorbierenden Carotinoiden einiger phototropher Organismen ähnelt. Wenn das Rhodopsin Lichtenergie absorbiert, wird das 11-cis-Retinal durch eine Konfigurationsänderung – eine cis-trans-Isomerisation – in das *all-trans-Retinal* überführt. Diese Konfigurationsänderung wird in einer vorläufig noch unbekannten Weise an die Membran der Stäbchenzelle gemeldet, die ihrerseits den Reiz an bestimmte, zum Gehirn führende Nervenzellen weitergibt. Anschließend wird das all-trans-Retinal enzymatisch in das 11-cis-Retinal zurückverwandelt, womit der Prozeß, den man den visuellen Zyklus der Retinastäbchen nennt, abgeschlossen ist.

Andere Organismen haben Sinnessysteme entwickelt, die verschwindend kleine Temperaturänderungen in ihrer Umgebung wahrnehmen können. Diese Fähigkeit ist in Tieren, wie z. B. den *Gruben-* oder *Lochottern* in außergewöhnlichem Maße entwickelt. Die Gruben dieser Schlangen, die man zunächst für Ohren hielt, enthalten Zellen, die als Wärmerezeptoren fungieren. Mit diesen Rezeptoren kann die Schlange eine nahe Beute an der winzigen Wärmemenge, die dieses

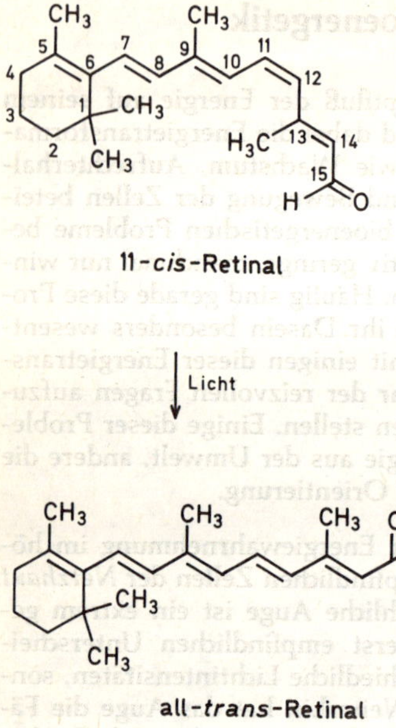

Abb. 91 Die lichtbedingte Konfigurationsänderung des 11-cis-Retinals in den Stäbchenzellen der Retina.

Tier abgibt, wahrnehmen. Die physikalischen oder chemischen Mechanismen, über die solche wärmeempfindlichen Sinneszellen wirken, sind noch unbekannt, vermutlich löst jedoch die absorbierte Wärmeenergie eine Konfigurationsänderung an einem spezifischen temperaturempfindlichen Makromolekül der Zelle aus.

Auch die Fähigkeit zur Wahrnehmung von elektrischer Energie kann bei einigen Organismen extrem hoch entwickelt sein. Bestimmte Fische können winzige elektrische Energiemengen in ihrer Umgebung registrieren. Einer dieser Fische kann in einem Aquarium die statische Elektrizität wahrnehmen, die entsteht, wenn sich eine in der Nähe befindliche Person die Haare kämmt. Die Empfindlichkeit der Rezeptoren dieses Fisches übertrifft wohl alle vom Menschen konstruierten Vorrichtungen zur Messung von elektrischer Energie. Der molekulare Mechanismus, durch den die elektrische Energie von spezialisierten Zellen an der Mittellinie des Fisches absorbiert und in einen Nervenimpuls transformiert wird, ist noch unbekannt.

Einige Organismen können Energie in der einen oder anderen Form abgeben. Die Fledermaus kann Tonsignale von hoher Frequenz (Ultraschall) aussenden und sich dadurch nach dem Prinzip des Echolots orientieren. Einige Fische, wie die oben erwähnten, können elektrische

Signale abgeben, die ihnen ebenfalls zur Orientierung oder Beutesuche dienen. Manchmal wird Energie in einer Abwehrmaßnahme freigesetzt. Der elektrische Aal z. B. kann betäubende elektrische Schläge von mehreren 100 Volt austeilen. Sein elektrisches Organ ist Objekt intensiver biochemischer, physiologischer und ultrastruktureller Forschungen. Der Bombardierkäfer verfügt über eine Miniaturkanone, die winzige Rauchwolken abfeuert. Bei diesem Vorgang wird Druck-Volumenenergie erzeugt, indem Wasserstoffperoxid enzymatisch in molekularen Sauerstoff und Wasser zerlegt wird.

Ein wiederum andersartiger Typ der biologischen Energieemission ist die *Biolumineszenz,* die Umwandlung von chemischer Energie in Lichtenergie. Diese Transformation ist als Paarungssignal des uns vertrauten Glühwürmchens besonders hoch entwickelt. Das Glühwürmchen enthält in seiner Laterne ein Enzym *(Luciferase),* das unter Verbrauch von ATP die organische Substanz *Luciferin* in einen angeregten Zustand versetzt (Abb. 92). Im Luciferinmolekül werden in

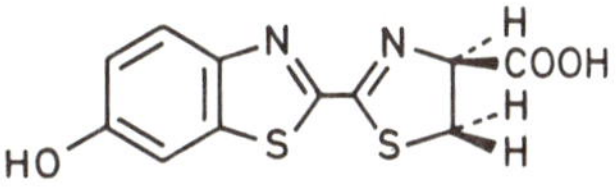

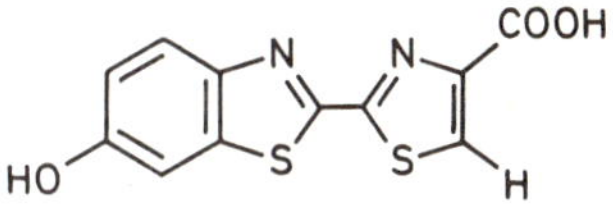

Abb. 92 Die Strukturformeln von Luciferin und seinem Oxydationsprodukt Dehydroluciferin.

Gegenwart von ATP bestimmte Elektronen aus stabilen energiearmen Elektronenschalen in energiereichere Schalen verlagert. Zur Lumineszenz kommt es, wenn die energiereichen Elektronen bei der Oxydation des Luciferins zum Dehydroluciferin unter Abgabe von Energie in ihren Grundzustand zurückkehren:

$$\text{Luciferin} + \text{ATP} + \tfrac{1}{2}O_2 \rightarrow \text{Dehydroluciferin} + \text{AMP} + \text{PP} + \text{Licht}$$

Das sicherlich faszinierendste aller bioenergetischen Probleme ist das Phänomen Gedächtnis, das vor allem beim Menschen, der enorme Mengen an Information in seinem Gedächtnis speichern kann, so hoch entwickelt ist. Wir wissen bereits, daß Information eine thermodynamische Dimension hat, denn sie ist das Gegenteil von Entropie. Für jede Information, die im Gedächtnis abgelegt wird, muß also ein begrenzter Betrag an Energie aufgewendet werden. Wie Gedächtnis im menschlichen Gehirn gespeichert wird, ob in Form spezifischer interneuronaler Verbindungen oder in Form makromolekularer Struktur, wie etwa bei der Speicherung der genetischen Information, ist noch völlig unbekannt. Wahrscheinlich werden die molekularen Grundlagen von Gedächtnis, Denken und Verhalten zu den letzten biologischen Geheimnissen gehören, die vom Menschen enträtselt werden, Geheimnisse, die nahe an die Definition des menschlichen Daseins heranreichen. Wir erkennen damit, daß die Bioenergetik in ihrem weitesten Sinne einige der bemerkenswertesten und am höchsten spezialisierten Wirkungsweisen lebender Organismen umfaßt.

Fachwortlexikon

Erklärung einiger häufig verwendeter Fachausdrücke

Actomyosin: Ein molekularer Komplex aus den Muskelproteinen Actin und Myosin; das grundlegende kontraktile Element im Muskel.

Aerobe Zellen: Zellen, die in Gegenwart von Luftsauerstoff leben können; *obligate Aerobier* können in Abwesenheit von Luftsauerstoff nicht existieren.

Aktives Zentrum: Bezirk an der Enzymoberfläche, der mit dem Substratmolekül in Reaktion tritt.

Allosterisches Enzym: Enzym, dessen Aktivität durch Bindung eines spezifischen, niedermolekularen Metaboliten *(allosterischer Effektor)* an ein vom aktiven Zentrum distinktes Zentrum *(allosterisches Zentrum)* moduliert wird. Häufig wird auch der Ausdruck *regulatorisches Enzym* gebraucht.

Aminoacylsynthetase: Enzym, das ATP-abhängig die Reaktion zwischen einer spezifischen Aminosäure und ihrer t-RNA katalysiert. Als Reaktionsprodukte entstehen eine Aminoacyl-t-RNA, AMP und Pyrophosphat.

Angeregter Zustand: Der energiereiche Zustand, in dem sich ein Atom oder Molekül befindet, wenn eines seiner Elektronen infolge der Absorption von Lichtenergie aus seiner normalen Elektronenschale auf eine äußere, energiereichere Schale bewegt wurde.

Ångström: Eine Längeneinheit, die im Bereich molekularer Dimensionen gebraucht wird; 1 Å = 10^{-8} cm.

Atmung: Der sauerstoffabhängige, energieliefernde Abbau von Nährstoffen in der aeroben Zelle.

Autotrophe Zellen: Zellen, die ihre molekularen Komponenten aus sehr einfachen Substanzen, wie Ammoniak, Kohlendioxid etc. selbst synthetisieren können und die dafür notwendige Energie aus photosynthetischen oder chemosynthetischen Prozessen gewinnen.

Bindungsenergie: Die Energiemenge, die aufgewendet werden muß, um eine chemische Bindung zu spalten. Es ist darauf zu achten, daß der in der Biologie verwendete Begriff *„Phosphatbindungsenergie"* eine andere Bedeutung hat.

Bit: Abkürzung von *„binary digit"*. Die quantitative Einheit des Informationsgehaltes. Ein bit repräsentiert die Antwort auf einen binären Auswahlschritt, d. h. zwei sich gegenseitig ausschließende Möglichkeiten wie „ja" oder „nein".

Chloroplasten: Von Membranen umgebene, chlorophyllhaltige Organellen phototropher, eukaryotischer Zellen; Zentren der Photosynthese.

Codon: Eine Sequenz von drei benachbarten Nucleotiden, die eine Aminosäure codieren.

Dalton: Das Gewicht eines Wasserstoffatoms; $1{,}67 \times 10^{-24}$ g.

Diffusion: Die Tendenz gelöster Moleküle sich so in Richtung einer geringeren Konzentration zu verteilen, daß sich in dem System ein völliger Konzentrationsausgleich einstellt und die Entropie ihren Maximalwert erreicht.

Dritter Hauptsatz: Die Entropie eines Idealkristalls ist bei der Temperatur des absoluten Nullpunkts gleich Null.

Elektronentransport: Die Elektronenübertragung von Substraten auf molekularen Sauerstoff, die bei der Atmung durch die Atmungskette katalysiert wird.

Elektronenüberträger (Elektronen-Carrier): Enzyme, die wie Flavoproteine oder Cytochrome reversibel Elektronen aufnehmen und abgeben können. Die Atmungskette besteht aus einer Sequenz hintereinandergeschalteter Elektronenüberträger.

Endergonischer Prozeß: Eine chemische Reaktion mit einer positiven Änderung der freien Energie; ein Prozeß der „bergauf" verläuft.

Endoplasmatisches Reticulum: Ein ausgedehntes Membransystem im Cytoplasma, das häufig mit Ribosomen besetzt ist.

Endothermer Prozeß: Ein Prozeß, durch den Wärme absorbiert wird.

Energiearme Phosphatverbindung: Eine phosphorylierte Verbindung, die durch eine relativ geringe freie Energie der Hydrolyse ausgezeichnet ist.

Energiereiche Bindung: Eine Bindung, deren hydrolytische Spaltung unter Standardbedingungen mit einer starken Abnahme an freier Energie (mindestens 5 kcal/Mol) verbunden ist.

Energiereiche Phosphatverbindung: Eine phosphorylierte Verbindung, die durch eine relativ hohe freie Energie der Hydrolyse ausgezeichnet ist.

Entkopplungsreagenz: Eine Substanz wie z. B. 2,4-Dinitrophenol, die die ADP-Phosphorylierung vom Elektronentransport abkoppelt; die Energie geht unter diesen Bedingungen als Wärme verloren.

Entropie: Der Grad an Unordnung in einem System.

Erster Hauptsatz: Die Gesamtenergie des Universums bleibt konstant.

Eukaryotische Zellen: Zellen, die eine Kernmembran und membranumschlossene Organellen besitzen und sich durch Mitose teilen.

Exergonischer Prozeß: Eine Reaktion, die mit einer negativen Änderung an freier Energie abläuft; ein Prozeß der „bergab" verläuft.

Exothermer Prozeß: Ein Prozeß, bei dem Wärme entwickelt wird.

Fakultative Zellen: Zellen, die sowohl in Gegenwart als auch in Abwesenheit von Sauerstoff leben können.

Feedback(Endprodukt)-Hemmung: Hemmung des ersten Enzyms einer biochemischen Reaktionsfolge durch das Endprodukt der Reaktionssequenz.

Fließgleichgewicht: Gleichgewichtszustand eines offenen Systems, bei dem Wärme fließt und in dem alle Komponenten des Systems in konstanten Konzentrationen gehalten werden.

Freie Energie: Der Anteil der Gesamtenergie eines Systems, der bei konstantem Druck und konstanter Temperatur Arbeit leisten kann.

Gärung: Der unter anaeroben Bedingungen in bestimmten Zellen erfolgende energieliefernde enzymatische Abbau von Nährstoffen; ein Prozeß, an dem molekularer Sauerstoff nicht beteiligt ist.

Gekoppelte Reaktionen: Zwei chemische Reaktionen, die ein gemeinsames Zwischenprodukt haben und damit über einen Weg verfügen, um miteinander Energie auszutauschen.

Gemeinsames Zwischenprodukt: Eine chemische Substanz, die an zwei Reaktionen beteiligt ist; an der einen als Reaktionsprodukt, an der anderen als Substrat. Durch ein gemeinsames Zwischenprodukt kann z. B. Energie von der einen auf die andere Reaktion übertragen werden.

Genetische Information: Die in einer Sequenz von Nucleotidbasen der DNA oder RNA verschlüsselte Information.

Geschlossenes System: Ein System, das mit seiner Umgebung keine Materie austauscht, jedoch Energie austauschen kann.

Gleichgewicht: Der Zustand eines Systems, in dem keine unausgeglichenen Kräfte mehr wirken und die freie Energie ihren niedrigsten, die Entropie des Universums ihren höchsten Wert erreicht haben.

Gleichgewichtskonstante: Physikalische Konstante, die die Konzentrationen aller Komponenten eines im Gleichgewicht befindlichen chemischen Systems bei einer gegebenen Temperatur kennzeichnet.

Glykolyse: Der Abbauweg der Gärung, durch den ein Molekül Glucose über Brenztraubensäure z. B. zu Milchsäure abgebaut wird.

Heterotrophe Zellen: Zellen, die zum Aufbau ihrer makromolekularen Komponenten und zur Gewinnung, der zu diesem Aufbau notwendigen Energie komplexe Nährstoffe, wie Glucose, Aminosäuren etc., benötigen.

Hormon: Eine chemische Substanz, die in einem Organ synthetisiert wird und die biochemischen Funktionen in anderen Geweben oder Organen modulieren kann.

Hydrolyse: Die Spaltung eines Moleküls in zwei oder mehr Bruchstücke unter Aufnahme von H_2O.

Hydrophil: „wassermögend"; betrifft Moleküle oder Molekülgruppen, die mit H_2O assoziieren.

Hydrophob: „Wassernichtmögend", betrifft Moleküle oder Molekülgruppen, die schwer wasserlöslich sind.

Hydrophobe Bindung: Die Assoziation unpolarer Gruppen in einer wäßrigen Lösung; kommt zustande, weil die umgebenden H_2O-Moleküle ihre stabilste Konfiguration anstreben.

Intermediärstoffwechsel: Die chemischen Reaktionen in einer Zelle, durch die Nährstoffe in Verbindungen umgewandelt werden, die als Bausteine und Energiequellen beim Zellwachstum benötigt werden.

In vitro (lat. im Glas): Bezieht sich auf Experimente, die mit isolierten Geweben oder zellfreien Extrakten „im Reagenzglas" durchgeführt werden.

In vivo (lat. lebend): Bezieht sich auf Experimente, die an intakten, lebenden Organismen durchgeführt werden.

Irreversibler Prozeß: Ein Prozeß, durch den die Entropie des Universums erhöht wird.

Isothermer Prozeß: Ein Prozeß, der bei konstanter Temperatur stattfindet.

Kalorie: Ein Energiemaß; die Wärmemenge, die erforderlich ist, um die Temperatur von 1,0 g Wasser von 14,5° auf 15,5°C zu erhöhen.

Makromoleküle: Moleküle mit Molekulargewichten, die in der Größenordnung von einigen Tausend bis zu Hunderten von Millionen liegen.

Mitochondrien: Von Membranen umschlossene Organellen im Cytoplasma aerober Zellen; beherbergen die Enzymsysteme der Atmung.

Molekulargewicht: Summe der Atomgewichte aller Atome eines Moleküls.

Mutation: Erbliche Änderung in einem Chromosom.

NAD, NADP: Nicotinamidadenindinucleotid und Nicotinamidadenindinucleotidphosphat; Elektronenüberträger, die an vielen enzymatischen Oxydoreduktionsreaktionen beteiligt sind.

Nucleolus: Rundliche, granuläre Struktur aus dem Zellkern eukaryotischer Zellen; ist an der Synthese von r-RNA und Ribosomen beteiligt.

Offenes System: Ein System, das mit seiner Umgebung Materie und Energie austauscht.

Organelle: Membranumschlossene Strukturen eukaryotischer Zellen; sie enthalten die Enzyme für spezielle Zellfunktionen. Einige Organellen, z. B. die Mitochondrien und Chloroplasten besitzen DNA und können sich autonom replizieren.

Oxydation: Elektronenverlust einer chemischen Verbindung; ein Oxydationsmittel ist ein Elektronenakzeptor.

Oxydative Phosphorylierung: Die enzymatische Phosphorylierung von ADP zu ATP, die mit dem Elektronentransport über die Atmungskette gekoppelt ist.

Peptidbindung: Eine covalente Bindung zwischen zwei Aminosäuren, bei der die α-Carboxylgruppe der einen Aminosäure unter Wasseraustritt mit der α-Aminogruppe der anderen Aminosäure verknüpft ist.

Phosphatbindungsenergie: Ein Begriff der gebraucht wird, um die Abnahme an freier Energie zu kennzeichnen, mit der die Hydrolyse von 1 Mol einer Phosphatverbindung bei pH 7,0 und 25°C in einer 1,0 molaren Lösung verbunden ist.

Phosphodiester: Jede Verbindung, in der Phosphorsäure mit zwei Alkoholen (ROH und R'OH) verestert ist.

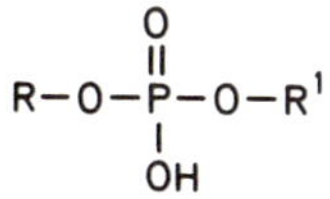

Photosynthese: Die in der grünen Pflanze erfolgende enzymatische Umwandlung von Lichtenergie in chemische Energie und die Nutzung dieser Energie zur Synthese von Kohlenhydraten aus CO_2 und H_2O.

Photosynthetische Phosphorylierung (Photophosphorylierung): Die in der grünen Pflanze ablaufende Phosphorylierung von ADP zu ATP, die mit dem lichtabhängigen, vom angeregten Chlorophyll ausgehenden Elektronentransport, gekoppelt ist.

Phototrophe Zellen: Photosynthetisch aktive Zellen.

Polynucleotid: Eine lineare Sequenz von Mononucleotiden, in der der Zucker eines Nucleotids in 3'-Position über eine Phosphatgruppe mit der 5'-Position des Zuckers eines benachbarten Nucleotids verknüpft ist.

Polyribosom (Polysom): Komplex einer Messenger-RNA mit zwei oder mehr Ribosomen.

Primäre Proteinstruktur: Die covalente Rückgratstruktur eines Proteins; sie umfaßt die Aminosäurensequenz und die Positionen der intra- und intermolekularen Disulfidbrücken.

Prokaryoten: Einfache, einzellige Organismen, wie Bakterien und Blaualgen, die ein einzelnes Chromosom und typische Ribosomen, jedoch keine Zellkernmembran und keine membranumschlossenen Organellen besitzen.

Puromycin: Ein Antibiotikum, das die Proteinsynthese blockiert; es hemmt den Einbau der Aminosäuren in die Polypeptidkette.

Radioaktive Isotope: Isotope mit instabilen Atomkernen, die sich durch Emission von ionisierter Strahlung stabilisieren.

Reduktion: Elektronengewinn einer chemischen Verbindung; ein Reduktionsmittel ist ein Elektronendonator.

Reversibler Prozeß: Ein Prozeß, der ohne Entropieänderung verläuft.

Ribosomale RNA (r-RNA): Die Nucleinsäurekomponente der Ribosomen; sie macht bei *Escherichia coli* zwei Drittel der Ribosomenmasse aus und umfaßt bei Bakterien etwa 80% der Gesamt-RNA.

Ribosomen: Kleine Partikel (~ 200 Å im Durchmesser) der Zelle, die aus r-RNA und Protein bestehen. Die Ribosomen sind die Zentren der Proteinsynthese; in der eukaryotischen Zelle sind sie oft an das endoplasmatische Reticulum gebunden.

RNA-Polymerase: Ein Enzym, das an einer DNA-Matrize die Synthese vom RNA aus Ribonucleosidtriphosphaten katalysiert.

Röntgenkristallographie: Die Verwendung von Diffraktionsmustern, die durch Röntgenstrahlenbeugung an Kristallen erzeugt werden, zur Deutung der dreidimensionalen Struktur von Molekülen.

Schwache Bindungen: Kräfte zwischen Atomen, die weniger stark sind als die den covalenten Bindungen zugrunde liegenden Kräfte. Sie umfassen *Ionenbindungen, Wasserstoffbrückenbindungen, van der* Waal*sche Kräfte* und *hydrophobe Wechselwirkungen.*

Spontaner Prozeß: Ein Prozeß, der mit einer Abnahme an freier Energie verläuft.

Standardänderung der freien Energie: Als Kalorien bestimmter Gewinn oder Verlust an freier Energie am Gleichgewichtspunkt einer Reaktion, in der unter Standardbedingungen 1 Mol einer reagierenden Substanz in 1 Mol Produkt überführt wird.

Standard-Redoxpotential: Die von einem Reduktionsmittel, das mit seiner oxydierten Form in einem 1 : 1-Verhältnis vorliegt, an einer Elektrode bei 25°C unter Standardbedingungen erzeugte elektromotorische Kraft. Ein Maß für das Bestreben des Reduktionsmittels Elektronen abzugeben.

Standardzustand: Die stabilste Form einer reinen Substanz bei einem Druck von einer Atmosphäre und 25°C (298° K). Für Reaktionen, die in Lösung ablaufen, entspricht der Standardzustand der gelösten Stoffe einer 1,0molaren Konzentration.

Substrat: Eine spezifische Substanz, auf die ein Enzym einwirkt.

System: Eine isolierte Ansammlung von Materie. Die gesamte Materie außerhalb des Systems wird als Umwelt oder Umgebung bezeichnet.

Tertiärstruktur von Proteinen: Die dreidimensionale Faltstruktur einer oder mehrere Polypeptidketten in einem Protein.

Transfer-RNA (t-RNA): Strukturell und funktionell verwandte RNA-Spezies mit Molekulargewichten um 25 000. Für jede proteinogene Aminosäure gibt es eine oder mehrere spezifische t-RNAs. Die nach Reaktion einer Aminosäure mit ihrer t-RNA entstandene Aminoacyl-t-RNA wird mit ihrem Anticodon an das spezifische Codon der m-RNA gebunden.

Translation: Prozeß, durch den die genetische Information der m-RNA bei der Proteinsynthese in die Aminosäurensequenz übersetzt wird.

Transskription: Prozeß, durch den die in der DNA enthaltene genetische Information in die komplementäre Basensequenz einer m-RNA-Kette umgeschrieben wird.

Van der Waal*sche Kräfte:* Schwache Anziehungskräfte, die über nur sehr kurze Distanzen wirken und auf Wechselwirkungen zwischen Dipolen beruhen.

Virus: Infektiöser Krankheitserreger, der kleiner als Bakterien ist und zu seiner Replikation eine intakte Wirtszelle braucht; enthält als genetische Komponente entweder DNA oder RNA.

Wasserstoffbrückenbindungen: Schwache, in der Natur elektrostatische Anziehungskräfte zwischen elektronegativen Atomen und Wasserstoffatomen, die an anderen elektronegativen Atomen hängen.

Zweiter Hauptsatz: Die Entropie des Universums nimmt stetig zu.

Literatur

Die folgende Literaturauswahl soll ein weiterführendes Selbststudium erleichtern. Die zitierten Lehrbücher bringen weitere Einzelheiten und Aspekte zu den vielfältigen Problemen der modernen Biologie, die in diesem Buch berührt wurden. Sie sind in erster Linie dem Studienanfänger empfohlen. Der Fortgeschrittene findet unter der sich anschließenden Auswahl einige spezielle Übersichten und Originalarbeiten, die sich mit ausgewählten Problemen der Bioenergetik beschäftigen.

Lehrbücher

Biochemie

BALDWIN, E.: Das Wesen der Biochemie, Thieme, Stuttgart 1968

BARRY, J. M., E. M. BARRY: Die Struktur biologisch wichtiger Moleküle, Thieme, Stuttgart 1971

BUDDECKE, E.: Grundriß der Biochemie, 2. Aufl. De Gruyter, Berlin 1971

GREEN, D. E., R. F. GOLDBERGER: Molekulare Prozesse des Lebens. Springer, Berlin 1971

KARLSON, P.: Kurzes Lehrbuch der Biochemie. 8. Aufl. Thieme, Stuttgart, 1972

LEHNINGER, A. L.: Biochemistry: The Molekular Basis of Cell Structure and Function. Worth, New York 1970

Biologie, Medizin

BRESCH, C., R. HAUSMANN: Klassische und molekulare Genetik. 3. Aufl. Springer, Berlin 1972

DURAND, M., P. FAVARD: Die Zelle. Vieweg, Braunschweig 1970

FLOREY, E.: Lehrbuch der Tierphysiologie. Thieme, Stuttgart 1970

HESS, D.: Pflanzenphysiologie. Ulmer, Stuttgart 1970

KEETON, W. T.: Biological Science. Norton, New York 1967

KEIDEL, W. D.: Kurzgefaßtes Lehrbuch der Physiologie. 3. Aufl. Thieme, Stuttgart, 1973

LOEWY, A., STEKEVITZ: Cell Structure and Function. 2. Aufl. Holt, New York 1969

METZNER, H. (Hrsg.): Die Zelle, Struktur und Funktion. Wissenschaftl. Verlagsgesellschaft, Stuttgart 1971

COHEN, G.: Der Zellstoffwechsel und seine Regulation. Vieweg, Braunschweig 1972

MOHR, H.: Lehrbuch der Pflanzenphysiologie. Springer, Berlin 1969

MOHR, H., P. SITTE: Molekulare Grundlagen der Entwicklung. BLV, München 1971

RICHTER, G.: Stoffwechselphysiologie der Pflanzen, 2. Aufl. Thieme, Stuttgart 1972

SCHLEGEL, H. G.: Allgemeine Mikrobiologie, 2. Aufl. Thieme, Stuttgart 1972

SCHNEIDER, M.: Einführung in die Physiologie des Menschen, 15. Aufl. Springer, Berlin 1966

WATSON, J. D.: Molecular Biology of the Gene, 2. Aufl. Benjamin, New York 1970

Chemische und biochemische Energetik

BARROW, G. M.: Physikalische Chemie. Vieweg, Braunschweig 1969

BEIER, W.: Einführung in die theoretische Biophysik. Fischer, Stuttgart 1965

KLOTZ, I. M.: Energetik biochemischer Reaktionen, 2. Aufl. Thieme, Stuttgart 1971

KORTÜM, G.: Einführung in die chemische Thermodynamik, 5. Aufl. Verlag Chemie, Weinheim 1966

MOELWYN-HUGHES, E. A.: Physikalische Chemie. Thieme, Stuttgart 1970

NETTER, H.: Theoretische Biochemie. Springer, Berlin 1959

SNELL, F. M., S. SHULMAN, R. P. SPENCER, C. MOOS: Physikalische Grundlagen von Struktur und Funktion. Bd. 1: Bausteine und Organisation des biologischen Systems. Bd. 2: Thermodynamische und kinetische Grundlagen biologischer Vorgänge. Hirzel, Stuttgart 1968/72

ULRICH, H., W. JOST: Kurzes Lehrbuch der physikalischen Chemie, 17. Aufl. Steinkopff, Darmstadt 1970

Bücher und Artikel zu bestimmten Kapiteln des Buches

Allgemeine Bioenergetik

BLUM, H. F.: Times Arrow and Evolution. Harper, New York 1962

INGRAHAM, L. L., A. B. PARDEE: Free Energy and Entropy in Metabolism. In: Metabolic Pathways, 3. Aufl., Ba. 1, hsg. von GREENBERG, D. M., Academic Press, New York 1967

KATCHALSKY, A., P. F. CURRAN: Non equilibrium Thermodynamics in Biophysics. Harvard, Cambridge 1965

NOROWITZ, H. J.: Energy Flow in Biology. Academic Press, New York 1968

NOROWITZ, H. J.: Entropy for Biologists. Academic Press, New York 1970

ATP und Biosynthese von energiereichen Phosphatverbindungen

KAPLAN, N. O., E. P. KENNEDY (Hrsg.): Current Aspects of Bioenergetics (ein Fritz LIPMANN gewidmeter Band). Academic Press, New York 1966

KREBS, H. A., H. L. KORNBERG: Energy Transformations in Living Matter. Springer, Berlin 1957

Atmung, oxydative Phosphorylierung, Mitochondrium

DAM, K. van, A. J. MEYER: Oxidation and energy conservation by mitochondria. Ann. Rev. Biochem. 40 (1971) 115

FLORKIN, M., E. H. STOTZ: Biological Oxydations. Comprehensive Biochemistry, Bd. XIV. Elsevier, Amsterdam 1966

KEILIN, D.: The History of Cell Respiration and Cytochromes. Cambridge University Press, New York 1964

LARDY, H. A., S. M. FERGUSON: Oxidative phosphorylation in mitochondria. Ann. Rev. Biochem. 39 (1969) 991

LEHNINGER, A. L.: The Mitochondrion: Molecular Basis of Structure and Function. Benjamin, New York 1964

LOWENSTEIN, J. M.: The Tricarboxlic Acid Cycle. In: Metabolic Pathways, Bd. I, hsg. von D. M. GREENBERG. Academic Press, New York 1967

MITCHELL, P.: Chemiosmotic coupling in oxydative and photosynthetic phosphorylation. Biol. Rev. 41 (1965) 445

RACKER, E. (Hrsg.): Structure and Function of Membranes of Mitochondria and Chloroplasts. Reinhold, New York 1969

Enzymregulation

BERNHARD, S.: Enzymes: Structure and Function. Benjamin, New York 1968

KIRSCHNER, K.: Allosteric regulation of enzyme activity. Current topics in microbiology and immunology 44 (1968) 119

KOSHLAND, D. E., K. E. NEET: The catalytic and regulatory properties of enzymes. Ann. Rev. Biochem. 37 (1968) 359

STADTMAN, E. R.: Allosteric regulation of enzyme activity. Adv. Enzymol. 28 (1966) 41

VOGEL, H. J. (Hrsg.): Metabolic Regulation. In: Metabolic Pathways, Bd. V. Academic Press, New York 1971

Photosynthese und Chloroplast

BISHOP, I. N.: Photosynthesis: The electron transport system of green plants. Ann. Rev. Biochem. 40 (1971) 115

CALVIN, M.: Der Weg des Kohlenstoffs in der Photosynthese. Angew. Chem. 74 (1962) 165

BOARDMANN, N. K.: The photochemical system of photosynthesis. Adv. Enzymol. 30 (1968) 1

KIRK, J. T. O.: Chloroplast structure and biogenesis. Ann. Rev. Biochem. 40 (1971) 161

WALKER, D. A., A. R. CROFTS: Photosynthesis. Ann. Rev. Biochem. 39 (1970) 389

Biosynthese

DAGLEY, S., D. E. NICHOLSON: An Introduction to Metabolic Pathways. Wiley, New York 1970

GREENBERG: D. M. (Hrsg.): Metabolic Pathways, Bd. 1–4. Academic Press, New York 1967–1970

INGRAM, V.: Biosynthesis of Macromolecules, 2. Aufl. Benjamin, New York 1970

Selbstorganisierende Systeme

Cold Spring Harbor Symposia in Quantitative Biology: Bd. 31, The Genetic Code (1966); Bd. 33, Replication of DNA in Microorganisms (1968); Bd. 34, Mechanism of Protein Synthesis (1969); Bd. 35, Transcription of Genetic Material (1970)

YCAS, M.: The Biological Code, North-Holland, Amsterdam 1969

Molekulare Genetik

DICKERSON, R. E., I. GEIS: The Structure and Action of Proteins. Harper and Row, New York 1969

FRAENKEL-CONRAT, H.: Design and Function at the Threshold of Life: The Viruses. Academic Press, New York 1962

NOMURA, M.: Ribosomes. Scientific American, Dezember 1969

WOOD, W. D., R. S. EDGAR: Building a Bacterial Virus. In: Molecular Basis of Life, hrsg. von R. H. HAYNES, P. C. HANAWALT. Freeman, San Francisco 1968

Transport

KABACK, H. R.: Transport. Ann. Rev. Biochem. 39 (1970) 561

MITCHELL, P.: Translocations through natural membranes. Adv. Enzymol. 29 (1968) 23

STEIN, W. D.: Movement of Molecules across Cell Membranes. Academic Press, New York 1967

Muskel und kontraktile Systeme

DAVIES, R. E.: On the Mechanism of Muscular Contraction. In: Essays in Biochemistry, hrsg. von P. N. CAMPBELL, G. D. GREVILLE. Academic Press, New York 1965

GIBBONS, I. R.: The biochemistry of motility. Ann. Rev. Biochem. 37 (1968) 521

HUXLEY, H. E.: The mechanism of muscular contraction. Science 164 (1969) 1356

SMITH, D. S.: The flight muscles of insects. Scientific American 212 (1965) 76

YOUNG, M.: The molecular basis of muscle contraction. Ann. Rev. Biochem. 38 (1969) 913

Sachverzeichnis

F

G

H

Q

R

S

T

Kurzes Lehrbuch der Biochemie

für Mediziner und Naturwissenschaftler

Von Prof. Dr. Dr. h. c. P. KARLSON, Marburg
Geleitwort von A. Butenandt

9., neubearbeitete Auflage
1974. X, 412 Seiten, 90 Abbildungen, 287 Formelbilder und Schemata, 23 Tabellen, 1 Falttafel
17,5 × 26 cm, PVC-kartoniert DM 34,–
ISBN 3 13 **3578**09 X

Das Wesen der Biochemie

Von E. BALDWIN, Sc. D., F. J. Biol., London

Übersetzt von Dr. Dr. Dipl.-Psych. J. Dahmer
Hannover

2., unveränderte Auflage
1973. VIII, 119 Seiten, 18 Abbildungen, 2 Tabellen
⟨flexibles Taschenbuch⟩ DM 6,80
ISBN 3 13 **4363**02 X

Physikalische Eingriffe in der klinischen Biochemie

Von Dr. H. KOBLET, Bern

2., überarbeitete und erweiterte Auflage
1971. XVI, 264 Seiten, 17 Abbildungen
15,5 × 23 cm, Ganzleinen DM 26,–
ISBN 3 13 **3620**02 9

Molekulare Genetik

Von Priv.-Doz. Dr. R. KNIPPERS, Tübingen

1971. XIV, 268 Seiten, 135 Abbildungen
11 Tabellen ⟨flexibles Taschenbuch⟩ DM 14,80
ISBN 3 13 **4770**01 6
